北京理工大学"双一流"建设精品出版工程

# Experiment for Instrument Analysis
## (2nd Edition)

# 仪器分析实验
## （第2版）

卢士香 ◎ 主编

北京理工大学出版社
BEIJING INSTITUTE OF TECHNOLOGY PRESS

## 内 容 简 介

本书共 8 章，包括仪器分析实验的基本知识、电分析化学实验、分子光谱分析实验、原子光谱分析实验、色谱分析实验、其他仪器分析实验、设计实验、实验数据的计算机处理和模拟。本书共编入基本实验 39 个、设计实验参考选题 20 个。本书扼要介绍了相关实验涉及的原理、相关仪器及使用方法，附录列出了分析化学常用的常数、参数等。此外，书中还包含数字化资料供学习使用。

本书可作为普通高等学校及师范院校的化学、生物、医学等相关专业的仪器分析实验教材，也可供从事分析、检验工作的科技人员参考。

**版权专有　侵权必究**

### 图书在版编目（CIP）数据

仪器分析实验 / 卢士香主编． --2 版． --北京：北京理工大学出版社，2025.2.
ISBN 978 - 7 - 5763 - 5107 - 1

Ⅰ. O657 - 33

中国国家版本馆 CIP 数据核字第 2025UE9826 号

| | |
|---|---|
| 责任编辑：李颖颖 | 文案编辑：李颖颖 |
| 责任校对：周瑞红 | 责任印制：李志强 |

| | |
|---|---|
| 出版发行 | / 北京理工大学出版社有限责任公司 |
| 社　　址 | / 北京市丰台区四合庄路 6 号 |
| 邮　　编 | / 100070 |
| 电　　话 | /（010）68944439（学术售后服务热线） |
| 网　　址 | / http://www.bitpress.com.cn |

| | |
|---|---|
| 版 印 次 | / 2025 年 2 月第 2 版第 1 次印刷 |
| 印　　刷 | / 廊坊市印艺阁数字科技有限公司 |
| 开　　本 | / 787 mm×1092 mm　1/16 |
| 印　　张 | / 13.5 |
| 字　　数 | / 198 千字 |
| 定　　价 | / 58.00 元 |

图书出现印装质量问题，请拨打售后服务热线，负责调换

# 编委会

**主　编**　卢士香

**编　者**（以姓氏拼音为序）

鄂秀天凤　敬　静　李　响　李　兰　李一岚
龙海涛　　秦洁玲　邱丽莉　徐志斌　薛　敏
杨文秀　　张　妞　张汝波

# 前言

分析化学是化学的一个重要分支，是表征和测量的科学，是科学和技术的"眼睛"，是进行科学研究的基础。分析化学包括化学分析和仪器分析，其中仪器分析与化学分析相比，发展更快，其方法及内容迅速增加，重要性日益突出，已成为各高等院校化学类及其相关专业的公共基础课程。仪器分析实验是仪器分析课程的重要组成部分，其主要目的是使学生加深对有关仪器分析方法基本原理的理解，掌握常见分析仪器的基本构造、使用方法及其在分析测试中的应用，以及仪器分析实验的基本知识和技能；让学生学会正确地使用分析仪器，合理地选择实验条件，正确处理数据和表达实验结果；培养学生严谨求实的科学态度，敢于科技创新和独立工作的能力，以及利用分析仪器手段分析解决问题的能力；增强学生的责任感、使命感和爱国主义意志，为全面建成社会主义现代化强国、全面推进中华民族伟大复兴宏伟目标而努力。

本书力求反映理工科的特色，紧密联系工程、社会和生活实际，实现基础与前沿、经典与现代的有机结合，以实验特有的应用性和创造性激发学生的想象力和创造力，培养学生从事科学研究能力和综合实践能力。

首先，本书介绍了仪器分析实验的基础知识，包括仪器分析实验的基本要求，实验报告和实验数据处理，实验室的安全规则，玻璃仪器的洗涤、干燥和存放以及分析试样的采集、制备及处理。其次，本书重点介绍了常用的仪器分析方法原理、仪器结构与原理和实验内容，主要包括电位分析法、库仑分析法、伏安分析法、原子发射光谱法、原子吸收光谱法、原子荧光光谱法、紫外-可见分光光度法、红外吸收光谱法、分子荧光光谱法、气相色谱法、液相色谱法、气相色谱-质谱法、液相色谱-质谱法、质谱分析法、核磁共振波谱法、粉末 X 射线衍射法、电子顺磁共振波谱法等。

本书包括仪器分析实验 39 个，设计实验参考选题 20 个。使用本书时可根据专业要求和实验条件对内容进行取舍。

参加本书编写的教师有卢士香、敬静、李响、张汝波、鄂秀天凤、徐志斌、邱丽莉、薛敏、龙海涛、张妞、李兰、李一岚、杨文秀、秦洁玲。全书由卢士香在第一版的基础上整理定稿，并由杨文秀和秦洁玲审阅。北京理工大学化学学院分析化学系的许多教师先后参与本实验课程的教学，对本书内容质量的提升作出了许多贡献，在此深表感谢。

由于编者水平有限，书中的错误和不妥之处在所难免，诚恳地希望读者批评指正，以便再版时修正。

编 者

# 目 录
CONTENTS

## 第1章 仪器分析实验的基本知识 ········································· 001
### 1.1 仪器分析实验的基本要求 ········································· 001
#### 1.1.1 仪器分析实验的教学目的 ····································· 001
#### 1.1.2 仪器分析实验的基本规则 ····································· 001
#### 1.1.3 仪器分析实验的操作规则 ····································· 002
### 1.2 实验报告和实验数据处理 ········································· 003
#### 1.2.1 评价分析方法和分析结果的基本指标 ··························· 003
#### 1.2.2 实验报告 ················································· 003
#### 1.2.3 实验数据及分析结果的表达 ··································· 003
### 1.3 实验室的安全规则 ············································· 004
### 1.4 玻璃仪器的洗涤、干燥和存放 ····································· 005
#### 1.4.1 玻璃仪器的洗涤 ············································· 005
#### 1.4.2 洗净的玻璃仪器的干燥和存放 ··································· 007
### 1.5 分析试样的采集、制备及处理 ····································· 007
#### 1.5.1 试样的采集 ················································· 007
#### 1.5.2 试样的制备 ················································· 009
#### 1.5.3 试样的分解 ················································· 009

## 第2章 电分析化学实验 ················································· 012
### 2.1 电位分析法 ··················································· 012
### 2.2 库仑分析法 ··················································· 013
#### 2.2.1 控制电位库仑分析法的特点及应用 ······························· 014
#### 2.2.2 恒电流库仑分析法的基本原理 ··································· 014
#### 2.2.3 恒电流库仑法的基本装置 ····································· 015
### 2.3 伏安分析法 ··················································· 016
#### 2.3.1 基本原理 ··················································· 016
#### 2.3.2 基本过程 ··················································· 016

2.3.3　分类 …………………………………………………………………………… 017
　2.3.4　影响溶出峰电流的因素 …………………………………………………… 017
　2.3.5　操作条件的选择 ……………………………………………………………… 018
2.4　电位分析中的电极 …………………………………………………………………… 018
　2.4.1　指示电极 ……………………………………………………………………… 018
　2.4.2　参比电极 ……………………………………………………………………… 021
2.5　上海雷磁 PHS-3B 型 pH 计的使用 ………………………………………………… 023
　2.5.1　仪器的工作原理 ……………………………………………………………… 023
　2.5.2　操作步骤 ……………………………………………………………………… 024
　2.5.3　仪器的维护 …………………………………………………………………… 026
　2.5.4　电极的使用及维护 …………………………………………………………… 026
实验 2.1　用电位分析法测定水溶液的 pH 值 …………………………………………… 027
实验 2.2　啤酒总酸的测定 ………………………………………………………………… 032
实验 2.3　乙酸的电位滴定分析及其解离常数的测定 …………………………………… 033
实验 2.4　用电位滴定法测定水中氯离子的含量 ………………………………………… 035
实验 2.5　用氟离子选择电极测定饮用水中的氟 ………………………………………… 039
实验 2.6　用库仑分析法测定砷 …………………………………………………………… 043
实验 2.7　铁氰化钾和菲罗的循环伏安行为 ……………………………………………… 046
实验 2.8　用阳极溶出伏安法测定水样中痕量铜和镉的含量 …………………………… 050

# 第 3 章　分子光谱分析实验 ……………………………………………………………… 053
3.1　紫外-可见分光光度法 ……………………………………………………………… 053
3.2　红外吸收光谱法 ……………………………………………………………………… 054
　3.2.1　原理 ……………………………………………………………………………… 054
　3.2.2　试样的制备 …………………………………………………………………… 055
3.3　荧光光谱法 …………………………………………………………………………… 056
实验 3.1　用邻二氮菲分光光度法测定铁含量 …………………………………………… 057
实验 3.2　用分光光度法测定邻二氮菲-铁（Ⅱ）配合物的组成和稳定常数 …………… 060
实验 3.3　不同极性溶剂中苯及苯的衍生物紫外吸收光谱的测绘 ……………………… 062
实验 3.4　合金钢中铬、锰的定性分析 …………………………………………………… 064
实验 3.5　紫外-可见分光光度计的搭建实验 …………………………………………… 066
实验 3.6　有机物红外光谱的测绘及结构分析 …………………………………………… 073
实验 3.7　用荧光分析法测定饮料中的奎宁 ……………………………………………… 075
实验 3.8　拉曼光谱仪搭建实验 …………………………………………………………… 076

# 第 4 章　原子光谱分析实验 ……………………………………………………………… 085
4.1　原子发射光谱法 ……………………………………………………………………… 085
　4.1.1　原理 ……………………………………………………………………………… 085
　4.1.2　原子发射光谱仪的组成 ……………………………………………………… 085
　4.1.3　光谱定性定量分析 …………………………………………………………… 088
4.2　原子吸收光谱法 ……………………………………………………………………… 090

  4.2.1 火焰原子吸收光谱法 ……………………………………………………… 090
  4.2.2 无火焰原子吸收光谱法 …………………………………………………… 092
 4.3 原子荧光光谱法 ………………………………………………………………… 092
  4.3.1 原子荧光的类型 …………………………………………………………… 093
  4.3.2 原子荧光分光光度计 ……………………………………………………… 093
  4.3.3 原子荧光分光光度计操作规程 …………………………………………… 094
  4.3.4 参数设定 …………………………………………………………………… 095
  4.3.5 检测限与相对标准偏差测定 ……………………………………………… 096
  4.3.6 测量中的注意事项 ………………………………………………………… 096
 实验 4.1 用火焰光度法测定水中钾、钠的含量 ………………………………………… 096
 实验 4.2 河底沉积物中重金属元素的原子发射光谱半定量分析 ……………………… 100
 实验 4.3 合金材料的电感耦合等离子体原子发射光谱全分析 ………………………… 104
 实验 4.4 用火焰原子吸收光谱法测定水中钙和镁的含量 ……………………………… 109
 实验 4.5 用石墨炉原子吸收光谱法测定水中的微量铅 ………………………………… 111
 实验 4.6 水中痕量镉、汞的原子荧光光谱分析 ………………………………………… 113

## 第 5 章 色谱分析实验 ………………………………………………………………… 116
 5.1 气相色谱法 ……………………………………………………………………… 116
  5.1.1 气相色谱法的基本原理 …………………………………………………… 116
  5.1.2 操作条件的选择 …………………………………………………………… 117
  5.1.3 分离条件的选择 …………………………………………………………… 118
 5.2 高效液相色谱法 ………………………………………………………………… 122
  5.2.1 液相色谱法的基本原理 …………………………………………………… 122
  5.2.2 高效液相色谱仪的基本组成 ……………………………………………… 123
 实验 5.1 气相色谱法中色谱柱的评价与分离条件的测试 ……………………………… 124
 实验 5.2 用气相色谱法测定食用酒中的乙醇含量 ……………………………………… 127
 实验 5.3 气相色谱定性定量分析 ………………………………………………………… 129
 实验 5.4 高效液相色谱柱柱效的评定 …………………………………………………… 131
 实验 5.5 用高效液相色谱法测定人血浆中对乙酰氨基酚的浓度 ……………………… 132
 实验 5.6 用毛细管区带电泳法测定碳酸饮料中的防腐剂 ……………………………… 134
 实验 5.7 用离子色谱法测定地表水中的痕量阴离子 …………………………………… 136
 实验 5.8 用 GPC 测定高分子聚合物的分子量分布 …………………………………… 138
 实验 5.9 用氨基酸全自动分析仪测定牛奶中的 16 种氨基酸 ………………………… 143

## 第 6 章 其他仪器分析实验 ……………………………………………………………… 146
 实验 6.1 用高分辨质谱法确定化合物的结构 …………………………………………… 146
 实验 6.2 用串联质谱法确定被测成分的分子式 ………………………………………… 149
 实验 6.3 用核磁共振波谱法测定化合物的结构 ………………………………………… 151
 实验 6.4 核磁共振波谱理论及其计算分析 ……………………………………………… 154
 实验 6.5 用气相色谱 – 质谱法分析食用油的成分 …………………………………… 157
 实验 6.6 用液相色谱 – 质谱法分离鉴定药物 ………………………………………… 160

实验 6.7　粉末 X 射线衍射法 ································································· 162
　　实验 6.8　电子顺磁共振波谱理论及其计算分析 ·········································· 165

# 第 7 章　设计实验 ································································································· 169

# 第 8 章　实验数据的计算机处理和模拟 ····································································· 171
　　8.1　电位滴定终点的确定 ················································································ 171
　　8.2　一元线性回归分析法 ················································································ 173
　　8.3　拉格朗日插值法 ······················································································ 175

# 附录 ················································································································· 177
　　附录 1　弱酸及弱碱在水溶液中的解离常数（25 ℃）············································· 177
　　附录 2　标准电极电位及条件电位（vs. SHE）····················································· 179
　　附录 3　一些参比电极在水溶液中的电极电位（vs. SHE）····································· 184
　　附录 4　不同温度的 $\Delta E/\Delta \mathrm{pH}$ ································································· 184
　　附录 5　缓冲溶液 ··························································································· 185
　　附录 6　市售酸碱试剂的含量及密度 ································································· 186
　　附录 7　常用干燥剂 ························································································· 186
　　附录 8　理论纯水的电导率（$K_{p,t}$）及换算因数（$a_t$）········································ 187
　　附录 9　红外光谱的 8 个重要区段 ····································································· 187
　　附录 10　一些基团的振动与波数的关系 ····························································· 188
　　附录 11　部分元素的谱线 ················································································ 189
　　附录 12　气相色谱常用固定液 ·········································································· 190
　　附录 13　气相色谱中的常用载体 ······································································· 192
　　附录 14　液相色谱常用流动相的性质 ································································ 193
　　附录 15　反相液相色谱常用固定相 ···································································· 193
　　附录 16　一些气体和蒸气的导热系数 ································································ 194
　　附录 17　一些化合物的相对校正因子和沸点 ······················································· 195
　　附录 18　常用氘代试剂中残余质子的化学位移（化学位移相对 TMS）···················· 195
　　附录 19　化合物的摩尔质量 ············································································· 196
　　附录 20　有机化合物中一些常见元素的精确质量及天然丰度 ································· 200

# 实验索引 ············································································································ 201

# 参考文献 ············································································································ 203

# 元素周期表 ········································································································· 204

# 第1章
# 仪器分析实验的基本知识

## 1.1 仪器分析实验的基本要求

### 1.1.1 仪器分析实验的教学目的

仪器分析实验是仪器分析课程的重要组成部分，它是学生在教师的指导下，以分析仪器为工具，亲自动手获得所需物质的化学组成、结构和形态等信息的教学实践活动。仪器分析实验可使学生加深对有关仪器分析方法基本原理的理解，掌握仪器分析实验的基本知识和技能；可使学生正确地使用分析仪器、合理地选择实验条件、正确地处理数据和表达实验结果；可培养学生严谨求实的科学态度、科技创新和独立工作的能力；可增强学生的爱国意识，为全面建成社会主义现代化强国、全面推进中华民族伟大复兴宏伟目标而努力。

### 1.1.2 仪器分析实验的基本规则

（1）仪器分析实验所使用的仪器一般都比较昂贵，同一实验室不可能购置多套同类仪器，因此仪器分析实验通常采用大循环方式组织教学。学生在实验前必须做好预习工作，仔细阅读仪器分析实验教材，了解分析方法和分析仪器工作的基本原理，以及仪器主要部件的功能、操作程序和注意事项。

（2）学会正确使用仪器。要在教师的指导下熟悉和使用仪器，要勤学好问，未经教师允许不得随意启动或关闭仪器，更不得随意旋转仪器旋钮、改变仪器的工作参数等。详细了解仪器的性能，防止损坏仪器或发生安全事故。应始终保持实验室的整洁和安静。

（3）在实验过程中，要认真学习有关分析方法的基本要求。要细心观察实验现象，仔细记录实验条件和分析测试的原始数据；学会选择最佳实验条件；积极思考、勤于动手，培养良好的实验习惯和科学作风。

（4）爱护仪器设备。实验中如发现仪器工作不正常，应及时报告教师处理。每次实验结束，应将所用仪器复原，清洗好使用过的器皿，整理好实验室。

（5）认真完成实验报告。实验报告应简明扼要，图表清晰。实验报告的内容包括实验名称、完成日期、实验目的、方法原理、仪器名称及型号、主要仪器的工作参数、主要实验步骤、实验数据或谱图、实验中出现的现象、实验数据处理和结果处理、问题讨论等。认真完成实验报告是提高实验教学质量的一个重要环节。

### 1.1.3 仪器分析实验的操作规则

1. 认真预习

实验前应准备一本预习报告本,认真预习,并做好预习报告。预习报告应简明扼要。

预习的内容包括:实验目的、实验原理、操作步骤、主要仪器、药品用法及用量以及实验中的注意事项等。预习时,针对实验原理部分,应结合理论知识相关内容,广泛查阅参考资料,真正做到实践与理论融会贯通;针对操作步骤中初次接触的操作技术,应认真查阅实验教材中相关的操作方法,了解这些操作的规范要求,保证实验中操作的规范性,注重基本操作的规范化培养。

预习是做好实验的前提和保证,预习工作可以归纳为如下三点。

(1) 认真阅读实验教材、有关参考书及参考文献,做到如下两点。

①明确实验目的,掌握实验原理及相关计算公式;熟悉实验内容、主要操作步骤及数据的处理方法;提出注意事项,合理安排实验时间,使实验有序、高效地进行。

②预习(或复习)仪器的基本操作和使用方法。

(2) 查阅手册和有关资料,列出实验中出现的化合物的性能和物理常数。

(3) 在阅读实验教材、有关参考书、参考文献和查阅手册及有关资料的基础上认真完成预习报告。

2. 爱护仪器

要爱护仪器设备,对初次接触的仪器(尤其是大型分析仪器),应在了解其基本原理的基础上,仔细阅读仪器的操作规程,认真听从教师的指导。未经允许不可私自启动设备,以防损坏仪器。

3. 注意安全

严格遵守实验室安全规则,熟悉并掌握常见事故的处理方法。保持实验室整洁,保证实验台面干净、整齐。将火柴梗、废纸等杂物丢入垃圾筐,要节约使用水、电等。

4. 遵守纪律

严格遵守实验纪律,不缺席,不早退,有事要请假,须跟教师约好时间,另行补做实验。每次实验应提前 10 min 进实验室。保持实验室内安静,不要大声谈笑,不要到处乱走,禁止在实验室嬉闹。

5. 严谨实验

(1) 认真听取实验前的课堂讲解,积极回答教师提出的问题。进一步明确实验原理、操作要点、注意事项,仔细观察教师的操作示范,保证基本操作规范化。

(2) 按拟定的实验步骤操作,既要大胆又要细心,仔细观察实验现象,认真测定数据。每个测定指标至少要做 3 个平行样。有意识地培养自己高效、严谨、有序的工作作风。

(3) 对观察到的现象和数据要将其如实记录在预习报告本上,做到边实验、边思考、边记录。不得用铅笔记录,原始数据不得涂改或用橡皮擦拭,如记错可在原数据上划一横杠,再在旁边写上正确值。

(4) 实验中要勤于思考,仔细分析。如发现实验现象或测定数据与理论不符,应尊重实验事实，并认真分析和检查原因，也可以做对照实验、空白实验或自行设计实验来核对数据。

（5）实验结束后，应立即把所用的玻璃仪器洗净，将仪器复原，填好使用记录，清理好实验台面。将预习报告本交给教师检查，确定实验数据合格后，方可离开实验室。

（6）值日生应认真打扫实验室，关好水、电、门、窗后方可离开实验室。

实验操作规则是保证良好的工作环境和工作秩序、防止意外事故发生的准则，人人都要遵守。要在实验中有意识地培养自己的动手能力、独立解决问题的能力以及良好的工作作风。

## 1.2 实验报告和实验数据处理

### 1.2.1 评价分析方法和分析结果的基本指标

一个好的分析方法应该具有良好的检测能力，易获得可靠的测定结果，有广泛适用性。此外，操作方法应尽可能简便。检测能力用检出限（DL）表征，测定结果的可靠性用准确度和精密度表示，适用性用标准曲线的线性范围和抗干扰能力来衡量。一个好的分析结果应随机误差小，且没有系统误差。

### 1.2.2 实验报告

做完实验仅是完成实验的一半，更重要的是进行数据整理和结果分析，把感性认识提高到理性认识，要求做到如下三点。

（1）认真、独立完成实验报告。对实验数据进行处理（包括计算、作图），得出分析测定结果。

（2）将平行样的测定值与理论值进行比较，分析误差。

（3）对实验中出现的问题进行讨论，提出自己的见解，并对实验提出改进方案。

实验报告应包括以下五点。

（1）实验题目、完成日期、姓名、合作者。

（2）实验目的、简要原理、所用仪器、试剂及主要实验步骤。

（3）实验数据及计算结果、关于实验的讨论。

（4）解答实验思考题。

（5）原始数据记录。

报告中所列的实验数据和结论，应组织得有条理、合乎逻辑，还应表达得简明正确，并附上应有的图表。

### 1.2.3 实验数据及分析结果的表达

1. 列表法

列表法具有直观、简明的特点，实验的原始数据一般均以此方法记录。列表需标明表名，表名应简明，但又要完整地表达表中数据的含义。此外，还应说明获得数据的有关条件。表格的纵列一般为实验号，横行为测量因素。记录数据应符合有效数字的规定，并使数字的小数点对齐,以便于数据的比较分析。

2. 图解法

图解法可以使测量数据间的关系表达得更为直观。许多测量仪器使用记录仪记录所获得的测量图形,利用图形可以直接或间接地求得分析结果。

1)利用变量间的定量关系图形求得未知物含量

定量分析中的标准曲线,就是以自变量浓度为横坐标轴,以因变量,即各测定方法相应的物理量为纵坐标轴,绘制标准曲线。对于欲求的未知物浓度,可以由它测得的相应物理量值从标准曲线上查得。

2)通过曲线外推法求值

分析化学测量中常用间接方法求测量值。如未知试样可以通过连续加入标准溶液测得相应的物理量变化,则可用外推作图法求得结果。例如,在氟离子选择性电极测定饮用水中氟的实验中,可使用格式图解法求得氟离子含量。

3)求函数的极值或转折点

实验中常需要确定变量之间的极大、极小、转折等,此时可通过图形表达,迅速求得其值。例如,光谱吸收曲线中,可根据图形求得峰值波长及相应摩尔吸光系数;滴定分析中,可通过滴定曲线上的转折点求得滴定终点等。

4)图解微分法和图解积分法

例如,可利用图解微分法来确定电位滴定的终点;在气相色谱法(GC)中,可利用图解积分法求色谱峰面积。

3. 分析结果的数值表示

报告分析结果时,必须给出多次分析结果的平均值以及它的精密度。注意数值所表示的准确度与测量工具、分析方法的精密度一致。报告的数据应遵守有效数字规则。重复测量试样,平均值应显示有效数字的可疑数字。当测量值遵守正态分布规律时,其平均值为最可信赖值和最佳值,它的精密度优于个别测量值,因此在计算不少于四个测量值的平均值时,平均值的有效数字位数可增加一位。一项测定完成后,仅报告平均值是不够的,还应报告这一平均值的偏差。在多数场合下,偏差值只取一位有效数字,只有在多次测量时,才取两位有效数字,且最多只能取两位有效数字。用置信区间来表达平均值的可靠性更可取。

## 1.3 实验室的安全规则

在仪器分析实验中,经常使用有腐蚀性、易燃易爆、有毒的化学试剂,还会大量使用易损的玻璃仪器和某些精密分析仪器,同时实验过程中也不可避免用水、电等。为确保实验的正常进行和人身及设备安全,必须严格遵守实验室的安全规则。

(1)实验室内严禁饮食、吸烟,一切化学药品禁止入口,实验完毕须洗手;水、电使用后应立即关闭;离开实验室时,应仔细检查水、电、门、窗是否均已关好。

(2)了解实验室消防器材的正确使用方法及放置的确切位置,一旦发生意外,能有针对性地扑救。实验过程中,门、窗及换风设备要打开。

(3)使用电气设备时应特别细心,切不可用潮湿的手去开启电闸或触碰电气开关。凡是漏电的仪器不可使用，以免触电。

（4）使用精密分析仪器时，应严格遵守操作规程；仪器使用完毕，应将仪器各部分复原，并关闭电源，拔去插头。

（5）浓酸浓碱具有腐蚀性，尤其是用浓 $H_2SO_4$ 配制溶液时，应将浓酸缓缓注入水中，而不得将水注入浓酸中，以防浓酸溅在皮肤和衣服上。使用浓 $HNO_3$、浓 $HCl$、浓 $H_2SO_4$、氨水时，均应在通风橱中操作。

（6）使用四氯化碳、乙醚、苯、丙酮、三氯甲烷等有机溶剂时，一定要远离火源和热源；使用完毕，要将试剂瓶塞好，放在阴凉（通风）处保存。低沸点的有机溶剂不能直接在火焰或热源上加热，而应使用水浴加热。

（7）热、浓的高氯酸遇有机物常易发生爆炸，因此应采取相应防护措施。使用汞盐、砷化物、氰化物等剧毒物品时应特别小心。

（8）储备试剂、试液的瓶上应贴有标签，严禁装入非标签上的试剂或试液。自试剂瓶中取用试剂或试液后，应立即盖好试剂瓶盖，绝不可将已取出的试剂或试液倒回试剂瓶中。

（9）将温度计或玻璃管插入胶皮管或胶皮塞前，应先用水或甘油润滑，并用毛巾包好再插，两手不要分得太开，以免实验器具折断划伤手。

（10）加热或进行反应时，人不得离开。

（11）保持水槽清洁，禁止将固体物、玻璃碎片等扔入水槽，以免造成下水道堵塞。

（12）发生事故时，要保持冷静，针对不同的情况采取相应的应急措施，防止事故扩大。

## 1.4 玻璃仪器的洗涤、干燥和存放

### 1.4.1 玻璃仪器的洗涤

分析实验中所使用的玻璃仪器应洁净，其内外壁应能被水均匀地润湿，且不挂水珠。在分析工作中，洗净玻璃仪器不仅是一个必须做的实验前的准备工作，也是一个技术性的工作。仪器洗涤是否符合要求，对化验工作的准确度和精密度均有影响。不同分析工作（如工业分析、一般化学分析、微量分析等）有不同的仪器洗净要求。

分析实验中常用的烧杯、锥形瓶、量筒、量杯等一般的玻璃仪器，可先用毛刷蘸去污粉或合成洗涤剂刷洗，再用自来水冲洗干净，然后用蒸馏水或去离子水润洗3次。

滴定管、移液管、吸量管、容量瓶等具有精确刻度的玻璃仪器，可采用合成洗涤剂洗涤。其洗涤方法是，将0.1%~0.5%浓度的洗涤液注入仪器中，浸润、摇动几分钟，用自来水冲洗干净后，再用蒸馏水或去离子水润洗3次，如果未洗干净，可用铬酸洗液洗涤。

光度法用的吸收池（又称比色皿或液槽），是用光学玻璃制成的，不能用毛刷洗涤，应根据不同情况采用不同的洗涤方法。常用的洗涤方法是，将吸收池浸泡于热的洗涤液中一段时间后冲洗干净。注意：吸收池不可用铬酸洗液清洗。

玻璃仪器的洗涤方法有很多，应根据实验要求、污物性质、脏污程度来选用。一般来说，附着在仪器上的脏物有尘土和其他不溶性杂质、可溶性杂质、有机物和油污，针对这些情况可分别用下列方法洗涤。

1. 刷洗

刷洗是指用水和毛刷刷洗以除去仪器上的尘土及其他物质。注意毛刷的大小，形状要适合，如洗圆底烧瓶时，毛刷要做适当弯曲才能接触到全部内表面。脏、旧、秃头毛刷需及时更换，以免戳破、划破或沾污仪器。

2. 用合成洗涤剂洗涤

用合成洗涤剂洗涤时，先将仪器用水湿润，再用毛刷蘸少许去污粉或洗涤剂，将仪器内外洗刷一遍，然后边用水冲边刷洗，直至干净为止。

3. 用铬酸洗液洗涤

用铬酸洗液洗涤时，首先使被洗涤仪器尽量保持干燥，倒少许铬酸洗液于仪器内，转动仪器，使其内壁被洗液浸润（必要时可用洗液浸泡），再将洗液倒回原瓶内以备再用；然后用水冲洗仪器内残存的洗液，直至干净为止。热的铬酸洗液的去污能力更强。铬酸洗液主要用于洗涤被无机物沾污的仪器，它对有机物和油污的去污能力也较强，常用来洗涤一些口小、管细等形状特殊的仪器，如吸管、容量瓶等。铬酸洗液具有强酸性、强氧化性和强腐蚀性，使用时要注意以下几点。

（1）洗涤的仪器不宜有水，以免稀释铬酸洗液而失效。

（2）铬酸洗液可以反复使用，用后倒回原瓶。

（3）铬酸洗液的瓶塞要塞紧，以防吸水失效。

（4）铬酸洗液不可溅在衣服、皮肤上。

（5）铬酸洗液的颜色由原来的深棕色变为绿色时，表示 $K_2Cr_2O_7$ 已还原为 $Cr_2(SO_4)_3$，失去氧化性，说明洗液失效不能再用。

4. 用酸性洗液洗涤

（1）盐酸可以洗去附在仪器壁上的氧化剂（如 $MnO_2$）等大多数不溶于水的无机物。因此，在毛刷刷洗不到或仪器不宜用毛刷刷洗（如吸管和容量瓶）等的情况下，可以用盐酸洗涤。例如，灼烧过沉淀物的瓷坩埚可用盐酸（1:1）洗涤。洗涤过的盐酸能回收继续使用。

（2）盐酸-过氧化氢洗液适用于洗去残留在仪器上的 $MnO_2$，如过滤 $KMnO_4$ 用的砂芯漏斗。

（3）盐酸-酒精洗液(1:2)适用于洗涤被有机染料染色的仪器。

（4）硝酸-氢氟酸洗液是洗涤玻璃仪器和石英仪器的优良洗涤剂，可以避免杂质金属离子的沾附。该洗液常温下储存于塑料瓶中，洗涤效率高，清洗速度快，但对油脂及有机物的清除效力差。该洗液对皮肤有强腐蚀性，操作时需加倍小心。同时，该洗液对玻璃仪器和石英仪器有腐蚀作用，因此，不可用于洗涤精密玻璃仪器、标准磨口仪器、活塞、砂芯漏斗、光学玻璃、精密石英部件、吸收池等。

5. 用碱性洗液洗涤

碱性洗液适用于洗涤油脂和有机物。因它的作用较慢，故一般要浸泡 24 h 或用浸煮的方法。

1）氢氧化钠-高锰酸钾洗液

用氢氧化钠-高锰酸钾洗液洗过后，仪器上会留下 $MnO_2$，可再用盐酸洗涤。

2）氢氧化钠（钾）-乙醇洗液

氢氧化钠（钾）-乙醇洗液洗涤油脂的效力比洗涤有机溶剂的效力高，但不能与玻璃仪器长期接触。

使用碱性洗液时要特别注意，碱性洗液有腐蚀性，不能溅到眼睛上。

6. 超声波清洗

超声波清洗是一种新的清洗方法，主要是利用超声波在液体中的空化作用。在超声波的作用下，液体分子时而受拉，时而受压，形成一个个微小的空腔，即空化泡。由于空化泡的内外压力相差悬殊，因此在空化泡消失时其表面的各类污物就被剥落，从而达到清洗的目的。同时，超声波在液体中又能加速溶解作用和乳化作用，因此超声波清洗质量好、速度快，尤其对采用常规清洗方法难以达到的清洁度要求，以及几何形状比较复杂且带有各种小孔、弯孔和盲孔的玻璃仪器，效果更为显著。市售 CQ-250 型超声波清洗器对分析实验室的玻璃仪器的清洗效果很好，使用时将被洗件悬挂在处于工作状态的清洗液中，清洗干净即可取出。

### 1.4.2 洗净的玻璃仪器的干燥和存放

洗净的玻璃仪器可用以下方法干燥和存放。

（1）烘干。洗净的玻璃仪器可放入干燥箱中烘干，放置仪器时应注意平放或使仪器口朝下。

（2）烤干。烧杯或蒸发皿可置于石棉网上烤干。

（3）晾干。洗净的玻璃仪器可置于干净的实验柜或仪器架上晾干。

（4）用有机溶剂干燥。加一些易挥发的有机溶剂到洗净的玻璃仪器中，将仪器倾斜转动，使器壁上的水和有机溶剂相互溶解、混合，然后倾出有机溶剂，少量残存在器壁上的有机溶剂很快会挥发，从而使仪器干燥。

（5）吹干。用吹风机或氮气流往玻璃仪器内吹风，将仪器吹干，这种方法的干燥速度更快。

（6）带有刻度的玻璃仪器不能用加热的方法进行干燥，加热会影响这些玻璃仪器的准确度。

## 1.5 分析试样的采集、制备及处理

分析实验的结果能否为质量控制和科学研究提供可靠的分析数据，关键看所取试样的代表性和分析测定的准确性，这两方面缺一不可。从大量的被测物料中选取能代表整批物质的试样，必须掌握适当的技术，遵守一定的规则，采用合理的取样与制备试样的方法。

### 1.5.1 试样的采集

在分析实践中，常需测定大量物料中某些组分的平均含量，因此取样的基本要求是有代表性。

对比较均匀的物料，如气体、液体和固体试剂等，可直接取少量分析试样，不需再进行制备。通常遇到的分析对象，从形态上分为气体、液体和固体三类，对于不同的形态和不同

的物料,应采取不同的取样方法。

1. 固体试样的采集

固体物料种类繁多,性质和均匀程度差别较大。

组成不均匀的物料有矿石、煤炭、废渣和土壤等;组成相对均匀的物料有谷物、金属材料、化肥、水泥等。

对组成不均匀试样,应按照一定方式选取不同点进行取样,以保证所采试样的代表性。

取样点的选择方法有随机取样法、判断取样法、系统取样法等。

取样份数越多越有代表性,但所耗人力、物力将大幅增加,应以满足要求为原则。

试样采集量与试样的均匀程度、颗粒大小等因素有关。通常,试样采集量可按切乔特公式(Qeqott Formula)计算:

$$m \geqslant Kd^2 \tag{1-1}$$

式中,$m$ 为采取平均试样的最小质量(kg);$d$ 为试样的最大颗粒直径(mm);$K$ 为经验常数,可由实验求得,通常 $K$ 值为 $0.05 \sim 1$。

【例】采集矿石试样,若试样的最大直径为 10 mm,$K = 0.2$ kg·mm$^{-2}$,则应采集多少试样?

解:根据式(1-1),有

$$m \geqslant Kd^2 = 0.2 \times 10^2 = 20 \text{ kg}$$

答:应采集试样 20 kg。

金属(合金)试样采集应该以下几方面。

(1) 一般金属经过高温熔炼,组成比较均匀,因此,对于片状或丝状试样,剪取一部分即可进行分析。

(2) 钢锭和铸铁,由于表面和内部的凝固时间不同,同时铁和杂质的凝固温度也不一样,因此,表面和内部的组成不很均匀。取样时应先清理表面,然后用钢钻在不同部位、不同深度钻取碎屑混合均匀,作为分析试样。

(3) 对于极硬的试样,如白口铁、硅钢等,因无法钻取,故可用铜锤砸碎,再放入钢钵内捣碎,然后再取其中一部分作为分析试样。

2. 液体试样的采集

常见的液体试样包括水、饮料、体液、工业溶剂等,一般比较均匀,取样单元数可以较少。

(1) 对于体积较小的物料,可在搅拌的同时直接用瓶子或取样管取样。

(2) 对于装在大容器里的物料,在容器的不同位置和深度取样后混合均匀即可作为分析试样。

(3) 对于分装在小容器里的液体物料,应从每个容器里取样,然后混合均匀作为分析试样。

对于水样,应根据具体情况,采用不同取样方法。

(1) 采取水管中或泵水井中的水样时,取样前需将水龙头或泵打开,先放水 $10 \sim 15$ min,然后再用干净瓶子收集水样。

(2) 采取池、江、河、湖中的水样时,首先根据分析目的及水系具体情况选择好取样地点，然后用取样器在不同深度各取一份水样，混合均匀后作为分析试样。

**3. 气体试样的采集**

常见的气体试样有汽车尾气、工业废气、大气、压缩气体以及气溶物等，需按具体情况，采用相应的方法进行试样采集。

最简单的气体试样采集方法为，用泵将气体充入取样容器中，一定时间后将其封好即可。但由于气体储存困难，因此大多数气体试样采用装有固体吸附剂或过滤器的装置收集。

（1）固体吸附剂用于挥发性气体和半挥发性气体取样。

（2）过滤法用于收集气溶胶中的非挥发性组分。

（3）大气试样的采集，通常选择距地面 50～180 cm 的高度取样，使其与人呼吸的空气高度相同。

（4）测定大气污染物时应使空气通过适当吸收剂，由吸收剂吸收浓缩之后再进行分析。

（5）对储存在大容器内的气体，因不同部位的密度和均匀性不同，故应在上、中、下不同处取样混合均匀。气体试样的化学成分通常较稳定，不需采取特别措施保存。

**4. 生物试样的采集**

生物试样采集时应根据研究和分析需要选取适当部位和生长发育阶段进行，取样除应注意群体代表性外，还应注意具有适时性和部位典型性。

### 1.5.2　试样的制备

制备试样分为破碎、过筛、混匀和缩分四个步骤。

**1. 破碎和过筛**

大块矿样先用压碎机（如颚式碎样机、球磨机等）破碎成小的颗粒，再过筛。分析试样一般要求过 100～200 目筛。

**2. 混匀和缩分**

过筛后的试样需要混合均匀，其方法为将试样进行圆锥形堆积、压平后再进行圆锥形堆积，直至试样充分混合均匀。

如果缩分后试样的质量明显大于按计算公式算得的质量，则可连续进行缩分直至所剩试样质量稍大于或等于最低质量为止。试样缩分采用四分法，即将试样充分混合均匀，堆成圆锥形，再将它压成圆饼状，通过中心按十字形切为四等份，弃去任意对角的两份，保留两份，一份作为分析试样，另一份作为留样，根据试样质量决定重复上述步骤的次数。缩分的次数不是任意的，每次缩分时，试样的粒度与保留的试样质量之间都应符合切乔特公式，否则应进一步破碎才能缩分。如此反复经过多次破碎和缩分，直至试样的质量减至供分析用的数量为止。然后再进行粉碎、缩分，最后制成 100～300 g 的分析试样，装入瓶中，贴上标签供分析之用。

### 1.5.3　试样的分解

试样预处理的目的是使试样的状态和浓度适应所选择的分析方法。分析方法的选择应考虑测定的具体要求、被测组分的性质、被测组分的含量、共存组分的影响。

在一般分析工作中，通常先要将试样分解，制成溶液。

在分解试样时必须注意：
(1) 试样分解必须完全，处理后的溶液中不得残留原试样的细屑或粉末；
(2) 试样分解过程中待测组分不应挥发，也不应引入被测组分和干扰物质。
具体可根据试样的组成和特性、待测组分性质和分析目的选择合适的分解方法。

1. 溶解法

采用适当的溶剂将试样溶解制成溶液，这种方法比较简单、快速。

常用的溶剂有水、酸和碱等。溶于水的试样一般称为可溶性盐类，如硝酸盐、醋酸盐、铵盐、绝大部分碱金属化合物和大部分氯化物、硫酸盐等。对于不溶于水的试样，则采用酸或碱作溶剂的酸溶法或碱溶法进行溶解，以制备分析试液。

(1) 水溶法。水溶法是指可溶性的无机盐直接用水制成试样。

(2) 酸溶法。酸溶法是利用酸的酸性、氧化还原性和形成络合物的作用，使试样溶解。钢铁、合金、部分氧化物、硫化物、碳酸盐矿物和磷酸盐矿物等常采用此法溶解。常用的酸溶剂有盐酸、硝酸、硫酸、磷酸、高氯酸、氢氟酸、混合酸。

(3) 碱溶法。碱溶法的溶剂主要为 NaOH 溶液和 KOH 溶液，碱溶法常用来溶解两性金属铝、锌及其合金，以及它们的氧化物、氢氧化物等。例如，在测定铝合金中的 Si 时，应用碱溶法使 Si 以 $SiO_3^{2-}$ 的形式转移到溶液中，如果用酸溶法则 Si 可能以 $SiH_4$ 的形式挥发损失，从而影响测定结果。

2. 熔融法

(1) 酸熔法。碱性试样宜采用酸性熔剂。常用的酸性熔剂有 $K_2S_2O_7$（熔点为 419 ℃）和 $KHSO_4$（熔点为 219 ℃），后者经灼烧后生成 $K_2S_2O_7$，所以两者的作用是一样的。这类熔剂在 300 ℃ 以上可与碱或中性氧化物作用，生成可溶性的硫酸盐。例如，分解金红石的反应是

$$TiO_2 + 2K_2S_2O_7 =\!=\!= Ti(SO_4)_2 + 2K_2SO_4$$

这种方法常用于分解 $Al_2O_3$、$Cr_2O_3$、$Fe_3O_4$、$ZrO_2$、钛铁矿、铬矿、中性耐火材料（如铝砂、高铝砖）及磁性耐火材料（如镁砂、镁砖）等。

(2) 碱熔法。酸性试样，如酸性矿渣、酸性炉渣和酸不溶试样均可采用碱熔法，使它们转化为易溶于酸的氧化物或碳酸盐。

常用的碱性熔剂有 $Na_2CO_3$（熔点为 853 ℃）、$K_2CO_3$（熔点为 891 ℃）、NaOH（熔点为 318 ℃）、$Na_2O_2$（熔点为 460 ℃）和它们的混合熔剂等。这些溶剂除具有碱性外，在高温下均有氧化作用（本身的氧化性或空气氧化），可以把一些元素氧化成高价（$Cr^{3+}$、$Mn^{2+}$ 可以被氧化成 $Cr^{6+}$、$Mn^{7+}$），从而增强试样的分解作用。有时为了增强氧化作用还加入 $KNO_3$ 或 $KClO_3$，使氧化作用更为完全。

① $Na_2CO_3$ 或 $K_2CO_3$。

$Na_2CO_3$ 或 $K_2CO_3$ 常用来分解硅酸盐和硫酸盐等，分解反应如下：

$$Al_2O_3 + 2SiO_2 + 3Na_2CO_3 =\!=\!= 2NaAlO_2 + 2Na_2SiO_3 + 3CO_2\uparrow$$

$$BaSO_4 + Na_2CO_3 =\!=\!= BaCO_3 + Na_2SO_4$$

② $Na_2O_2$。

$Na_2O_2$ 常用来分解含硒、锑、铬、钼、钒和锡的矿石及其合金。$Na_2O_2$ 是强氧化剂，能

把其中大部分元素氧化成高价状态。例如，铬铁矿的分解反应为

$$2FeO \cdot Cr_2O_3 + 7Na_2O_2 = 2NaFeO_2 + 4Na_2CrO_4 + 2Na_2O$$

熔块用水处理，溶出 $Na_2CrO_4$，同时 $NaFeO_2$ 水解生成 $Fe(OH)_3$ 沉淀：

$$NaFeO_2 + 2H_2O = NaOH + Fe(OH)_3\downarrow$$

然后利用 $Na_2CrO_4$ 溶液和 $Fe(OH)_3$ 沉淀分别测定铬和铁的含量。

③NaOH（KOH）。

NaOH（KOH）常用来分解硅酸盐、磷酸盐矿物、钼矿和耐火材料等。

### 3. 半熔融法（烧结法）

半熔融法是将试样与熔剂混合，小心加热至熔块（半熔物收缩成整块），而不是全熔，故称为半熔融法，又称烧结法。

常用的半熔混合熔剂：2 份 $MgO + 3Na_2CO_3$；1 份 $MgO + Na_2CO_3$；1 份 $ZnO + Na_2CO_3$。

此法广泛用于分解铁矿及煤中的硫。其中 MgO、ZnO 的作用在于其熔点高，可以预防 $Na_2CO_3$ 在灼烧时熔合，保持松散状态，使矿石氧化得更快、更完全，同时使产生的气体更容易逸出。此法不易损坏坩埚，因此可以在瓷坩埚中进行熔融，不需要贵重器皿。

### 4. 干式灰化法

干式灰化法是指将试样置于马弗炉中加热（400～1 200 ℃），以大气中的氧作为氧化剂使其分解，然后加入少量浓盐酸或浓硝酸浸取燃烧后的无机残余物。

### 5. 湿式消化法

湿式消化法是用硝酸和硫酸的混合物与试样一起置于烧瓶内，在一定温度下进行煮解。其中硝酸能破坏大部分有机物，在煮解的过程中，硝酸逐渐挥发，最后剩余硫酸，继续加热使其产生浓厚的 $SO_3$ 白烟，并在烧瓶内回流，直到溶液变得透明为止。

### 6. 微波辅助消解法

微波辅助消解法是利用试样和适当的溶（熔）剂吸收微波能产生的热量加热试样，同时微波产生的交变磁场使介质分子极化，极化分子在高频磁场交替排列，导致分子高速振荡，使分子获得较高的能量。这种方法溶（熔）解迅速，加热效率高。

微波辅助消解法既可用于有机和生物试样的氧化分解，也可用于难溶无机材料的分解。

在试样分解过程中，应考虑误差的来源，尽量消除误差。

# 第 2 章
# 电分析化学实验

电分析化学是利用物质的电学和电化学性质进行表征和测量的科学,它是电化学和分析化学学科的重要组成部分,与其他学科,如物理学、电子学、计算机科学、材料科学以及生物学等有着密切的关系。电分析化学已经建立了比较完整的理论体系,它既是现代分析化学的一个重要分支,又是一门表面科学,在研究表面现象和相界面过程中发挥着越来越重要的作用。

电分析化学方法是一种公认的快速、灵敏、准确的微量和痕量分析方法。例如,伏安分析法测定重金属离子的浓度可以低至 $10^{-12}$ mol/L,结合催化法,测定灵敏度可以达到 $10^{-14}$ mol/L,如果结合生物酶的专一催化反应,检出限可以达到 $10^{-16}$ mol/L。电分析仪器简单,价格低廉,特别是在有机生物和药物、环境分析中已逐步显示出巨大的潜力和优越性。另外,在一些苛刻的环境条件下,如流动的河流、非水化学流动过程、熔岩及核反应堆芯的流体中,电分析化学方法也是非常有用的。

电极过程动力学和电极反应机理的研究,是电分析化学的另一个重要方面。电极过程中常常包含在溶液中或在电极表面上进行的化学步骤、新相的生成和表面扩散步骤等。电极过程动力学的研究在冶金、电镀、有机物与无机物的电合成、化学电源、化学传感器以及金属材料的腐蚀防护等方面都具有重要意义。

物质在电极上的氧化还原反应机理是十分复杂的,但它的研究结果对许多学科都具有借鉴意义,特别是在生物化学和药物学研究领域。例如,药物在人体内的代谢过程就是一个生物氧化还原过程,与药物在电极上的氧化还原反应具有某些相似性。从电极反应的机理,可以了解这些药物的生物氧化还原过程。此外,通过电极反应机理也可研究热、光、氧、酒、酸、碱等对生物过程的影响,研究联合作用、协同效应和抗拒作用,研究人体中常见物质的影响等,为药物的临床应用和药理药效的研究提供理论依据。

电化学分析法主要有电位分析法、库仑分析法和伏安分析法与极谱分析法等。

## 2.1 电位分析法

用一个指示电极(Indicator Electrode)和一个参比电极(Reference Electrode),或者采用两个指示电极,与试液组成电池,然后根据电池电动势的变化或指示电极电位的变化进行分析的方法,称为电位分析法。

电位分析法包括电位测定法和电位滴定法。

(1)电位测定法是选用适当的指示电极浸入试液,测量其相对于参比电极的电位,再由能斯特方程直接求得被测物质的浓度(活度)。

(2) 电位滴定法是向试液中滴加能与被测物质发生化学反应的已知浓度的试液,根据滴定过程中某个电极电位的突变来确定滴定终点,再根据滴定剂的体积和浓度来计算被测物质的含量。

电位分析法的依据是能斯特方程:

$$\varphi = \varphi^{\theta} + \frac{RT}{nF} \ln \frac{\alpha_{Ox}}{\alpha_{Red}} \tag{2-1}$$

式中,$\varphi$ 为电极电位(V);$\varphi^{\theta}$ 为标准电极电位(V);$\alpha_{Ox}$ 为氧化态的活度($mol \cdot L^{-1}$);$\alpha_{Red}$ 为还原态的活度($mol \cdot L^{-1}$);$n$ 为电极反应转移的电荷数;$F$ 为法拉第常数,$F = 96\ 487\ C \cdot mol^{-1}$;$R$ 为气体常数,$R = 8.314\ J \cdot mol^{-1} \cdot K^{-1}$;$T$ 为热力学温度(K)。

25 ℃时,式(2-1)为

$$\varphi = \varphi^{\theta} + \frac{0.059}{n} \log \frac{\alpha_{Ox}}{\alpha_{Red}} \tag{2-2}$$

能斯特方程给出了电极电位与溶液中对应离子活度的简单关系。

## 2.2 库仑分析法

库仑分析法是根据电解过程中消耗的电量,由法拉第定律来确定被测物质含量的方法。库仑分析法分为恒电流库仑分析法和控制电位库仑分析法两种。在电解过程中,电极上发生的电化学反应与溶液中通过电量的关系可用法拉第定律表示:

$$m = \frac{MQ}{96\ 487n} = \frac{M}{n} \times \frac{it}{96\ 487} \tag{2-3}$$

式中,$Q$ 为通过电解池的电量(C);$n$ 为电极反应中转移的电子数;$F$ 为法拉第常数;$M$ 为物质的摩尔质量($g \cdot mol^{-1}$);$m$ 为析出物质的质量(g);$i$ 为电解时的电流强度(A);$t$ 为电解时间(s)。

法拉第定律有两层含义:

(1) 电极上发生反应的物质的量与通过体系的电量成正比;

(2) 通过相同量的电量时,电极上沉积的各物质的质量与 $M/n$ 成正比。

库仑分析法基于电量的测量,因此,通过电解池的电流必须全部用于电解被测物质,不应当发生副反应和漏电现象,即保证电流效率为 100%,这是库仑分析法的关键。

控制电位库仑分析法是直接根据被测物质在电解过程中所消耗的电量来求其含量的方法,其基本装置与控制电位电解法相似,电路中串联有库仑计。电解池中除工作电极和对电极外,还有参比电极,它们共同组成电位测量与控制系统。

使用控制电位库仑分析法时,在电解过程中,通过控制工作电极电位保持恒定值,使被测物质以 100% 的电流效率进行电解,当电解电流趋近零时,表明该物质已被完全电解,此时通过用与其串联的库仑计精确测量使该物质被完全电解时所需的电量,即可由法拉第定律计算其含量。控制电位库仑分析法装置是在电解池装置的电解电路中串联一个能精确测量电量的库仑计,控制电位库仑分析法装置示意如图 2-1 所示。

图 2-1 控制电位库仑分析法装置示意

在控制电位库仑分析法中,电流随时间而变化,是时间的复杂函数,所以电解过程中消耗的电量不能简单地根据电流与时间的乘积来计算,而要采用库仑计或电流-时间积分仪进行测量。

### 2.2.1 控制电位库仑分析法的特点及应用

控制电位库仑分析法的特点。

(1) 不需要使用基准物质和标准溶液,准确度高。控制电位库仑分析法是根据电量的测量来计算分析结果的,而电量的测量可以达到很高的精度,所以准确度高。

(2) 灵敏度高。控制电位库仑分析法能测定 μg 级的物质,如果校正空白值,并使用高精度的仪器,甚至可测定 0.01 μg 级的物质。

控制电位库仑分析法具有准确、灵敏、选择性高等优点,特别适用于混合物质的测定,因而得到广泛应用。它可用于 50 多种元素及其化合物的测定,其中包括氢、氧、卤素等非金属,钠、钙、镁、铜、银、金、铂族等金属以及稀土和锕系元素等。

控制电位库仑分析法在有机物和生化物质的合成和分析方面的应用也很广泛,涉及的有机化合物达 50 多种,如三氯乙酸的测定、血清中尿酸的测定,以及在多肽合成和加氢二聚作用等中的应用。

控制电位库仑分析法也是研究电极过程、反应机理等方面的有效方法。使用该方法测定电极反应的电子数时不需要事先了解电极面积和扩散系数。

### 2.2.2 恒电流库仑分析法的基本原理

从理论上讲,恒电流库仑分析法可以按两种方式进行。

1. 直接法

直接法以恒定电流进行电解,被测物质直接在电极上起反应,只需测量完全电解时所消耗的时间,即可由法拉第定律计算分析结果。

2. 间接法

间接法又称恒电流库仑法,是在试液中加入适当的辅助剂后,以一定强度的恒定电流进行电解。电极反应产生一种滴定剂,该滴定剂与被测物质发生定量反应,当被测物质作用完后,可用适当的方法指示终点并立即停止电解。使用间接法,可由电解进行的时间 $t(s)$ 及电流强度 $i(A)$,按法拉第定律计算被测物质的质量:

$$m = \frac{itM}{96\ 487} \tag{2-4}$$

一般采用恒电流库仑法,因为直接法很难保证电极反应专一和电流效率为100%。

### 2.2.3 恒电流库仑法的基本装置

恒电流库仑法的基本装置示意如图2-2所示。

**图2-2 恒电流库仑法的基本装置示意**
1—工作电极;2—辅助电极;3,4—指示电极

恒电流库仑法所用装置的基本组成如下。

(1) 直流恒电流源及电流测量装置:直流稳流器,可直接读出电流;45~90 V 乙型电池,可通过测量标准电阻 $R$ 两端的压降 $V_R$ 求得。

(2) 计时器:电停表;秒表。

(3) 库仑池。

①工作电极:电解产生滴定剂的电极,直接浸在加有滴定剂的溶液中。

②辅助电极:浸在另一种电解质溶液中,并用隔膜隔开,以防止电极上发生的电极反应干扰测定。

(4) 指示终点。

①化学指示剂法。

普通容量分析中所用的化学指示剂,均可用于恒电流库仑法中。例如,在肼的测定中,电解液中有肼和大量 KBr,加入钼为指示剂,电极反应为

Pt 阴极                  $2H^+ + 2e^- \Longrightarrow H_2$

Pt 阳极                  $2Br^- \Longrightarrow Br_2 + 2e^-$

电极上产生的 $Br_2$ 与溶液中的肼起反应:

$$NH_2-NH_2 + 2Br_2 \Longrightarrow N_2 + 4HBr$$

过量的 $Br_2$ 使指示剂褪色,指示终点,停止电解。

②电位法。

利用恒电流库仑法测定溶液中酸的浓度时,用玻璃电极和甘汞电极作为检测终点电极,

用 pH 计指示终点。此时以铂电极为工作电极，以银阳极为辅助电极。电极上的反应为

工作电极 $\qquad 2H^+ + 2e^- \rightleftharpoons H_2$

辅助电极 $\qquad 2Ag + 2Cl^- \rightleftharpoons 2AgCl + 2e^-$

工作电极发生的反应使溶液中 $OH^-$ 产生富余，作为滴定剂，导致溶液中的酸度发生变化，从而使 pH 计上 pH 值发生突跃指示终点。

③永停法（又称双铂恒电流指示法）。

永停法通常是在指示终点用的两只铂电极上加一个小的恒电压，当达到终点时，由于试液中存在一对可逆电对（或原来一对可逆电对消失），因此铂电极的电流迅速发生变化，表示终点到达。

## 2.3 伏安分析法

伏安分析法是一种特殊的电解方法，其以小面积、易极化的电极为工作电极，以大面积、不易极化的电极为参比电极组成电解池，电解被分析物质的稀溶液，由所测得的电流－电压特性曲线来进行定性和定量分析。以滴汞为工作电极的伏安分析法，称为极谱法，它是伏安分析法的特例。

伏安分析法的工作电极如下。

(1) 汞电极：包括挤压式悬汞电极、挂吊式悬汞电极、汞膜电极（以石墨电极为基质，在其表面镀上一层汞得到）。

(2) 其他固体电极：包括玻碳电极、铂电极和金电极等。

汞电极不适合在较正电位下工作，而其他固体电极则可以。

### 2.3.1 基本原理

伏安分析法包含电解富集和电解溶出两个过程。电解富集过程是将工作电极固定在产生极限电流电位进行电解，使被测物质富集在电极上。为了提高富集效果，可同时旋转电极或搅拌溶液，以加快被测物质输送到电极表面。

将被测物质富集在电极上后，待溶液静止 30 s 或 1 min 后，反相扫描电极电位，使沉积在电极上的物质电解溶出，记录溶出过程中的伏安曲线。溶出峰电流在一定条件下与待测物质离子浓度成正比。

### 2.3.2 基本过程

(1) 预电解。预电解的目的是富集，是在一定底液和搅拌条件下，进行恒电位电解，使被测物质富集于工作电极上。富集物质的量与电极电位、电极面积、电解时间和搅拌速度等因素有关。

预电解电位在理论上应比该条件下的半波电位负 $0.2/n$ V，$n$ 为半电极反应的电荷数；而实际则比该条件下的半波电位负 $0.2 \sim 0.5$ V。

预电解时间因电极的种类和被测物质浓度的不同而不同。一般来说，对一定的电极而言，被测物质的浓度越低，预电解时间就越长。对于悬汞电极，当被测物质浓度为 $10^{-6}$ mol·$L^{-1}$ 时，预电解需要 5 min；当被测物质浓度为 $10^{-9}$ mol·$L^{-1}$ 时，预电解需要 60 min。

（2）休止期。休止期的目的是使电极上的电解沉积物均匀分布，休止期是指减小电解电流或停止搅拌一定时间，一般为 3~4 min。

（3）溶出。溶出的目的是产生溶出伏安曲线。溶出过程的电位变化方向与预电解过程相反。对于阳极溶出伏安法来说，工作电极电位逐渐变正；对于阴极溶出伏安法来说，工作电极电位逐渐变负。

### 2.3.3 分类

根据分析过程中电极性质的变化，伏安分析法分为阳极溶出伏安法和阴极溶出伏安法。

（1）阳极溶出伏安法：是指富集时工作电极为阴极，溶出时工作电极为阳极的伏安分析法（多用于金属离子的测定）。

（2）阴极溶出伏安法：是指富集时工作电极为阳极，溶出时工作电极为阴极的伏安分析法（多用于卤素、硫等阴离子的测定）。

**1. 阳极溶出伏安法**

被测离子在阴极上预电解富集，溶出时发生氧化反应而重新溶出，产生如下反应：

$$M^{n+} + ne^- + Hg \underset{溶出}{\overset{富集}{\rightleftharpoons}} M(Hg)$$

溶出时，工作电极上发生的是氧化反应，称为阳极溶出伏安法。

在测定条件一定时，峰电流与被测物质浓度成正比：

$$i_p \propto C_0 \qquad (2-5)$$

**2. 阴极溶出伏安法**

溶出时工作电极上发生的是还原反应，称为阴极溶出伏安法。

例如，用阴极溶出伏安法测溶液中 $S^{2-}$ 的含量。以 $0.1 \text{ mol} \cdot \text{L}^{-1}$ NaOH 溶液为底液，于 $-0.4$ V 电解一定时间，悬汞电极上便形成难溶性的 HgS：

$$Hg + S^{2-} =\!=\!= HgS + 2e^-$$

溶出时，悬汞电极的电位由正向负方向扫描，当达到 HgS 的还原电位时，由于下列还原反应，得到阴极溶出峰：

$$HgS + 2e^- =\!=\!= Hg + S^{2-} \quad （还原反应）$$

阴极溶出伏安法可用于测定一些阴离子，如 $Cl^-$、$Br^-$、$I^-$、$S^{2-}$、$C_2O_4^{2-}$ 等。

### 2.3.4 影响溶出峰电流的因素

**1. 富集过程**

富集过程是通过化学计量或非化学计量将被测物质电积在阴极上。

化学计量是将被测物质完全电积在阴极上，其特点是精确性好、时间长。

非化学计量是将 2%~3% 的被测物质电积在阴极上，即在搅拌下，电解富集一定时间。非化学计量是常用的方法。

**2. 溶出过程**

在溶出过程中，扫描电压变化速率保持恒定。

## 2.3.5 操作条件的选择

1. 预电解电位

预电解电位比半波电位负 0.2~0.5 V，也可实验确定。

2. 预电解时间

预电解时间长可增加灵敏度，但会导致线性关系差。

3. 除氧

可通过 $N_2$ 或加入 $Na_2SO_3$ 来除氧。

伏安分析法的优点、测定范围及检出限如下。

(1) 伏安分析法有很高的灵敏度，这主要是由于该方法经过长时间的预电解，将被测物质富集浓缩。

(2) 阳极溶出伏安法的测定范围为 $10^{-11} \sim 10^{-6}$ mol·$L^{-1}$，同时有较好的精度，检出限可达 $10^{-12}$ mol·$L^{-1}$，它能同时测定几种含量在 $10^{-12} \sim 10^{-9}$ mol·$L^{-1}$ 范围内的元素，而不需要特别贵重的仪器。

元素周期表中已有 31 种元素能进行阳极溶出，有 15 种元素能进行阴极溶出，有 7 种元素能进行阳极和阴极溶出。

## 2.4 电位分析中的电极

电位分析中通常有两种电极。电极电位随分析物活度变化的电极，称为指示电极。指示电极用来指示被测试液中某种离子的活度或浓度，是指发生所需电化学反应或激发信号的电极。电位分析中与被测物质的活度无关，电位比较稳定，可提供电位参考的电极，称为参比电极。恒温下，参比电极的电位不随溶液中被测物质离子活度的变化而变化，参比电极是具有基本恒定电位值的电极。

### 2.4.1 指示电极

(1) 第一类电极：金属与该金属离子溶液组成的电极，具有一个相界面（主要用于沉淀滴定和用作指示电极），如

$$Ag \mid Ag^+(c)$$

(2) 第二类电极：金属与该金属的难溶盐和该难溶盐的阴离子组成的电极，具有两个相界面（常用作参比电极），如

$$Hg \mid Hg_2Cl_2, Cl^-(c)$$

(3) 第三类电极：汞电极，指由金属与两种具有相同阴离子的难溶盐（或稳定的配离子）以及含有第二种难溶盐（或稳定的配离子）的阳离子达平衡状态时的体系所组成的电极，如

$$Hg \mid HgY^{2-}, CaY^{2-}, Ca^{2+}(c) \quad (Y 为 EDTA[①])$$

---

① EDTA 指乙二胺四乙酸。

(4) 零类电极：也称惰性金属电极，由一种惰性金属，如 Pt 与含有可溶性的氧化态和还原态物质的溶液组成，如：

$$Pt \mid Fe^{3+}, Fe^{2+}(c)$$

(5) 膜电极：又称离子选择性电极，也是最重要的一类电极，是一种化学传感器。离子选择性电极的种类很多，1975 年国际纯粹化学与应用化学协会根据离子选择性电极大多是膜电极这个特点，依照膜的特征，推荐将离子选择性电极分为原电极和敏化电极。

① 原电极。

原电极包括晶体（膜）电极、非晶体（膜）电极和活性载体电极。晶体（膜）电极分为均相膜电极和非均相膜电极（如以 $LaF_3$ 为敏感膜的 $F^-$ 离子选择性电极、以 $Ag_2S$ 为敏感膜的 $S^{2-}$ 离子选择性电极、以 AgX 为敏感膜的 $X^-$ 离子选择性电极等）；非晶体（膜）电极又称硬质电极（如钠玻璃电极）；活性载体电极则是以浸有某种液体离子交换剂的惰性多孔膜作为电极膜的一类电极，所以又称液膜电极（如 $Ca^{2+}$ 选择性电极）。

离子选择性电极对某一特定离子的测定，一般是基于内部溶液与外部溶液之间的电位差（膜电位）进行的。虽然膜电位的形成机制较为复杂，但有关研究已证明，膜电位的形成主要是溶液中的离子与电极膜上的离子之间发生交换作用的结果。现以玻璃电极的膜电位的建立为例进行说明。

实践证明，玻璃电极的玻璃膜，其表面必须经过水合才能显示 pH 电极的作用，玻璃膜未吸湿的玻璃电极不显示 pH 功能。所以，新购进的玻璃电极，在使用前需在蒸馏水中浸泡若干小时后才可用于实际测定。

玻璃电极的玻璃膜浸入水溶液中时，会形成一层很薄（$10^{-5}$～$10^{-4}$ mm）的溶胀的硅酸层（水化层），其中 Si 与 O 构成的骨架是带负电荷的，与此抗衡的离子是碱金属离子 $M^+$（如 $Na^+$），水化层示意如图 2-3 所示。

图 2-3 水化层示意

当玻璃膜与水溶液接触时，由于硅酸结构与 $H^+$ 结合的键的强度远大于 $M^+$，所以，$M^+$ 被 $H^+$ 交换，这样，膜表面的点位几乎全被 $H^+$ 所占据而形成 $SiO^-H^+$。膜内表面与内部溶液接触时，同样形成水化层：

$$SiO^-H^+(表) + H_2O(溶液) \Longleftrightarrow SiO^-(表) + H_3O^+$$

当内部溶液与外部溶液的 pH 值不同时，会影响上述离解平衡，使得内、外膜表面的固-液界面上电荷分布不同，这样跨越玻璃膜就产生了膜电位。

当将浸泡后的电极浸入试液时，膜外层的水化层与试液接触，由于溶液中 $H^+$ 的活度不同，因此上述离解平衡发生移动，从而使电极膜的电位差 $\Delta\varphi_M$ 发生改变，这种变化与溶液中 $H^+$ 的活度有关，电极-溶液体系示意如图 2-4 所示。

若膜的内、外侧水化层与溶液间的界面电位分别是 $\varphi_内$、$\varphi_试$，膜两边溶液的 $H^+$ 活度为 $\alpha_{H^+,内}$、$\alpha_{H^+,试}$，两水化层中的 $H^+$ 活度分别为 $\alpha'_{H^+,内}$ 及 $\alpha'_{H^+,试}$，则有

$$\Delta\varphi_M = \varphi_试 - \varphi_内 \tag{2-6}$$

根据热力学观点，界面电位与活度的关系为

$$\varphi_试 = K_1 + \frac{RT}{F}\ln\frac{\alpha_{H^+,试}}{\alpha'_{H^+,试}} \tag{2-7}$$

图 2-4 电极-溶液体系示意

$$\varphi_{内} = K_1 + \frac{RT}{F}\ln\frac{\alpha_{H^+,内}}{\alpha'_{H^+,内}} \qquad (2-8)$$

为了讨论方便,现假设两水化层完全对称,则 $K_1 = K_2$, $\alpha'_{H^+,试} = \alpha'_{H^+,内}$,两水化层中扩散电位大小相等,符号相反,因此有

$$\begin{aligned}\Delta\varphi_M &= \varphi_{试} - \varphi_{内} \\ &= \frac{RT}{F}\ln\frac{\alpha_{H^+,试}}{\alpha_{H^+,内}} \\ &= K + \frac{2.303RT}{F}\lg\alpha_{H^+,试}\end{aligned} \qquad (2-9)$$

由此可见,在一定的温度下,玻璃电极的膜电位与溶液的 pH 值呈线性关系。

以此类推,各种离子选择性电位的膜电位,在一定条件下遵从能斯特方程,对阳离子有响应的电极的膜电位为

$$\Delta\varphi_M = K + \frac{2.303RT}{F}\lg\alpha_{阳离子} \qquad (2-10)$$

而对阴离子有响应的电极的膜电位为

$$\Delta\varphi_M = K - \frac{2.303RT}{F}\lg\alpha_{阴离子} \qquad (2-11)$$

所以,离子选择性电极的基础就是,在一定条件下,膜电位与溶液中预测离子的活度的常用对数呈线性关系。

理想的离子选择性电极应仅对某一特定的离子有电位响应。但实际上,每一种离子选择性电极对于与这种特定离子共存的其他离子都有不同程度的响应,即在不同程度上,一些共存离子对离子选择性电极的膜电位会产生一定的影响。例如,pH 玻璃电极在测定溶液的 pH 值时,若 pH>9,则玻璃电极就会对溶液中的碱金属离子(如 $Na^+$)产生一定的响应,使得其膜电位与 pH 值的理想线性关系发生偏离,产生测量误差,这种误差称为钠误差或碱性误差。产生这种现象的原因,就是 pH 玻璃电极不仅对 $H^+$ 有响应,且在一定条件下对 $Na^+$ 也有响应。当 $H^+$ 浓度较高时,电极对 $H^+$ 的响应占主导,但当 $H^+$ 浓度较低时,$Na^+$ 存在的影响就显著了。所以,此时 pH 玻璃电极的膜电位应修正为

$$\Delta\varphi_M = K + \frac{2.303RT}{nF}\lg(\alpha_{H^+} + \alpha_{Na^+} \cdot K_{H^+,Na^+}) \qquad (2-12)$$

式中，$\alpha_{Na^+}$ 为溶液中共存的 $Na^+$ 的活度；$K_{H^+,Na^+}$ 为 $Na^+$ 对 $H^+$ 的选择性系数。

若设 i 为某离子的选择性电极的预测离子，j 为与 i 共存的干扰离子，$n_i$ 与 $n_j$ 分别为两种离子的电荷，则一般离子选择性电极的膜电位通式可表示为

$$\Delta\varphi_M = K \pm \frac{2.303RT}{nF}\lg[\alpha_i + K_{i,j} \cdot (\alpha_j)^{n_i/n_j}] \qquad (2-13)$$

式中，$K_{i,j}$ 为在其他条件相同时提供相同电位的 i 与 j 的活度比，即

$$K_{i,j} = \frac{\alpha_i}{\alpha_j^{n_i/n_j}} \qquad (2-14)$$

若 $n_i = n_j = 1$，设 $K_{i,j} = 10^{-2}$，则 $\alpha_i = 0.01\alpha_j$，$\alpha_j = 100\alpha_i$。也就是说，当 $\alpha_j = 100\alpha_i$ 时，j 离子所提供的电位才等于 i 离子所提供的电位，即只有在 $\alpha_j = 100\alpha_i$ 的条件下，j 离子的存在才能对 i 离子的电位测定产生影响（因为该电极对 i 离子的敏感度为对 j 离子的 100 倍）。而当 $K_{i,j} = 100$ 时，与 i 离子比较，j 离子才是主响应离子，所以，$K_{i,j}$ 越小越好。

显然，$K_{i,j}$ 的大小说明了 j 离子对 i 离子的干扰程度，$K_{i,j}$ 越小，离子选择性电极对被测离子的选择性就越高。不过，$K_{i,j}$ 的大小与离子活度和实验条件及测定方法等有关，因此不能将 $K_{i,j}$ 的文献数据作为分析测定时的干扰校正。

pH 玻璃电极示意如图 2-5 所示，其由玻璃电极杆，以及由特殊成分组成的对氢离子敏感的玻璃膜组成。玻璃膜一般呈球泡状，球泡内充入内参比溶液，插有内参比电极（一般用 Ag-AgCl 电极），用绝缘帽封接引出导线，装上插口，就成为一支 pH 玻璃电极。

其特点是响应快、重现性好。

② 敏化电极。

敏化电极分为气敏电极和酶电极。前者是以微多孔性气体渗透膜为电极膜来测定溶液中气体含量的离子选择性电极，所以称为气体传感器；后者是在相应的感应膜上涂渍生物酶，并通过酶的催化作用，使被测物质生成能在电极上产生响应信号的化合物或离子，从而间接地测定被测物质的含量。

**图 2-5 pH 玻璃电极示意**
1—玻璃膜；2—内参比溶液；3—Ag-AgCl 电极；
4—玻璃电极杆；5—绝缘帽；6—导线

### 2.4.2 参比电极

在测量电极电位时参比电极提供电位标准，它的电位应始终保持不变。常用的参比电极是甘汞电极（见图 2-6）、Ag-AgCl 电极和饱和硫酸亚汞电极。

对参比电极的基本要求如下：

(1) 电位恒定，可逆性好；

(2) 重现性好，温度系数小，电流密度小，两只电极电位差小；

(3) 稳定性好；
(4) 操作简单。

**图 2-6 甘汞电极内部示意**
（a）单盐桥型；（b）电极内部结构；（c）双盐桥型
1—导线；2—绝缘帽；3—加液口；4—内电极；5—饱和 KCl 溶液；
6—多孔性物质；7—可卸盐桥磨口套管；8—盐桥内充

### 1. 甘汞电极

电极反应：$Hg_2Cl_2 + 2e^- \rightleftharpoons 2Hg + 2Cl^-$。

半电池符号：$Hg|Hg_2Cl_2(s),KCl(饱和)$。

由式（2-14）可以看出，当温度一定时甘汞电极的电位主要取决于 $\alpha_{Cl^-}$。当 $\alpha_{Cl^-}$ 一定时，其电极电位是个定值。不同浓度的 KCl 溶液，使甘汞电极的电位具有不同的恒定值，见表 2-1。

**表 2-1 甘汞电极的电位**

| 名称 | KCl 溶液的浓度 | 电极电位/V |
| --- | --- | --- |
| 0.1 mol·L$^{-1}$ 甘汞电极 | 0.1 mol·L$^{-1}$ | +0.336 5 |
| 标准甘汞电极（NCE） | 1.0 mol·L$^{-1}$ | +0.282 8 |
| 饱和甘汞电极（SCE） | 饱和溶液 | +0.241 5 |

由于饱和 KCl 溶液的浓度随温度而变化，因此饱和甘汞电极的电极电位与温度有关，即

$$\varphi = 0.241\ 5 - 7.6 \times 10^{-4}(t-25) \tag{2-15}$$

饱和甘汞电极是常用的参比电极。甘汞电极容易制作，但是不能在 80 ℃ 以上的环境中使用，类似的还有饱和硫酸亚汞电极。

### 2. Ag-AgCl 电极

25 ℃时，不同浓度 KCl 溶液的 Ag-AgCl 电极电位见表 2-2。Ag-AgCl 电极示意如

图 2-7 所示。

在 Ag 丝上镀一层 AgCl，将其浸在一定浓度的 KCl 溶液中，即构成 Ag-AgCl 电极，可以写作：

$$Ag\,|\,AgCl\,(固),\,Cl^-$$

表 2-2  25 ℃时，不同浓度 KCl 溶液的 Ag-AgCl 电极电位

| 名称 | KCl 溶液的浓度 | 电极电位/V |
| --- | --- | --- |
| 0.1 mol·L$^{-1}$ Ag-AgCl 电极 | 0.1 mol·L$^{-1}$ | +0.288 0 |
| 标准 Ag-AgCl 电极 | 1.0 mol·L$^{-1}$ | +0.222 3 |
| 饱和 Ag-AgCl 电极 | 饱和溶液 | +0.200 0 |

Ag-AgCl 电极反应为

$$AgCl + e^- \rightleftharpoons Ag + Cl^-$$

Ag-AgCl 电极电位为

$$\varphi_{AgCl/Ag} = \varphi^{\theta}_{AgCl/Ag} - 0.059\lg \alpha_{Cl^-} \tag{2-16}$$

图 2-7  Ag-AgCl 电极示意

AgCl 在电化学中非常重要的应用是制作 Ag-AgCl 参比电极，这种电极不会被极性化，因此可以提供精确的数据。由于实验室中越来越少使用 Hg，因此 Ag-AgCl 电极的应用越来越多。它也常作为各种离子选择性电极的内参比电极。在高达 275 ℃的温度下，该电极仍足够稳定，因此可在高温下使用。

3. 饱和硫酸亚汞电极

饱和硫酸亚汞电极由 Hg、Hg$_2$SO$_4$、饱和 K$_2$SO$_4$ 组成，其原理、结构和制造方法与饱和甘汞电极相似。在 25 ℃时，其电极电位是 0.620 V。当被分析的溶液中不存在 Cl$^-$ 时，可采用此电极作为参比电极。

## 2.5  上海雷磁 PHS-3B 型 pH 计的使用

### 2.5.1  仪器的工作原理

上海雷磁 PHS-3B 型 pH 计（见图 2-8）使用的 E201 型复合电极是由 pH 玻璃电极和

Ag - AgCl 电极组成的，pH 玻璃电极作为指示电极，Ag - AgCl 电极作为参比电极。当溶液中的 $H^+$ 离子浓度发生变化时，pH 玻璃电极和 Ag - AgCl 电极之间的电动势也随之变化，电动势的变化关系符合下列公式：

$$\Delta E = 59.16 \times \frac{273 + t}{298} \cdot \Delta pH \quad (2-17)$$

式中，$\Delta E$ 为电动势的变化量(mV)；$\Delta pH$ 为溶液 pH 值的变化量；$t$ 为被测溶液的温度(℃)。可见，电动势的变化正比于溶液 pH 值的变化。仪器经标准缓冲溶液校准后即可测得 pH 值，其面板示意如图 2-8 所示。

图 2-8 PHS-3B 型 pH 计面板示意
(a) 正面板；(b) 后面板
1—电极架；2—复合电极；3—电极套；4—选择开关旋钮；5—温度调节旋钮；
6—斜率调节旋钮；7—定位调节旋钮；8—电极及温度传感器插座；9—温度补偿转换开关；
10—保险丝；11—电源开关；12—电源插座

### 2.5.2 操作步骤

**1. 测试前的准备**

（1）开机前的准备：将电极旋入电极插座，调节电极架到适当位置。

（2）开机后的准备：将电源线插入电源插座，按下电源开关，电源接通后，预热 30 min。

**2. 测试过程**

1) 仪器校正

自动温度补偿与手动温度补偿的使用方法如下。

（1）使用自动温度补偿的方法：插入温度传感器后，只要将仪器后面板温度补偿转换开关置于"自动"位置，该仪器便可进入 pH 自动补偿状态，此时手动温度补偿不起作用。将选择开关旋钮调至"℃"位置，数字显示值即为温度传感器所测量的温度值。

（2）使用手动温度补偿的方法：拔去温度传感器，将后面板温度补偿转换开关调至"手动"位置。将仪器的选择开关旋钮调至"℃"位置，调节温度调节旋钮，使数字显示值与溶液温度计显示值相同。仪器同样将该温度信号传入 pH-$t$ 混合电路进行运算，从而达到手动温度补偿的目的。

2）标定

使用仪器前，要先标定。一般来说，连续使用仪器时，一天标定一次。

(1) 在指示电极插座处拔去 Q9 短路插头，然后插上复合电极及温度传感器。将复合电极和温度传感器夹在电极架上，拉下电极前端的电极套，并露出复合电极上端小孔，以保持电极内 KCl 溶液的液压差。用去离子水清洗电极，用吸水纸吸干或用被测溶液清洗一次。

(2) 如不用复合电极，则在指示电极插座上，插入电极转化器，再将玻璃电极插入电极转化器插座处，将参比电极插入参比电极插座处。使用前检查玻璃电极前端的球泡。在正常情况下，电极应该透明且无裂纹，球泡内要充满溶液，不能有气泡存在。

(3) 先测量溶液温度，此时将选择开关旋钮调至"℃"位置，数字显示值即为温度传感器所测量的温度值。把斜率调节旋钮顺时针旋到底（即调至"100%"位置）。

(4) 将选择开关旋钮调至 pH 位置。把清洗过的电极插入 pH = 6.86 的标准缓冲溶液中，并晃动试剂瓶使溶液均匀。调节定位调节旋钮，使仪器读数为该标准缓冲溶液的 pH 值。用蒸馏水清洗复合电极，用滤纸吸干，再将其插入 pH = 4.00（或 pH = 9.18）的标准缓冲溶液中，调节斜率调节旋钮，使仪器读数为该标准缓冲溶液的 pH 值。

(5) 重复步骤(4)，直至不用再调节定位调节旋钮及斜率调节旋钮为止，误差不应超过 ±0.1。仪器标定完成。

注意事项如下。

(1) 如果标定过程中操作失败或按键错误而使仪器测量不正常，可关闭电源，然后按下电源开关再开启电源，使仪器恢复初始状态，然后重新标定。

(2) 标定后，不能再调定位调节旋钮及斜率调节旋钮，如果触动这些旋钮，则仪器 pH 指示灯闪烁，此时不要按下电源开关，而应将选择开关旋钮调至 pH 位置，使仪器重新进入 pH 测量状态，而无须再进行标定。

(3) 标定时，一般第一次用 pH = 6.86 的缓冲溶液，第二次用接近溶液 pH 值的缓冲溶液。如果被测溶液为酸性，则选 pH = 4.00 的缓冲溶液；如果被测溶液为碱性，则选 pH = 9.18 的缓冲溶液。

3）pH 值的测量

被测溶液与标准溶液温度相同时 pH 值的测量步骤如下。

(1) 取出复合电极用蒸馏水冲洗，再用滤纸吸干或用被测溶液清洗。

(2) 把复合电极浸入被测溶液中，晃动试剂瓶使溶液均匀，待显示屏上的读数稳定后，读出溶液的 pH 值。

(3) 取出复合电极，用蒸馏水冲洗，用滤纸吸干，应避免电极玻璃泡与硬物接触，因为任何破损或摩擦都会使电极失效。测量完后，及时将电极保护套套上，电极保护套内应放少量外参比补充液(3 mol·L$^{-1}$ 的 KCl)以保持电极玻璃泡湿润。复合电极长期不使用时，应拉上复合电极上端小孔，以防止补充液挥发。

4）测量电池的电动势

(1) 将离子选择性电极(或金属电极)和甘汞电极夹在电极架上。用去离子水清洗电极头部，并用被测溶液清洗一次。把电极转化器插头插入仪器后面板的指示电极插座内，把离子选择性电极插头插入电极转换器的插座内。

（2）把甘汞电极插入仪器后面板的参比电极插座上，将选择开关旋钮调至 mV 位置。把两种电极插在被测溶液内。溶液搅拌均匀后，即可在显示屏上读出该电池的电动势，还可以显示电池的正负极性。

（3）如果被测信号超出仪器的测量范围，或测量端短路，则显示屏不亮，并产生超载报警。

### 2.5.3　仪器的维护

（1）仪器的输入端(指示电极插座)必须保持清洁，不使用时将 Q9 短路插头插入，以防止灰尘及湿气侵入，在环境湿度较高的场所使用时，应把电极插头用干净纱布擦干。

（2）Q9 短路插头带架子连线接触器及电极转换器插座均在配合其他电极时使用。平时注意防潮防震。

（3）测量时，电极的导入线须保持静止，否则将会引起测量不稳定。

（4）用缓冲溶液标定仪器时，应确保缓冲溶液的可靠性，避免配错缓冲溶液，否则将导致测量结果产生误差。

（5）温度传感器采用 Pt100 线性热敏电阻，其使用寿命长，但切勿敲击或损伤。若温度传感器被破坏，可使用手动温度补偿方法进行测量。

### 2.5.4　电极的使用及维护

（1）电极在测量前必须用已知 pH 值的缓冲溶液进行定位和标定，其值越接近被测溶液 pH 值越好。

（2）取下电极保护套后，应避免敏感的玻璃泡与硬物接触，因为任何破损或擦磨都会使电极失效。

（3）测量后，及时清洗电极并将电极保护套套上，套内应放 3 mol·L$^{-1}$ 的 KCL 外参比补充液，以保持电极球泡的润湿，切忌将电极泡在去离子水中。若发现电极干燥，使用前应在 3 mol·L$^{-1}$ 的 KCL 溶液中浸泡几小时，以降低电极的不对称电位。复合电极的外参比补充液为 3 mol·L$^{-1}$ 的 KCL 溶液，补充液可以从电极上端小孔加入。

（4）仪器的输入端(指示电极插座)必须保持清洁，绝对防止输出两端短路，否则将使测量失准或失效。

（5）电极应与输入阻抗较高的酸度计(输入阻抗$\geq 10^{12}$ Ω)配套，以使其保持良好的特性。

（6）电极应避免长期浸在去离子水、蛋白质溶液和酸性氟化物溶液中，并避免与有机硅油接触。

（7）电极经长期使用后，如发现斜率略有降低，则可把电极下端浸泡在 4% 的 HF(氢氟酸)溶液中 3~5 s，再用去离子水洗净，然后在 0.1 mol·L$^{-1}$ 的盐酸溶液浸泡，使之复新。

（8）第一次使用的 pH 电极或长期停用的 pH 电极，使用前必须在 3 mol·L$^{-1}$ 的 KCL 溶液中浸泡 24 h，以降低电极的不对称电位。

（9）测量中注意电极的 Ag-AgCl 内参比电极应浸入到电极球泡内氯化物缓冲溶液中，避免电极显示部分出现数字乱跳现象。使用时，注意先将电极轻轻甩几下。

（10）被测溶液中如含有易污染敏感球泡或堵塞液接界的物质而使电极钝化，也会出现斜率降低现象，显示读数不准。如发生该现象，则应根据污染物的性质，用适当溶液清洗，使电极复新。注意：选用清洗剂时，不能用四氯化碳、三氟乙烯、四氢呋喃等能溶解聚碳酸树脂的清洗液，因为电极外壳是用聚碳酸树脂制成的，其溶解后极易污染玻璃球泡，从而使电极失效，也不能用复合电极去测量上述溶液的 pH 值。

## 实验 2.1　用电位分析法测定水溶液的 pH 值

### 一、实验目的

（1）掌握 PHS-3B 型 pH 计的使用。
（2）通过实验加深理解电位分析法测定水溶液 pH 值的基本原理。
（3）学会校验 pH 电极的性能。
（4）了解用标准缓冲溶液定位的意义。

### 二、实验原理

pH 值是水溶液重要的理化参数之一，凡涉及水及水溶液的自然现象、化学变化以及生产过程都与 pH 值有关，因此，在工业、农业、医学、环保和科研领域都需要测量 pH 值。

pH 是表示溶液酸度的标志，定义为氢离子活度的负常用对数，即

$$pH = -\lg \alpha_{H^+} \tag{2-18}$$

用电位分析法测量溶液的 pH 值，是以玻璃电极作指示电极（-），以饱和甘汞电极作参比电极（+），组成测量电池，电池示意如图 2-9 所示。

|←── 玻璃电极 ──→|←被测溶液→|←── 饱和甘汞电极 ──→|

$(-)$Ag | AgCl,Cl⁻(1 mol·L⁻¹),H⁺($\alpha_2$) | 玻璃膜 ‖ H⁺($\alpha_1$) ‖ KCl(饱和), Hg$_2$Cl$_2$ | Hg(+)

$\varepsilon_6$ 　　　$\varepsilon_5$ 　　　$\varepsilon_4$ 　　$\varepsilon_3$ 　　$\varepsilon_2$ 　　$\varepsilon_1$

图 2-9　电池示意

电池的电动势等于各相界电位的代数和，即

$$E_{试液} = (\varepsilon_1 - \varepsilon_2) + (\varepsilon_2 - \varepsilon_3) + (\varepsilon_3 - \varepsilon_4) + (\varepsilon_4 - \varepsilon_5) + (\varepsilon_5 - \varepsilon_6) \tag{2-19}$$

电池的电动势与氢离子的活度 $\alpha_1$、$\alpha_2$ 有关：

$$E_{试液} = \varphi_{SCE} - \varphi_{Ag-AgCl} - \frac{RT}{F}\ln\frac{\alpha_1}{\alpha_2} + \varphi_a + \varphi_j \tag{2-20}$$

式中，$\varphi_{SCE}$、$\varphi_{Ag-AgCl}$ 分别为外参比电极和内参比电极的电位；$\varphi_a$ 为不对称电位；$\varphi_j$ 为试液与饱和氯化钾溶液之间的间接电位。假定在测定过程中，$\varphi_a$ 和 $\varphi_j$ 不变，$\varphi_{SCE}$、$\varphi_{Ag-AgCl}$ 和玻璃电极内充液的氢离子的活度 $\alpha_2$ 的值一定，都可以合并为常数项，则电池的电动势可表示为

$$E_{试液} = 常数 + \frac{2.303RT}{F}pH_{试液} \tag{2-21}$$

在式(2-21)中，常数项在一定条件下虽为定值，但却不能通过准确测定或计算得到，所以在实际测量时，要先用已知的 pH 标准缓冲溶液来定位，然后在相同条件下测量溶液的 pH 值，即选用 pH 值已经确定的标准缓冲溶液进行比较而得到待测溶液的 pH 值：

$$E_{标准} = 常数 + \frac{2.303RT}{F}\text{pH}_{标准} \tag{2-22}$$

25 ℃时，$\frac{2.303RT}{F} = 0.059$，因此式(2-21)可简化为

$$E_{试液} = 常数 + 0.059\text{pH}_{试液} \tag{2-23}$$

在式(2-23)中，0.059 为玻璃电极在 25 ℃时的理论响应斜率。

因为测试条件（如温度、电极等）相同，所以将式(2-21)、式(2-22)相减时，常数项被消去，因此水溶液的 pH 值通常被定义为其溶液所测电动势与标准溶液的电动势差有关的函数，其关系式可表示为

$$\text{pH}_{试液} = \text{pH}_{标准} + \frac{E_{试液} - E_{标准}}{2.303RT/F} \tag{2-24}$$

式（2-24）称为 pH 值的实用定义。可见，pH 值测量是相对的，每次测量的 pH$_{试液}$ 值都是通过与其 pH 值相近的标准缓冲溶液进行对比得到的，测量结果的准确度首先取决于标准缓冲溶液 pH$_{标准}$ 值的准确度。标准缓冲溶液是一种稀水溶液，离子强度应小于 0.1 mol·kg$^{-1}$，具有较强的缓冲能力，容易制备，稳定性好。常用的几种标准缓冲溶液的 pH 值见表 2-3。

表 2-3 常用的几种标准缓冲溶液的 pH 值

| 标准缓冲溶液 | 温度/℃ | | | | | | |
|---|---|---|---|---|---|---|---|
| | 10 | 15 | 20 | 25 | 30 | 35 | 40 |
| 0.034 mol·L$^{-1}$饱和酒石酸氢钾(25 ℃) | — | — | — | 3.56 | 3.55 | 3.55 | 3.55 |
| 0.050 mol·L$^{-1}$邻苯二甲酸氢钾 | 4.00 | 4.00 | 4.00 | 4.01 | 4.01 | 4.02 | 4.04 |
| 0.025 mol·L$^{-1}$ KH$_2$PO$_4$ + 0.025 mol·L$^{-1}$ K$_2$HPO$_4$ | 6.92 | 6.90 | 6.88 | 6.86 | 6.85 | 6.84 | 6.84 |
| 0.050 mol·L$^{-1}$硼砂 | 9.33 | 9.27 | 9.22 | 9.18 | 9.14 | 9.10 | 9.06 |
| 饱和氢氧化钙(25 ℃) | 13.00 | 12.81 | 12.63 | 12.45 | 12.30 | 12.14 | 11.98 |
| 0.050 mol·L$^{-1}$草酸氢钾 | 1.670 | 1.670 | 1.675 | 1.679 | 1.683 | 1.688 | 1.694 |
| 0.010 mol·L$^{-1}$四硼酸钠 | 9.332 | 9.270 | 9.225 | 9.180 | 9.139 | 9.102 | 9.068 |

显然，标准缓冲溶液的 pH 值是否准确可靠，是准确测量 pH 值的关键。目前，我国所建立的 pH 标准溶液体系有 7 个缓冲溶液，它们在 0~95 ℃的标准 pH 值可查阅相关文献。

测定 pH 值的仪器——pH 计是按上述原理设计制成的。例如，在 25 ℃时，pH 计设计为单位 pH 变化 59 mV。若 pH 玻璃电极在实际测量中响应斜率不符合 59 mV 的理论值，而这时仍用一个 pH 标准缓冲溶液标定 pH 计，就会因电极响应斜率与仪器不一致引入测量误

差。为了提高测量的准确度,需用双标准 pH 缓冲溶液法将 pH 计的单位、pH 的电位变化与电极的电位变化标定为一致。

当用双标准 pH 缓冲溶液法时,电位计的单位 pH 变化率 $S$ 可标定为

$$S = \frac{E_{(s,2)} - E_{(s,1)}}{pH_{(s,1)} - pH_{(s,2)}} \quad (2-25)$$

式中,$pH(s,1)$ 和 $pH(s,2)$ 分别为 pH 标准缓冲溶液 1 和 2 的 pH 值;$E(s,1)$ 和 $E(s,2)$ 分别为其电动势。由此可得

$$pH_{试液} = pH_{标准} + \frac{E_{试液} - E_{标准}}{S} \quad (2-26)$$

式(2-26)消除了电极响应斜率与仪器原设计值不一致所产生的误差。

25 ℃时,溶液的 pH 值变化 1 个单位,电池的电动势改变 59 mV。实际测量中,选用 pH 值与被测溶液 pH 值接近的标准缓冲溶液标定 pH 计,并保持溶液温度恒定,以减少由于液接电位、不对称电位及温度等变化而引起的误差。测定被测溶液之前,应用两种不同 pH 值的缓冲溶液标定,用一种 pH 值的缓冲溶液标定后,在测定相差约 3 pH 单位的另一种缓冲溶液的 pH 值时,误差应在 ±0.1 pH 单位之内。

标定后的 pH 计,可以直接测定被测溶液的 pH 值。

由于 pH 玻璃电极的内阻比较高(约 $10^8$ Ω),因此要求 pH 计有较高的输入阻抗(输入阻抗 > $10^{12}$ Ω),这才能保证测量精度。质量好的 pH 计测量电位的精度达 ±0.1 mV,测量 pH 值的精度可达 ±0.002 pH 单位。

## 三、仪器与试剂

1. 仪器

(1) PHS-3B 型 pH 计。

(2) E201 复合电极。

(3) 电磁搅拌器。

(4) 洗瓶 1 个。

(5) 50 mL 小烧杯 4 个。

2. 试剂

(1) 饱和酒石酸氢钾(25 ℃时 pH 值为 3.56)。

(2) 0.050 mol·L$^{-1}$ 邻苯二甲酸氢钾溶液(25 ℃时 pH 值为 4.00):称取 130 ℃时干燥的邻苯二甲酸氢钾 10.21 g,用蒸馏水溶解,并稀释到 1 L。

(3) 0.025 mol·L$^{-1}$ 磷酸二氢钾溶液和 0.025 mol·L$^{-1}$ 磷酸氢二钠缓冲溶液(25 ℃时 pH 值为 6.86):称取在 110~130 ℃干燥过 2 h 的磷酸二氢钾 3.40 g 及二十水磷酸氢二钠 8.95 g,用不含 $CO_2$ 的蒸馏水溶解,稀释至 1 L。

(4) 0.010 mol·L$^{-1}$ 四硼酸钠溶液(25 ℃时 pH 值为 9.180):称取 3.81 g 十水四硼酸钠,溶解于不含 $CO_2$ 的蒸馏水中,并稀释到 1 L,防止溶液接触空气。

(5) 饱和氯化钾溶液。

(6) 广泛 pH 试纸。

(7) 3 种未知 pH 值的溶液。

## 四、实验步骤

1. 准备

(1) 接通电源，使仪器预热 15 min。

(2) 安装电极：把电极夹在复合电极杆上，然后将电极的插头插在仪器面板相应的插座内紧圈，电极插头应保持清洁干燥。

(3) 将仪器的选择开关旋钮调至 pH 位置。

(4) 将温度调节旋钮调在被测溶液的温度上。

(5) 将斜率调节旋钮顺时针旋到底。

2. pH 玻璃电极的校验

性能良好的 pH 玻璃电极的电位应与溶液的 pH 值呈线性关系，但电极膜的制作及长期使用引起的老化或损伤，往往会影响上述线性关系，因此在测试前应校验。

(1) 将 pH 计选择开关旋钮调至 pH 位置，温度调节至室温，将电极插入溶液中，拔去指示电极的插头，用定位调节旋钮调节标准溶液的 pH 值为该温度下的 pH 值。

(2) 将选择开关旋钮调至 mV 位置，插入复合电极。

(3) 将电极插入溶液中，拔去指示电极的插头，仪器显示值应为 000，插上电极插头，待数值稳定后，所显示的数值即溶液的电极电位。

(4) 分别测量配好的各标准缓冲溶液的毫伏值。

①用温度计测量标准缓冲溶液的温度，调节温度调节旋钮，使其所指示的温度刻度为所测得的温度。打开电极保护套，用蒸馏水洗涤电极头部，再用滤纸仔细将电极头部水分吸干，将复合电极放入 50 mL 左右的混合磷酸盐的标准缓冲溶液中，使溶液淹没电极头部的玻璃球，轻轻摇匀，以促使电极平衡，待读数稳定后，调节定位调节旋钮，此显示值为该溶液在室温时的标准 pH 值。

②将电极取出，用蒸馏水清洗电极，并用滤纸吸干电极外壁的水分。用温度计测量邻苯二甲酸氢钾标准缓冲溶液的温度，调节温度调节旋钮，使其所指示的温度刻度为所测得的温度。用邻苯二甲酸氢钾标准缓冲溶液洗涤三遍，放入 50 mL 左右的邻苯二甲酸氢钾标准缓冲溶液中，摇匀，使电极平衡，此显示值为该溶液在室温时的标准 pH 值。

③观察室温，查附录 4 求得该温度下相隔单位 pH 时的毫伏值，计算两种缓冲溶液的 $\Delta pH$，并与直接测得的两溶液的 $\Delta pH$ 比较，若两者的差值小于或等于 0.02 pH 单位，则认为仪器的电极均正常。

3. 测量 pH 值

测量前用 pH 试纸初测未知溶液的 pH 值。用温度计测量溶液温度，并将温度调节旋钮调至此温度位置。测量时溶液体积为 50 mL 左右。

1) 单标准 pH 缓冲溶液法测量溶液的 pH 值

这种方法须符合被测溶液的 pH 值与标准缓冲溶液的 pH 值之差小于 3 pH 单位的要求。

(1) 将仪器的选择开关旋钮调至 pH 位置，将清洗干净的电极浸入待测标准 pH 缓冲溶液中，按下"测量"键，待数字显示稳定后，调节定位调节旋钮，使仪器显示的 pH 值稳定在该标准缓冲溶液 pH 值上。

（2）松开"测量"键，取出电极，用蒸馏水冲洗几次，用滤纸吸去电极上溶液。

（3）将电极置于被测溶液中，按下"测量"键，读取稳定的 pH 值并记录。平行测定两次并记录。

（4）升起电极架，用蒸馏水冲洗电极后，用滤纸吸干电极表面的水分，再将电极插入被测溶液中，数字显示稳定后，所显示的数值即为待测溶液的 pH 值。

2）双标准 pH 缓冲溶液法测量溶液的 pH 值

为了获得高精确度的 pH 值，通常用两个 pH 标准缓冲溶液定位校正仪器，并且要求未知溶液的 pH 值尽可能落在这两个标准溶液的 pH 值之间。

（1）按单 pH 标准缓冲溶液法的步骤（1）、步骤（2），选择两个标准缓冲溶液，用其中一个对仪器定位。

（2）将电极置于另一个标准缓冲溶液中，调节斜率调节旋钮（如果没设斜率调节旋钮，可使用温度调节旋钮调节），使仪器显示的 pH 值读数至该标准缓冲溶液的 pH 值。

（3）松开"测量"键，取出电极，冲洗，用滤纸吸干水分后，放入第一次测量的标准缓冲溶液中，按下"测量"键，若其读数与该试液的 pH 值相差不超过 0.05 pH 单位，则表明仪器和 pH 玻璃电极的响应特性均良好。往往要反复测量、调节几次，才能使测量系统达到最佳状态。

（4）当测量系统调定后，将洗净的电极置于被测溶液中，按下"测量"键，读取稳定的 pH 值并记录。平行测定两次并记录。

（5）升起电极架，用蒸馏水冲洗电极后，用滤纸吸干电极表面的水分，再插入被测溶液中，稳定后，所显示的数值即为被测溶液的 pH 值。

4．实验结束工作

关闭 pH 计的电源开关，拔出电源插头。取出 pH 玻璃电极，用蒸馏水清洗干净后泡在蒸馏水中。取出饱和甘汞电极，用蒸馏水清洗，再用滤纸吸干外壁的水分，套上绝缘帽存放于盒内。清洗烧杯，晾干后妥善保存。用干净抹布擦净工作台，罩上仪器防尘罩，填写仪器使用记录。

## 五、注意事项

（1）pH 玻璃电极的敏感膜非常薄，容易破碎损坏，因此，使用时应该注意勿与硬物碰撞，电极上所沾附的水分，只能用滤纸轻轻吸干，不得擦拭。

（2）pH 玻璃电极不能用于含有氟离子的溶液，也不能用浓硫酸洗液、酒精来洗涤电极，否则会使电极表面脱水而失去功能。

（3）测量极稀的酸或碱溶液（小于 0.01 mol·L$^{-1}$）的 pH 值时，为了保证 pH 计稳定工作，需要加入惰性电解质（如 KCl），以提供足够的导电能力。

（4）如果需要测量精确度高的 pH 值，为避免空气中 $CO_2$ 的影响，尤其在测量碱性溶液的 pH 值时，要使被测溶液暴露于空气中的时间尽量短，读数要尽可能快。

（5）pH 玻璃电极经长期使用后，会逐渐降低及失去氢电极的功能，称为老化。当电极响应斜率低于 52 mV/pH 时，就不宜再使用。

## 思 考 题

1. 爱护仪器，使用 pH 玻璃电极应注意的事项有哪些？
2. 标准 pH 缓冲溶液在测量时的作用？
3. pH 理论定义和实用定义各指什么？
4. 为什么用单标准 pH 缓冲溶液法测量溶液 pH 值时，应尽量选用 pH 与它相近的标准缓冲溶液来校正酸度计？

实验 2.1　习题答案

## 实验 2.2　啤酒总酸的测定

### 一、实验目的

（1）了解啤酒总酸的测定原理。
（2）掌握啤酒总酸的测定方法。

### 二、实验原理

啤酒的总酸含量与其品质有关，因为酸能够影响啤酒的酸度、风味和口感。啤酒总酸是衡量啤酒中各种酸总量的指标，用中和 100 mL 脱气啤酒至 pH = 9.0 所消耗的 0.1 mol·L$^{-1}$ 的氢氧化钠标准溶液的体积（mL）来表示。小于或等于 12°的啤酒总酸应消耗小于或等于 2.6 mL 的 0.1 mol·L$^{-1}$ 的氢氧化钠标准溶液。

利用酸碱中和原理，用氢氧化钠标准溶液直接滴定一定量的试样溶液，用 pH 计指示滴定终点，当 pH = 9.0 时，即滴定终点。

### 三、仪器与试剂

**1. 仪器**

（1）pH 计：附带与之相配套的 pH 玻璃电极和饱和甘汞电极。
（2）电磁搅拌器。
（3）恒温水浴锅。
（4）碱式滴定管：25 mL 或 50 mL。
（5）移液管：50 mL。

**2. 试剂**

（1）啤酒。
（2）氢氧化钠标准溶液。

### 四、实验步骤

**1. pH 计的校正**

按仪器使用说明书的要求对 pH 玻璃电极和甘汞电极进行处理（电极的预处理，见电极说明材料）。取下饱和甘汞电极绝缘帽及加液孔胶塞和下端的胶帽，用 pH = 9.22（20 ℃）

标准缓冲溶液校正。

2. 试样的处理

用移液管吸取 50.00 mL 已除气的试样置于 100 mL 烧杯中，于 40 ℃ 恒温水浴锅中保温 30 min，并不时振摇和搅拌，以除去残余的二氧化碳。取出冷却至室温。

3. 试样的测量

将盛有试样的烧杯置于电磁搅拌器上，投入玻璃或塑料、磁力搅拌子，插入 pH 玻璃电极和饱和甘汞电极，开动电磁搅拌器，用氢氧化钠标准溶液滴定至 pH = 9.0 即终点。记录氢氧化钠标准溶液的用量。平行测定三次，并计算试样中的总酸含量。

### 五、注意事项

（1）在滴定过程中溶液的 pH 值没有明显的突跃变化，所以在接近终点时滴定要慢，以减少终点时的误差。

（2）平行测定结果的允许差小于或等于 0.1%。

## 思 考 题

1. 电位滴定法的原理是什么？
2. 为什么用 pH = 9.22（20 ℃）标准缓冲溶液校正？
3. 如何减小由于突跃变化不明显所带来的滴定误差？
4. 如何确定滴定终点？

实验 2.2　习题答案

# 实验 2.3　乙酸的电位滴定分析及其解离常数的测定

### 一、实验目的

（1）学习电位滴定法的基本原理和操作技术。

（2）使用 pH - V 曲线法和一阶微商 $\dfrac{\Delta \mathrm{pH}}{\Delta V}$ - V 曲线法与二阶微商 $\dfrac{\Delta \mathrm{pH}}{\Delta V^2}$ - $V^2$ 曲线法确定滴定终点。

（3）学习测定弱解离常数的方法。

### 二、实验原理

某些弱酸、弱碱的解离常数较小，或各解离常数的差别很小，进行目视终点滴定时不易确定终点。若用电位滴定法进行测定，往往会得到较好的实验结果。

pH 玻璃电极和饱和甘汞电极插入试液时组成工作电池：

$$\mathrm{Ag} \mid \mathrm{AgCl}，\mathrm{HCl}(0.1\ \mathrm{mol \cdot L^{-1}}) \mid 玻璃膜 \parallel \mathrm{HAc}\ 试液 \parallel \mathrm{KCl}（饱和），\mathrm{Hg_2Cl_2} \mid \mathrm{Hg}$$

在滴定过程中，电位滴定仪可以连续测定试液电位的变化，并自动记录滴定曲线。根据滴定曲线确定终点时所消耗滴定剂的体积，即可计算出实验结果。

乙酸为一元弱酸，其 $pK_a$ = 4.74，当以标准碱溶液滴定乙酸试液时，在化学计量点附近可以观察到 pH 值突跃。

该工作电池的电动势可在电位滴定仪上反映出来，并表示为滴定过程中的 pH 值，记录加入标准碱溶液的体积和相应试液的 pH 值，然后在 $\Delta \mathrm{pH}'/\Delta V' = 0$ 处确定终点。根据消耗标准碱溶液的体积和试液体积，即可求得试液中的乙酸浓度。

根据乙酸电离平衡：

$$\mathrm{HAc} \rightleftharpoons \mathrm{H}^+ + \mathrm{Ac}^-$$

其解离常数 $K_a = [\mathrm{H}^+][\mathrm{Ac}^-]/[\mathrm{HAc}]$。

当滴定分数为 50% 时，$[\mathrm{Ac}^-] = [\mathrm{HAc}]$，此时，$K_a = [\mathrm{H}^+]$，即 $pK_a = \mathrm{pH}$。

因此，在滴定分数为 50% 时，pH 值即乙酸的 pKa 值。

### 三、仪器与试剂

1. 仪器

（1）电位滴定仪。
（2）雷磁 E-201-C 型（65-1 AC 型）塑壳可充式复合电极。
（3）pH 玻璃电极。
（4）饱和甘汞电极。
（5）容量瓶。
（6）移液管。
（7）微量滴定管。
（8）电磁搅拌器。

2. 试剂

（1）1 $\mathrm{mol \cdot L^{-1}}$ 乙酸标准溶液。
（2）0.1 $\mathrm{mol \cdot L^{-1}}$ NaOH 标准溶液。
（3）乙酸试液（浓度约为 1 $\mathrm{mol \cdot L^{-1}}$）。
（4）0.05 $\mathrm{mol \cdot L^{-1}}$ 邻苯二甲酸氢钾溶液，pH = 4.00（20 ℃）。
（5）0.05 $\mathrm{mol \cdot L^{-1}}$ 磷酸氢二钠与 0.05 $\mathrm{mol \cdot L^{-1}}$ 磷酸二氢钾混合溶液，pH = 6.88（20 ℃）。

### 四、实验步骤

（1）调试电位滴定仪，将选择开关旋钮调至 pH 位置。摘去甘汞电极的绝缘帽，并检查内参比电极是否浸入，如未浸入，应补充饱和 KCl 溶液。在电极架上装好 pH 玻璃电极，以防止烧杯碰坏电极薄膜。

（2）开启电磁搅拌器，对 pH = 4 的标准缓冲溶液进行 pH 计定位，再对 pH = 6.88 的标准缓冲溶液进行定位，所得读数和测量温度下的标准缓冲溶液的 pH 值之差应该在 ±0.05 pH 单位之内。

（3）吸取乙酸标准溶液 10 mL，置于 100 mL 烧杯中，加水约 30 mL，加入搅拌子。

（4）取稀释后的乙酸标准溶液 5 mL，置于 100 mL 烧杯中，加水至 30 mL，加入搅拌子。

（5）将标定的 NaOH 标准溶液装入微量滴定管中，在液面 0.00 mL 处。

(6) 开启电磁搅拌器，调至适当的搅拌速度，进行粗测，即测量在加入 NaOH 标准溶液 0 mL、1 mL、2 mL、3 mL、4 mL、5 mL、6 mL、7 mL、8 mL、9 mL、10 mL 时各点的 pH 值。

(7) 重复步骤 (4)、步骤 (5) 操作，然后进行细测，即在接近化学计量点附近测量。

## 五、注意事项

(1) ZD-3 型（或其他型号）电位滴定计的使用方法，请参照实验室提供的操作规程。

(2) 用记录滴定法和一级微分滴定法两种滴定法进行操作。

(3) 滴定时可加入合适的指示剂，在滴定曲线拐点处同时观察溶液颜色的变化，以进行对比。

## 思 考 题

1. 饱和甘汞电极使用时有哪些注意事项？
2. pH—$V$ 曲线法、一阶微商 $\dfrac{\Delta \mathrm{pH}}{\Delta V}$—$V$ 曲线法与二阶微商 $\dfrac{\Delta^2 \mathrm{pH}}{\Delta V^2}$—$V$ 曲线法确定滴定终点哪个更准确？
3. 滴定速度对实验结果有无影响？
4. 自动电位分析有何优缺点？

# 实验 2.4　用电位滴定法测定水中氯离子的含量

## 一、实验目的

(1) 掌握电位滴定法的原理及方法。

(2) 学会用自动电位滴定仪进行水中氯离子含量的测定。

## 二、实验原理

水中氯化物的含量与人体健康密切相关，生活饮用水卫生标准中规定了限值。余氯的作用是保证持续杀菌，并防止水再受到污染。但如果余氯量超标，可能会加重水中酚和其他有机物产生的臭味，还有可能生成有三致作用①的有机氯代物。准确测定水中余氯含量和存在状态，对于做好饮用水消毒工作和保障水卫生安全极为重要。

电位滴定法是在滴定过程中通过测量电位变化来确定滴定终点的方法。与电位测定法相比，电位滴定法不需要精确测量电极电位值，因此，温度和液体接界电位的影响并不重要，其准确度优于电位测定法。普通滴定法是依靠指示剂的颜色变化来指示滴定终点，如果被测溶液有颜色或浑浊时，终点的指示就比较困难，或者根本找不到合适的指示剂。电位滴定法是靠电极电位的突跃来指示滴定终点。在滴定接近终点时，滴液中的被测离子浓度往往连续变化多个数量级，引起电位的突跃，被测成分的含量仍然通过消耗滴定剂量来计算。

---

① 三致作用指致畸作用、致突变作用、致癌作用。

通过使用不同的指示电极，电位滴定法可以进行酸碱滴定、氧化还原滴定、络合滴定和沉淀滴定。酸碱滴定时使用 pH 玻璃电极作为指示电极；在氧化还原滴定中，可以用铂电极作指示电极；在络合滴定中，若用 EDTA 作滴定剂，可以用汞电极作指示电极；在沉淀滴定中，若用硝酸银滴定卤素离子，可以用银电极作指示电极。在滴定过程中，随着滴定剂的不断加入，电极电位不断发生变化，当电极电位发生突跃时，说明滴定到达终点。用微分曲线比普通滴定曲线更容易确定滴定终点。

用 $AgNO_3$ 溶液滴定氯离子时，发生如下反应：

$$Ag^+ + Cl^- \rightleftharpoons AgCl \downarrow$$

电位滴定时可选用对氯离子或银离子有响应的电极作指示电极。本实验以银电极作指示电极，用带硝酸钠盐桥的饱和甘汞电极作参比电极。由于银电极的电位与银离子浓度有关，因此在一定温度时，电位为

$$\varphi = \varphi^\theta + \frac{RT}{nF}\ln\alpha_{Ag^+} \qquad (2-27)$$

随着滴定的进行，银离子浓度逐渐改变，原电池的电动势也随之变化。进行电位滴定时，在被测溶液中插入一个参比电极和一个指示电极，组成工作电池。随着滴定剂的加入，由于发生化学反应，被测离子浓度不断变化，指示电极的电位也相应变化，在化学计量点附近发生电位的突跃。因此通过测量工作电池电动势的变化，可确定滴定终点。使用自动电位滴定仪，在滴定过程中可以自动绘出滴定曲线，自动确定滴定终点，自动记录体积，使滴定过程快捷方便。

本实验采用 ZDJ-4A 型自动电位滴定仪测定水中氯离子的含量。ZDJ-4A 型自动电位滴定仪的基本结构如图 2-10 所示。它可以进行 mV 测量和 pH 测量。

**图 2-10　ZDJ-4A 型自动电位滴定仪的基本结构**
1—储液瓶；2，5，7—输液管；3，8—滴定管；4—接口螺母；6—转向阀；
9—电极梗；10—溶液杯支架；11—溶液杯；12—磁力搅拌子；13—电磁搅拌器；14—主机

### 1. mV 测量

仪器开机,即进入 mV 或 pH 测量状态。按 mV/pH 键,仪器可切换到 mV 或 pH 测量状态。在仪器不接电极(电极接口全部用短路插头短路)时,仪器显示应在 0 mV 左右。

### 2. pH 测量

在 pH 测量状态下,连接好 pH 电极,按"设置"键,设置好电极接口。

注意:pH 电极在第一次使用时需进行电极标定,否则将影响 pH 测量和 pH 滴定。按"标定"键即可进行 pH 的一点或两点标定,建议用两点标定,标定后即可进行 pH 测量。仪器有存储功能,关机后标定数据不会丢失。

### 3. 各种化学反应的电极和滴定剂的选择

由于化学反应种类繁多,对不同反应应选择适合的离子选择性电极。表 2-4 列出了常见的化学反应应选用的电极和滴定剂。

表 2-4 常见的化学反应应选用的电极和滴定剂

| 滴定类型 | 选用电极 | 选用滴定剂 |
| --- | --- | --- |
| 水溶液酸碱滴定 | E-201-C9 | 强酸或强碱 |
| 高氯酸非水滴定 | 231(01)型玻璃电极和 212(01)型参比电极 | 高氯酸冰醋酸 |
| 沉淀滴定($Cl^-$) | 216(01)型银电极和 217 型参比电极 | 硝酸银 |
| 氧化还原滴定($Fe^{2+}$) | 213(01)型铂电极和 212(01)型参比电极 | 重铬酸钾 |
| 络合滴定($Ca^{2+}$) | PCa-1 型钙电极和 212(01)型参比电极 | 乙二胺四乙酸二钠 |

### 4. 滴定的大致过程

对任何一个滴定反应,滴定的大致过程:

(1)准备好电极和试样,安装好仪器;
(2)用滴定剂反复冲洗滴定管,使溶液充满整个滴定管道(按 F1 键设置);
(3)参数设定:电极接口、滴定管、滴定管参数、打印机(用"设置"键设置);
(4)搅拌速度:按"搅拌"键设置;
(5)预滴定:找到终点,生成模式;
(6)模式滴定。

注:也可用预滴定模式一直进行滴定分析。

## 三、仪器与试剂

### 1. 仪器

(1)ZDJ-4A 型自动电位滴定仪。
(2)216(01)型银电极。
(3)217 型参比电极。
(4)10 mL 移液管。
(5)100 mL、1 000 mL 容量瓶。

(6) 100 mL 烧杯。

2. 试剂

(1) 硝酸银（分析纯）。
(2) 氯化钾（分析纯）。
(3) 氯化钠（分析纯）。
(4) 水样。

### 四、实验步骤

(1) 准备工作。

开机，按 F1 键，按▲或▼键选择"清洗次数"后，再按 F2 键，用 0.1 mol·L$^{-1}$ 硝酸银溶液反复冲洗滴定管，使溶液充满整个滴定管道。

(2) 选用电极。

选用 216（01）型银电极及 217 型参比电极。217 型参比电极的套管装 3 mol·L$^{-1}$ 氯化钾溶液。

(3) 溶液的配制。

①0.1 mol·L$^{-1}$ 硝酸银溶液的配制。

称取 16.987 g 分析纯的硝酸银，溶于水中，移入 1 000 mL 容量瓶中，并用水稀释至刻度，摇匀，溶液保存在棕色瓶中。

②0.1 mol·L$^{-1}$ 氯化钠溶液的配制。

称取 5.844 g 分析纯的氯化钠，溶于水中，移入 1 000 mL 容量瓶中，并用水稀释至刻度，摇匀。

③3 mol·L$^{-1}$ 氯化钾溶液的配制。

称取 22.365 g 分析纯的氯化钾，溶于水中，移入 100 mL 容量瓶中，并用水稀释至刻度，摇匀。

(4) 选用 10 mL 或 20 mL 滴定管。

(5) 分析步骤。

①设置电极插口位置，设置滴定管及滴定管系数。

按"设置"键设置好电极插口位置、滴定管及滴定管系数。

②准备试样。

用移液管吸取 10 mL 的 0.1 mol·L$^{-1}$ 氯化钠溶液于反应瓶中，加入 40 mL 去离子水，加入磁力搅拌子，放在电磁搅拌器上，将电极及滴液管插入溶液。

③模式生成（预滴定）。

在开机状态下，按"设置"键设置好电极插口位置、滴定管及滴定管系数。

按"搅拌"键，再按▲或▼键选择"搅拌速度"（或用 F2 键直接输入搅拌速度值），按 F1 键退出搅拌速度设定。

按 F3 键，仪器显示"滴定模式"状态，按▲或▼键选择"预滴定"，按 F2 键。再按▲或▼键选择 mV，按 F2 键，仪器自动进行预滴定，滴定终点时仪器自动长声提示，按 F1 键，再按 F2 键，终止滴定。仪器自动补充滴定液，结束后显示终点结果。

按"退出"键结束本次分析。

④滴定分析。

预滴定结束后，用去离子水反复清洗滴定管外壁。用移液管吸取 10 mL 氯化钠溶液于反应瓶中，加入 40 mL 去离子水，加入磁力搅拌子，放在电磁搅拌器上，将电极及滴液管插入溶液。

在开机状态下，按"设置"键设置好电极插口位置、滴定管及滴定管系数。

按"搅拌"键，再按▲或▼键选择"搅拌速度"（或用 F2 键直接输入搅拌速度值），按 F1 键退出搅拌速度设定。

按 F3 键，仪器显示"滴定模式"状态，按▲或▼键选择"重复上次滴定"，按 F2 键。再按▲或▼键选择 mV，按 F2 键，仪器自动进行滴定，滴定终点时仪器自动长声提示，按 F1 键，再按 F2 键，终止滴定。仪器自动补充滴定液，结束后显示终点结果。按"退出"键结束本次分析。重复三次，计算硝酸银溶液的浓度。

滴定结束后，用去离子水反复清洗滴定管外壁。用移液管吸取 10 mL 水样于反应瓶中，加入 40 mL 去离子水，加入磁力搅拌子，放在电磁搅拌器上，将电极及滴液管插入溶液。重复上述步骤三次。

根据滴定终点所消耗的硝酸银溶液的体积，计算水样中氯离子的浓度（以 $mol \cdot L^{-1}$ 表示）。

## 思 考 题

1. 电位滴定确定电位滴定如何确定滴定终点？
2. 为什么采用银电极测定氯离子的含量？

实验 2.4 习题答案

## 实验 2.5　用氟离子选择电极测定饮用水中的氟

### 一、实验目的

(1) 掌握电位测定法的测定原理及实验方法。
(2) 学会正确使用氟离子选择性电极和 pH 计。
(3) 了解氟离子选择性电极的基本性能及其使用方法。

### 二、实验原理

氟是人体必需的微量元素之一，但长期摄入过多的氟，也会导致慢性中毒。氟可通过饮水、呼吸和食物摄入体内，体内氟含量约 2/3 来源于饮用水、1/3 来源于其他途径。我国是地方性氟病受害较重的国家之一，而地方性氟中毒 90% 以上为饮水性。为了分析水质、评价水质质量，为制定水改规划提供科学依据，需要测定饮用水的氟化物含量。饮用水中含氟的适宜浓度为 0.5～1.0 mg/L（氟离子）。当长期饮用含氟量高于 1.5 mg/L 的水时，易患氟斑牙，如水中含氟量高于 4.0 mg/L，则可导致氟骨病。氟化物广泛存在于自然式水体中。有色冶金、钢铁和铝加工、焦炭、玻璃、陶瓷、电子、电镀、化肥、农药厂的废水中常常存在氟化物污染。

水质检测氟化物常用国家标准方法有离子选择电极法及离子色谱法［参照国标《生活

饮用水标准检验方法　第 5 部分：无机非金属指标》（GB/T 5750.5—2023）]。我国生活饮用水卫生标准规定氟化物卫生限值为 1.0 mg/L。

氟离子选择性电极是一种以氟化镧（$LaF_3$）单晶片为敏感膜的传感器。由于单晶结构对能进入晶格交换的离子有严格的限制，因此该电极有良好的选择性。将氟化镧单晶片［掺入微量氟化铕（Ⅱ）以增加导电性］封在塑料管的一端，管内装有 $0.1\ mol\cdot L^{-1}$ NaF 溶液和 $0.1\ mol\cdot L^{-1}$ NaCl 溶液，以 Ag-AgCl 电极为内参比电极，构成氟离子选择性电极，如图 2-11 所示。

**图 2-11　氟离子选择性电极结构示意**

1—氟化镧单晶片；2—内参比溶液[$0.1\ mol\cdot L^{-1}$ NaF，$0.1\ mol\cdot L^{-1}$ NaCl]；
3—电极杆；4—Ag-AgCl 电极；5—绝缘帽；6—导线

用氟离子选择性电极测定水样时，以氟离子选择性电极作指示电极，以饱和甘汞电极作参比电极，组成测量电池，测量电池组成示意如图 2-12 所示。

**图 2-12　测量电池组成示意**

一般离子计上负离子接负极，饱和甘汞电极接正极，电池的电动势 $E$ 随溶液中氟离子浓度的变化而改变，即

$$E(\text{电动势}) = \varphi_{SEC} - \varphi_{膜} - \varphi_{Ag-AgCl} + \varphi_a + \varphi_j$$
$$= K + (RT/F)\ln\alpha_{(F^-,外)}$$
$$= K + 0.059\ln\alpha_{(F^-,外)} \qquad (2-28)$$

式中，0.059 为常温下电极的理论响应斜率；$K$ 与内外参比电极的电位差，与内参比溶液中氟离子活度有关，当实验条件一定时为常数。

在使用氟离子选择性电极时，应考虑以下几方面的问题。

（1）试液 pH 值的影响：使用氟离子选择性电极测量氟离子时，最适宜的 pH 值范围为 5.5~6.5。pH 值过低，易形成 HF 和 $HF_2^-$，影响氟离子的活度；pH 值过高，$OH^-$ 浓度增大，$OH^-$ 在电极上与氟离子产生竞争响应，在碱性溶液中，$OH^-$ 浓度大于氟离子浓度的

1/10 时就会产生干扰，也易引起单晶膜中 $La^{3+}$ 的水解，形成 $La(OH)_3$，影响电极的响应：
$$LaF_3 + 3OH^- \Longrightarrow La(OH)_3 + 3F^-$$
故通常用 pH 值为 5~6 的缓冲溶液来控制溶液的进行。常用的缓冲溶液是 HAc-NaAc 缓冲溶液。

（2）消除 $Al^{3+}$、$Fe^{3+}$、$Th^{3+}$ 等干扰离子。某些高价阳离子（如 $Al^{3+}$、$Fe^{3+}$）及氢离子能与氟离子络合而干扰测定，此时需加入掩蔽剂，如柠檬酸盐（$K_3Cit$）、EDTA 来消除干扰，柠檬酸盐与溶液中可能存在的干扰离子 $Fe^{3+}$、$Al^{3+}$ 形成比干扰离子与氟离子更稳定的络合物，掩蔽干扰离子 $Fe^{3+}$、$Al^{3+}$、$Th^{3+}$ 等。

（3）控制试液的离子强度。为使测定过程中氟离子的活度系数、液接电位 $\varphi_j$ 保持恒定，试液需要维持一定的离子强度。常在试液中加入一定浓度的电解质，如 $KNO_3$、NaCl、$KClO_4$ 等来控制离子强度，消除标准溶液与被测溶液的离子强度差异，使离子活度系数保持一致。

因此，使用氟离子选择性电极测定饮用水中的氟离子含量时，用总离子强度缓冲液（Total Ionic Strength Adjustment Buffer，TISAB）来控制氟电极是最佳使用条件，其组分为 $KNO_3$、$K_3Cit$、HAc、NaAc。

氟离子选择性电极具有测定简便，快速，灵敏，选择性好，可测定浑浊、有色水样等优点，检出限为 0.05 mg·$L^{-1}$（以氟离子计），测定上限可达 1 900 mg·$L^{-1}$（以氟离子计）。其适用于地表水、地下水和工业废水中氟化物的测定。

可采用标准加入法。可以知道 $E$ 与 $\lg C_{F^-}$ 呈线性关系，根据标准溶液测定，做出 $E$-$\lg C_{F^-}$ 标准曲线，从而根据测定水样的电位，从曲线上求得水样中氟离子的含量。

先测定被测溶液的电动势 $E_1$，电动势 $E_1$ 按式（2-29）计算。然后加入一定量的标准溶液，再次测定电动势 $E_2$，电动 $E_2$ 按式（2-30）计算。根据两者的关系，测得水样中的氟离子浓度为

$$E_1 = K' - 0.059\lg C_x \tag{2-29}$$

$$E_2 = K' - 0.059\lg\left(\frac{C_x V_0 + C_s V_s}{V_0 + V_x}\right) \tag{2-30}$$

式中，$C_s$、$V_s$、$V_0$、$V_x$ 分别为所加标准溶液的浓度、所加标准溶液的体积、被测溶液的体积、样品溶液的体积。

由于 $V_s \ll V_x$，可认为标准溶液加入前后的其余组分基本不变，离子强度基本不变，因此水样试液中氟离子浓度为

$$C_{F^-} = \frac{C_s V_s}{V_x}(10^{\Delta E/S} - 1)^{-1} \tag{2-31}$$

式中，$S$ 为电极响应斜率，理论值为 $2.303RT/nF$，与实际值有一定差异。为避免引入误差，可由计算标准曲线法的斜率求得。

### 三、仪器与试剂

**1. 仪器**

（1）PHS-3B 型 pH 计。
（2）恒温电磁搅拌器。

(3) 氟离子选择性电极。
(4) 饱和甘汞电极。
(5) 1 mL、5 mL、10 mL 吸量管。
(6) 25 mL 移液管。
(7) 50 mL、100 mL、500 mL、1 000 mL 烧杯。
(8) 50 mL、100 mL、500 mL、1 000 mL 容量瓶。
(9) 胶头滴管。
(10) 洗耳球。
(11) 滤纸。
(12) 镊子。

2. 试剂

(1) 0.1 mol·L$^{-1}$氟离子标准溶液：称取 2.100 g NaF(已在 120 ℃烘箱中烘干 2 h 以上)，放入 500 mL 烧杯中，加入 300 mL 去离子水溶解后转移至 500 mL 容量瓶中，用去离子水稀释至刻度，摇匀，保存于聚乙烯塑料瓶中备用。

(2) TISAB 柠檬酸钠缓冲溶液：将 102 g KNO$_3$、83 g NaAc、32 g K$_3$Cit 放入 1 L 烧杯中，再加入冰醋酸 14 mL，用 600 mL 去离子水溶解，溶液的 pH 值应为 5.0~5.5，如超出此范围，应该用醋酸或 NaOH 调节，调节好后加去离子水至总体积 1 L。

(3) 去离子水。

## 四、实验步骤

本实验采用标准曲线法和标准加入法测定自来水中的氟离子含量。

1. 氟离子选择性电极的准备

将氟离子选择性电极浸在 $1\times10^{-4}$ mol·L$^{-1}$的氟离子溶液中浸泡(活化)约 30 min。然后取去离子水 50~60 mL 置于 100 mL 烧杯中，放入磁力搅拌子，插入氟离子选择性电极和饱和甘汞电极。开启电磁搅拌器，2 min 后，若读数大于 -300 mV，则更换去离子水，继续清洗，直至读数小于 -300 mV。若氟离子选择性电极暂不使用，宜干放。

2. 预热及电极安装

将 pH 计选择开关旋钮调至 mV 位置，将氟离子标准溶液和饱和甘汞电极分别与选择开关旋钮计相接，开启电源开关，预热仪器。

3. 标准曲线法

1) 标准溶液的配制及测定

取 5 个 50 mL 容量瓶，在第一个容量瓶中加入 10 mL TISAB 柠檬酸钠缓冲溶液，其余加入 9 mL TISAB 柠檬酸钠缓冲溶液。用 5 mL 移液管吸取 5.0 mL 0.1 mol·L$^{-1}$氟离子标准溶液，放入第一个容量瓶当中，加去离子水至刻度，摇匀即 $1\times10^{-2}$ mol·L$^{-1}$氟离子标准溶液。然后逐一稀释配制 $1\times10^{-6}$ ~ $1\times10^{-3}$ mol·L$^{-1}$氟离子标准溶液。用待测的标准溶液润洗烧杯和磁力搅拌子 2 遍，再用干净的滤纸轻轻吸附电极上的水珠，并将剩余的 F 标准溶液全部倒进烧杯中，放入磁力搅拌子，插入洗净的电极进行测定。待读数稳定后，读取电位值。按顺序从低浓度至高浓度依次测量，每测量一份试样，均无须清洗电极，只需用滤纸轻轻吸附电极上的水珠即可。将测量结果列表记录。

2）水样中氟离子含量的测定

取氟水样 25.00 mL 于 50 mL 容量瓶中，加入 5.00 mL TISAB 柠檬酸钠缓冲溶液，用去离子水稀释至刻度，摇匀，待测。用少许氟水样润洗烧杯和磁力搅拌子 2 遍，再用干净的滤纸轻轻吸附电极上的水珠，并将剩余的氟水样全部倒进烧杯中，放入磁力搅拌子，插入洗净的电极进行测定。待读数稳定后，读取电位值，并计算水样中的氟离子的含量（$mg \cdot L^{-1}$）。

### 4. 标准加入法

取 2 个 100 mL 容量瓶，分别加入 20 mL TISAB 柠檬酸钠缓冲溶液，其中一个容量瓶用自来水稀释至刻度，摇匀后倒入 50 mL 的干燥烧杯中，测定电位值 $E_1$。

向另一个容量瓶中加入 1.00 mL 浓度为 $1 \times 10^{-3}$ mol $\cdot$ $L^{-1}$ 的氟离子标准溶液，用自来水稀释至刻度，摇匀后倒入 50 mL 的干燥烧杯中，测定电位值 $E_2$。

计算自来水中氟离子的含量，用 $mg \cdot L^{-1}$ 表示。

思 考 题

1. 氟离子选择电极在使用时应注意哪些问题？
2. 柠檬酸盐在测定溶液中起到哪些作用？

实验 2.5　习题答案

## 实验 2.6　用库仑分析法测定砷

### 一、实验目的

（1）通过本实验，学习掌握库仑分析法的基本原理。
（2）学会恒电流库仑仪的使用技术。
（3）掌握用恒电流库仑法测定微量砷的实验方法。

### 二、实验原理

砷广泛分布于自然界中，几乎所有的土壤中都有砷。砷常用于制造农药和药物，而食品原料及水产品由于受农药和药物、水质污染或其他原因污染而含有一定量的砷。砷的化合物具有强烈的毒性，在人体内积蓄可引起慢性中毒，表现为食欲下降、胃肠障碍、末梢神经炎等症状。

库仑分析法是以电解产生的物质作为滴定剂来滴定被测物质的一种分析方法。在分析时，以 100% 的电流效率产生一种物质（滴定剂），它能与被测物质进行定量的化学反应，反应的终点可借助指示剂、电位法、电流法等进行确定。这种分析方法所需的滴定剂不是由滴定管加入的，而是借助电解方法产生出来的，滴定剂的量与电解所消耗的电量（库仑数）成正比，所以称为库仑分析法。

库仑分析法是由电解产生的滴定剂来测定微量或痕量物质的一种分析方法。本实验利用

恒电流电解 KI 溶液产生滴定剂 $I_2$ 来测定砷。电解池工作电极的反应为

Pt 阳极 $\qquad 2I^- \mathrm{\!=\!=\!=\!} I_2 + 2e^-$

Pt 阴极 $\qquad 2H_2O + 2e^- \mathrm{\!=\!=\!=\!} H_2 \uparrow + 2OH^-$

库仑分析法根据电解过程中所消耗的电量来求被测物质的浓度或含量，它的理论依据是法拉第定律：

$$m_s = \frac{QM}{nF} = \frac{itM}{nF} \qquad (2-32)$$

式中，$m_s$ 为被测物质的含量；$Q$ 为所消耗的电量；$M$ 为被测物质的摩尔质量（本实验中的摩尔质量为 74.92 g·mol$^{-1}$）；$n$ 为发生氧化反应消耗的电子数；$F$ 为法拉第常数，$F = 96\,487$ C·mol$^{-1}$；$i$ 为电解电流；$t$ 为电解时间。被测物质的浓度为

$$c = \frac{m_s}{MV} = \frac{Q}{nFV} \qquad (2-33)$$

本实验采用恒电流库仑法，反应式如下：

$$H_2AsO_3^- + I_3^- + H_2O \mathrm{\!=\!=\!=\!} HAsO_4^{2-} + 3I^- + 3H^+$$

As 是被测物质，此反应要求 pH 值为 5~9；$I_3^-$ 是滴定剂，在恒电流的情况下于双铂片阳极上由 KI 氧化产生：$3I^- \mathrm{\!=\!=\!=\!} I_3^- + 2e^-$。铂丝阴极置于烧结玻璃管内，以保持 100% 的电流效率：$2H^+ + 2e^- \mathrm{\!=\!=\!=\!} H_2$。pH > 9 时，$I_3^-$ 发生歧化反应，为了使电解产生碘的效率达 100%，要求电解液的 pH < 9。为此，实验中采用磷酸盐缓冲溶液维持电解液的 pH 值为 7~8。

终点利用两个铂片电极作为指示电极，以电流上升法检测（也可用淀粉指示剂），即在电解池中插入两个铂片电极作指示电极，加上一个很小的直流电压（一般为几十毫伏至二百毫伏）。在整个滴定期间，由于电解产生的 $I_3^-$ 被 As(Ⅲ) 所消耗，由于 As(Ⅴ)/As(Ⅲ) 电对的不可逆性，在滴定终点前，在指示系统该电对不发生氧化还原反应，没有电流流过；当 As(Ⅲ) 全部被氧化成 As(Ⅴ) 后，产生过量的 $I_3^-$；$I_3^-$ 可以在负极还原，$I^-$ 在正极氧化，由于有氧化还原反应发生，在指示电极上发生如下可逆电极反应：

阳极 $\qquad 3I^- \mathrm{\!=\!=\!=\!} I_3^- + 2e^-$

阴极 $\qquad I_3^- + 2e^- \mathrm{\!=\!=\!=\!} I_2 \uparrow + 3I^-$

因而有电流通过指示系统，电流明显增大，这可由串联的检流计显示出来，指示终点到达。

### 三、仪器与试剂

1. 仪器

（1）通用库仑仪[直流稳压电源(1~30 mV)、线绕电阻、甲电池 1 个、电键、毫伏表(mV)、毫安表(mA)、库仑池、检流计、秒表、电位器]。

（2）磁力搅拌器。

2. 试剂

（1）As(Ⅲ) 溶液：称取 $As_2O_3$（分析纯，预先在硫酸保干器中干燥 48 h）0.660 g 放入 100 mL 烧杯中，加少量水润湿，再加入 0.5 mol·L$^{-1}$ NaOH 溶液 5~10 mL，搅拌使其溶解，加入 40~50 mL 水，用 1 mol·L$^{-1}$ $H_3PO_4$ 溶液调节 pH 值至 7.0，转移至 100 mL 容量瓶中，用水稀释至刻线，摇匀备用。此溶液含 As(Ⅲ) 5.00 mg·mL$^{-1}$，使用时需进一步稀释

至 500 μg·mL$^{-1}$。

(2) 0.2 mol·L$^{-1}$ KI：将称取大约 3 g KI，溶解于 100 mL 水中，加入 0.01 g Na$_2$CO$_3$ 以防止空气的氧化作用，保存于棕色瓶中。

(3) 0.2 mol·L$^{-1}$ 磷酸盐缓冲溶液：将 7.8 g NaH$_2$PO$_4$·2H$_2$O 和 1 g NaOH 溶于 250 mL 水中，溶液的 pH 值约为 8.0。

(4) 淀粉溶液：0.5%（新配制）。

## 四、实验步骤

(1) 按图 2-13 准备好实验装置，把隔离阴极接到电解系统的负极，把铂片电极接到电解系统的正极；把两个铂片电极分别接到指示系统（即测量系统）的正极和负极。将 25 mL KI、25 mL 磷酸盐缓冲溶液和 1.00 mL As(Ⅲ) 试液加到库仑池中，用磷酸盐缓冲溶液充满隔离阴极的管子。合上开关 K$_2$，接通指示终点电路，调节电位器，使毫伏表上的电压值为 100 mV 左右，调节检流计上的调零旋钮，使检流计的指针在零附近。

图 2-13 库仑分析法的实验装置
1—直流稳压电源；2—工作电极；3—指示电极；4—磁力搅拌子；5—甲电池；6—库仑池

(2) 打开磁力搅拌器，将电解电路开关 K$_1$ 合上，调节线绕电阻，使电解电流在 10 mA 左右。电解进行至检流计指针迅速漂移为止，断开 K$_1$、K$_2$ 及搅拌器开关。

(3) 在库仑池中再加入 1.00 mL As(Ⅲ) 试液，打开磁力搅拌器，先合上开关 K$_2$，再合上开关 K$_1$，同时开启秒表计时，准确记下电解电流（毫伏数，精确到小数点后两位），电解进行至检流计迅速漂移为止（约达到 20 μA）。断开 K$_1$，同时停止秒表计时，断开 K$_2$，记下电解时间。

(4) 再向电解池中加入 1.00 mL As(Ⅲ) 试液，再次电解。重复实验 3~4 次，直至电量相差小于 10 mC，说明已取得平行的实验结果。

(5) 按公式计算 As(Ⅲ) 的含量，以 μg·mL$^{-1}$ 表示并与加入 As(Ⅲ) 溶液的标准值比较。

## 思 考 题

1. 库仑分析法的原理是什么？
2. 使用恒电流库仑法的前提条件是什么？
3. I$_3^-$ 的作用是什么？

实验 2.6 习题答案

# 实验 2.7　铁氰化钾和菲咯啉的循环伏安行为

## 一、实验目的

（1）学习固体电极表面的处理方法。
（2）掌握循环伏安法的实验原理、实验参数的确定、实验数据的处理及分析。
（3）了解可逆扩散波和可逆吸附波的性质，掌握循环伏安仪的使用技术。

## 二、实验原理

循环伏安法（Cyclic Voltammetry，CV）是一种电化学研究方法，可用于电极反应的性质、机理和电极过程动力学参数的研究，也可用于定量确定反应物浓度、电极表面吸附物的覆盖度、电极活性面积，以及电极反应速率常数、交换电流密度，电极反应的传递系数等动力学参数。

循环伏安法是在固定面积的工作电极和参比电极之间加上对称的三角波扫描电压（见图 2-14），记录工作电极上得到的电流与施加电位的关系曲线，即循环伏安图，如图 2-15 所示。

在三角波的前半部，电极上若发生还原反应（阴极过程），则会记录到一个峰形的阴极波；而在三角波的后半部，电极上若发生氧化反应（阳极过程），则会记录到一个峰形的阳极波。通过一次三角波电压扫描，电极上完成一个氧化还原循环。从循环伏安图的波形、氧化还原峰电流的峰值及其比值、峰电位等可以判断电极反应的特性，可用来检测物质的氧化还原电位、考察电化学反应的可逆性和反应机理、判断产物的稳定性、研究活性物质的吸附和脱附现象，也可用于反应速率的半定量分析等。

图 2-14　三角波扫描电压

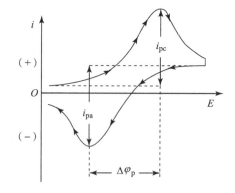

图 2-15　循环伏安图（$i$—$E$ 曲线）

一次扫描过程中完成一个氧化和还原过程循环的方法，称为循环伏安法。与汞电极相比，物质在固体电极上伏安行为的重现性差，这直接与固体电极的表面状态有关，因而了解固体电极表面处理的方法和衡量电极表面被净化的程度，以及测算电极有效表面积的方法，是十分重要的。一般对这类问题要根据固体电极材料的不同而采取适当的方法。

循环伏安法控制电极电位 $\varphi$ 随时间 $t$ 变化，从 $\varphi_i$ 线性变化增大（或减小）至某电位 $\varphi_t$ 后，以相同速率线性减小（或增大）归到最初电位 $\varphi_i$。

假如电位从 $\varphi_i$ 开始以扫描速度 $v$ 向负方向扫描,设置 $\varphi_i$ 较 $\varphi^{\theta}$(研究电极的标准电极电位)正得多,开始时没有法拉第电流,当电位移向 $\varphi^{\theta}$ 附近时,还原电流出现并逐渐增大,电位继续负移,由于电极反应主要受界面电荷传递动力学控制,电流进一步增大,当电位负移到足够负,达到扩散控制电位后,电流则转至受扩散过程限制而衰减,使 $i-E$ 曲线上出现电流峰 $i_{pc}$,对应的峰电位为 $\varphi_{pc}$。当电流衰减到某一程度,电位达到 $\varphi_t$ 后,反向扫描,则原来在电极上的还原产物成为被氧化的电化学活性物质,若研究的电化学反应是可逆反应,类似前向扫描原理,在较 $\varphi$ 稍正的电位下形成氧化电流峰 $i_{pa}$ 及对应的峰电位 $\varphi_{pa}$。对于固体电极,溶液中有氧化态物质(O)时,其在电极上被还原生成还原态 R,即

$$O + ne^- \longrightarrow R$$

而回扫时 R 被氧化成 O,即

$$R \longrightarrow O + ne^-$$

循环伏安图的几个重要参数为阳极峰电流($i_{pa}$)、阴极峰电流($i_{pc}$)、阳极峰电位($\varphi_{pa}$)、阴极峰电位($\varphi_{pc}$)。对于可逆反应,阴、阳极峰电位的差值为

$$\Delta \varphi_p = \varphi_{pa} - \varphi_{pc} \approx \frac{59}{n} \text{ mV} \tag{2-34}$$

峰电位与扫描速度无关。峰电流为

$$i_p = 2.69 \times 10^5 n^{3/2} A D_0^{1/2} v^{1/2} C_0 \tag{2-35}$$

式中,$i_p$ 为峰电流(A);$n$ 为电极反应的电子转移数;$A$ 为电极有效面积($\text{cm}^2$);$D_0$ 为扩散系数($\text{cm}^2 \cdot \text{s}^{-1}$);$v$ 为扫描速度($\text{V} \cdot \text{s}^{-1}$);$C_0$ 为浓度($\text{mol} \cdot \text{L}^{-1}$)。由此可见,$i_p$ 与 $v^{1/2}$ 和 $C_0$ 都是直线关系。

对于可逆的电极反应,有

$$i_{pa} \approx i_{pc} \tag{2-36}$$

电极反应的可逆性主要取决于电极反速率常数的大小,还与电位的扫描速率有关。电极反应可逆性判据见表 2-5。

表 2-5 电极反应可逆性判据

| 性质 | 可逆性 | | |
| --- | --- | --- | --- |
| | 可逆电荷跃迁 $O + ne^- \rightleftharpoons R$ | 准可逆 | 不可逆 $O + ne^- \longrightarrow R$ |
| 电响应性质 | $\varphi_p$ 与 $v$ 无关 25 ℃时,$\Delta \varphi_p = \frac{59}{n}$ mV | $\varphi_p$ 随 $v$ 移动,低 $v$ 时,$\Delta \varphi_p$ 接近 $\frac{60}{n}$ mV,但随着 $v$ 而增加,$\Delta \varphi_p$ 接近不可逆 | $v$ 增加 10 倍,$\Delta \varphi_p$ 移向阴极化 $\frac{30}{\alpha n}$ mV |
| 电流函数性质 | $i_p / v^{1/2}$ 与 $v$ 无关 | $i_p / v^{1/2}$ 与 $v$ 无关 | $i_p / v^{1/2}$ 与 $v$ 无关 |
| 阳极电流与阴极电流比的性质 | $i_{pa}/i_{pc} \approx 1$,与 $v$ 无关 | 仅在电子传递函数 $\alpha = 0.5$ 时,$i_{pa}/i_{pc} \approx 1$ | 反扫时没有氧化电流 |

表 2-5 中的判据仅限于扩散波,以及峰电流 $i_p$ 与 $v^{1/2}$ 成正比的体系。

对于反应物吸附在电极上的可逆吸附波,理论上其循环伏安图上、下、左、右对称,峰后电流降至基线,其峰电流表示为

$$i_p = \frac{(nF)^2}{4RT} A\Gamma v \qquad (2-37)$$

式中,$A$ 为电极有效面积;$\Gamma$ 为电活性物质在电极上的吸附量;$v$ 为扫描速度($V \cdot s^{-1}$)。可见峰电流 $i_p$ 与 $v$ 成正比,而不是扩散波所见到的与 $v^{1/2}$ 成正比。

因而,对于一个电活性物质,要判断其反应活性是否可逆,首先需要根据峰电流和扫描速率的关系判断所得的循环伏安图是扩散波还是吸附波,然后再根据相应的判据进行判断。

本实验拟通过研究铁氰化钾和菲琨两种电活性物质在不同扫描速率下,在玻璃电极上的电化学反应,了解可逆扩散波和可逆吸附波的性质。菲琨的化学结构如图2-16所示。

图2-16 菲琨的化学结构

铁氰根离子[$Fe(CN)_6$]$^{3-}$、亚铁氰根离子[$Fe(CN)_6$]$^{4-}$氧化还原电对的标准电极电位为

$$[Fe(CN)_6]^{3-} + e^- \rightleftharpoons [Fe(CN)_6]^{4-}, \quad \varphi^\theta = 0.36 \text{ V(vs. NHE)}$$

电极电位与电极表面活度的能斯特方程为

$$\varphi = \varphi^\theta + \frac{RT}{F} \ln \frac{\alpha_{Ox}}{\alpha_{Red}} \qquad (2-38)$$

在一定扫描速率下,从起始电位正向扫描到转折电位期间,溶液中[$Fe(CN)_6$]$^{4-}$被氧化生成[$Fe(CN)_6$]$^{3-}$,产生氧化电流;当负向扫描从转折电位变到原起始电位期间,在指示电极表面生成的[$Fe(CN)_6$]$^{3-}$被还原生成[$Fe(CN)_6$]$^{4-}$,产生还原电流。为了使液相传质过程不受扩散控制,应在加入电解质和溶液处于静止状态下进行电解。

## 三、仪器与试剂

1. 仪器

(1) CHI660B 电化学工作站。

(2) 电解池。

(3) 铂丝辅助电极。

(4) 饱和甘汞电极作参比电极。

(5) 玻碳电极($d = 3$ mm)为工作电极。

(6) 去离子水超声波清洗器。

(7) 100 mL 容量瓶。

(8) 50 mL 烧杯。

(9) 玻璃棒。

(10) 洗瓶。

(11) 滴管。

2. 试剂

(1) 固体铁氰化钾。

(2) $H_2SO_4$ 溶液。
(3) 蒸馏水。
(4) $2\times10^{-5}$ mol·$L^{-1}$ 菲琨水溶液。

## 四、实验步骤

**1. 铁氰化钾溶液的循环伏安图**

准确配制 5 mol·$L^{-1}$ 铁氰化钾溶液(含 0.1 mol·$L^{-1}$ $H_2SO_4$),倒适量该溶液于电解池中。将玻碳电极用抛光粉($Al_2O_3$ 粉末,粒径为 0.3 μm)抛光后,再用去离子水超声波清洗器清洗干净。依次接上工作电极、参比电极和辅助电极。开启 CHI660B 电化学工作站及计算机电源开关,使用电化学程序,在菜单中选择 Setup→Technique→CV→Parameter 选项,输入表 2-6 所示的参数。

表 2-6 循环伏安法参数设置

| 参数 | 参数值 | 参数 | 参数值 |
| --- | --- | --- | --- |
| Init $\varphi$/V | 0.8 | Segment | 2 |
| High $\varphi$/V | 0.8 | Sample Interval/s | 0.001 |
| Low $\varphi$/V | 0 | Quiet Time/s | 2 |
| Scan Rate/(V·$s^{-1}$) | 0.02 | Sensitivity/(A·$V^{-1}$) | $2e^{-5}$ |

单击 Run 按钮开始扫描,将实验图存盘后记录氧化还原峰电位 $\varphi_{pa}$、$\varphi_{pc}$ 及峰电流 $i_{pa}$、$i_{pc}$,改变扫描速度为 0.05 V·$s^{-1}$、0.1 V·$s^{-1}$ 和 0.2 V·$s^{-1}$,分别做循环伏安图,将四个循环伏安图叠加、打印。

**2. 菲琨溶液的循环伏安图**

配制 10.0 mL 含 0.1 mol·$L^{-1}$ $H_2SO_4$ 的 $2\times10^{-5}$ mol·$L^{-1}$ 菲琨水溶液。将玻碳电极用抛光粉($Al_2O_3$ 粉末,粒径为 0.3 μm)抛光后,再用去离子水超声波清洗器清洗干净。将玻碳电极在菲琨水溶液中浸泡 10 min,选择起始电位为 0.6 V,终止电位为 -0.2 V,Sensitivity 为 $5e^{-6}$ A/V,其他操作条件同铁氰化钾溶液的循环伏安图,选择 0.01 V·$s^{-1}$、0.02 V·$s^{-1}$、0.05 V·$s^{-1}$、0.1 V·$s^{-1}$ 四个不同的扫描速率分别做循环伏安图,将四个循环伏安图叠加、打印。

## 五、数据处理

(1) 由以上所做的循环伏安图分别求出 $\varphi_{pa}$、$\varphi_{pc}$、$\Delta\varphi_p$、$i_{pc}$、$i_{pa}$ 和 $i_{pc}/i_{pa}$ 的值,并列表表示。

(2) 分别绘制铁氰化钾溶液的 $i_{pa}$ 和 $i_p$ 与 $v^{1/2}$ 的关系曲线,并计算所使用的玻碳电极的有效面积(所用参数:电子转移数 $n=1$,铁氰化钾的扩散系数 $D_0 = 7.6\times10^{-6}$ $cm^2·s^{-1}$,25 ℃)。

(3) 分别绘制菲琨溶液的 $i_{pa}$ 和 $i_p$ 与 $v^{1/2}$、$v$ 的关系曲线。观察扫描速率对 $\Delta\varphi_p$ 的影响。

(4) 所有实验数据用 Origin 软件在计算机上处理,处理后的结果打印后附于实验报告中。

## 思 考 题

1. 实验前电极表面为什么要处理干净？
2. 循环伏安法为什么要在静止溶液条件下完成扫描？

实验 2.7 习题答案

## 实验 2.8 用阳极溶出伏安法测定水样中痕量铜和镉的含量

### 一、实验目的

（1）掌握阳极溶出伏安法的基本原理。
（2）熟悉用阳极溶出伏安法测定水样中痕量铜、铅、镉的方法。

### 二、实验原理

环境水质分析中，重金属水质检测是水污染治理的基础，它对于促进生态环境保护和提高水污染治理效果有着重要的意义。

伏安分析法包括阳极溶出伏安法和阴极溶出伏安法。

阳极溶出伏安法是一种将富集和测定结合在一起的电化学方法。此法先将待测金属离子在一定的电压条件下富集于工作电极，然后将电压由负到正的方向扫描，使还原的金属从电极上氧化溶出，并记录溶出时的伏安曲线（氧化波），如图 2-17 所示，再根据氧化波的高度或面积确定被测物的含量。

**图 2-17 阳极溶出伏安曲线**

阳极溶出伏安法的全过程可表示为

$$M^{n+} + ne^- + Hg \underset{\text{溶出}}{\overset{\text{富集}}{\rightleftharpoons}} Me(Hg)$$

溶出是富集的逆过程，但富集是缓慢的积累，溶出是突然的释放，因而作为信号的法拉第电流大幅增加，从而提高测定的灵敏度。

通常将汞膜电极作为工作电极，采用非化学计量的富集法，无须使溶液中全部被测离子都富集在工作电极上，这样既可以缩短富集时间，又加快分析速度。由于被测离子经过预先的富集，在溶出时迅速氧化，使检测信号（溶出峰电流）迅速增加，因此阳极溶出伏安法有较高的灵敏度。

影响峰电流大小的因素主要有富集电位、预电解时间、搅拌速度、电极有效面积、电极位置、溶出时电位的扫描速度等，所以必须使测定的各种条件保持一致。

商品化的溶出伏安仪均采用自动控制阴极（阳极）电位的三电极体系，即在常用电解池中除了阳极和阴极外，增加一个参比电极，组成三电极体系。

用标准曲线法和标准加入法，均可进行定量测定。标准加入法的计算公式为

$$C_x = \frac{h \cdot C_s \cdot V_s}{H(V_x + V_s) - h_x V_x} \tag{2-39}$$

式中，$C_x$ 为试样的浓度；$h_x$ 为试样的溶出峰高；$H$ 为加入标准溶液后的溶出峰高；$C_s$ 为所加标准溶液的浓度；$V_s$ 为所加标准溶液的体积；$V_x$ 为试样溶液的体积。

若加入标准溶液的体积非常小，式(2-39)可以简化为

$$C_x = \frac{h \cdot C_s \cdot V_s}{(H - h_x) V_x} \tag{2-40}$$

因此伏安分析法有较高的灵敏度。

本实验以 HAc‑NaAc 为支持电解质（pH = 5.6），以玻碳汞膜电极为工作电极，以 Ag‑AgCl 电极为参比电极，以 Pt 电极为辅助电极，在 -1.2 V 处富集，然后溶出，根据峰高及溶出电位，可对铜、铅、镉同时进行定性定量测量。

## 三、仪器与试剂

1. 仪器

（1）电化学分析仪。

（2）玻碳汞膜电极、Pt 辅助电极、Ag‑AgCl 电极三电极体系。

（3）电磁搅拌器。

（4）电解杯（100 mL 高形烧杯）。

（5）25 mL 移液管。

（6）1 mL 吸量管。

（7）氮气瓶。

2. 试剂

（1）10 μg·mL$^{-1}$ Cu$^{2+}$ 标准溶液。

（2）10 μg·mL$^{-1}$ Cd$^{2+}$ 标准溶液。

（3）HAc‑NaAc 缓冲溶液：2 mol·L$^{-1}$ HAc 95 mL 和 2 mol·L$^{-1}$ NaAc 905 mL 混合均匀。

（4）0.01 mol·L$^{-1}$ HgSO$_4$ 溶液。

（5）试样溶液：约含 0.02 μg·mL$^{-1}$ Cu$^{2+}$ 和 0.2 μg·mL$^{-1}$ Cd$^{2+}$ 水样。

## 四、实验步骤

（1）玻碳汞膜电极的制备。

在电解杯中加入 25 mL 二次蒸馏水和数滴 HgSO$_4$ 溶液，将玻碳电极抛光洗净后浸入溶液中，以玻碳汞膜电极为工作电极，以 Pt 电极为辅助电极，控制阴极电位 -1.0 V，通氮气

搅拌,电镀 5~10 min 即得玻碳汞膜电极。

(2) 连接好仪器,参考以下参数,设定富集电位、富集时间、扫描速度、扫描范围、氧化清洗电位及时间等。

①富集电位:1.2 V。

②富集时间:30 s。

③扫描速度:100 mV·s$^{-1}$。

④扫描范围: $-1.2 \sim +0.1$ V。

⑤氧化清洗电位及时间:0.1 V、30 s。

(3) 水样的测定。

①准确移取 25.00 mL 水样于电解杯中,加入 0.5 mL HAc – NaAc 缓冲溶液,将玻碳汞膜电极、Pt 辅助电极、Ag – AgCl 电极和通气搅拌管浸入溶液中,调节适当的氮气流量,并使其稳定。按仪器说明运行仪器,由记录仪记录溶出伏安曲线。$Cd^{2+}$ 先溶出,$Cu^{2+}$ 后溶出。将富集和溶出过程至少重复一次,以获得稳定的溶出伏安曲线。

②准确移取 25.00 mL 水样于电解杯中,依次加入 0.4 mL 的 10 μg·mL$^{-1}$ $Cd^{2+}$ 标准溶液、0.1 mL 的 10 μg·mL$^{-1}$ $Cu^{2+}$ 标准溶液、0.5 mL HAc – NaAc 缓冲溶液,按照步骤(1)的测定条件运行仪器,由记录仪记录溶出伏安曲线。将富集和溶出过程至少重复几次,以获得稳定的溶出伏安曲线。

### 五、数据处理

(1) 记录实验条件。

(2) 根据峰电流及标准加入法公式,计算水样中 $Cd^{2+}$、$Cu^{2+}$ 的质量浓度,以 μg·mL$^{-1}$ 表示。得到各金属离子的溶出峰高 $H$,再加入混合标准溶液 0.5 mL,再次测定,得到各金属离子加入标准溶液后的溶出峰高 $H$。

电极的处理如下。

(1) 玻碳汞膜电极的操作条件要求严格,电极表面的处理与沾污对波谱影响很大,因此经常用无水酒精、氨水或酒精 – 乙酸乙酯(1∶1)混合液擦拭,必要时应抛光表面。

(2) 玻碳汞膜电极表面抛光在抛光布轮上进行,抛光材料最好用 MgO 或 $CaCO_3$。条件不允许时也可用牙膏在绒布上抛光。抛光后一定要在 2 mol·L$^{-1}$ HCl 中浸泡,然后在 1 mol·L$^{-1}$ $NH_3·H_2O$ + 1 mol·L$^{-1}$ $NH_4Cl$ 中处理。

(3) Ag – AgCl 电极的处理。氯化前用药棉擦去污粉,擦净银电极表面,用蒸馏水冲洗干净。以银电极为阳极,以铂电极为阴极,施加 0.5 V 电压,在 0.1 mol·L$^{-1}$ HCl 溶液中氯化,使银电极表面逐渐呈暗灰色,即得 Ag – AgCl 电极。为使制备的电极性能稳定,可再以银电极为阴极,以铂电极为阳极,施加 1.5 V 电压,使 Ag – AgCl 电极还原,表面变白,然后再氯化,如此反复几次,即得电极性能稳定的 Ag – AgCl 电极。

### 思 考 题

1. 选用的三电极体系的电极都是什么?
2. 结合本实验说明阳极溶出伏安法的原理。

# 第3章
# 分子光谱分析实验

## 3.1 紫外-可见分光光度法

紫外-可见分光光度法,又称紫外吸收光谱法,它研究分子吸收波长在190.0～1 100.0 nm范围内的吸收光谱,是研究物质电子光谱的分析方法。紫外吸收光谱主要产生于分子价电子在电子能级间的跃迁,通过测定分子对紫外光的吸收,可以对大量的无机物和有机物进行定性和定量测定。该方法是有机分析中一种常用的方法,具有仪器设备简单、操作方便、灵敏度高的特点,已广泛应用于有机化合物的定性、定量和结构鉴定。比尔-朗伯定律(Beer - Lambert Law)是定量分析的理论依据。

任何一种分光光度计,就其结构而言,基本上都由五部分组成,即光源、单色器、吸收池、检测器、记录系统。

紫外-可见分光光度计主要可归纳为五种类型:单光束紫外-可见分光光度计、双光束紫外-可见分光光度计、双波长紫外-可见分光光度计、多通道紫外-可见分光光度计和探头式紫外-可见分光光度计。

现以双光束紫外-可见分光光度计为例说明紫外-可见分光光度计光程原理,如图3-1所示。

**图3-1 双光束紫外-可见分光光度计光程原理**

由光源(卤钨灯或氘灯,根据波长而变换使用)发出的光经入口狭缝及反射镜反射至石英棱镜或光栅,色散后经过出口狭缝得到所需波长的单色光束,然后由反射镜反射至由马达转动的调制板及扇形镜上。当调制板以一定的转速旋转时,光束交替通过和挡住,从而调制成一定频率的交变光束。然后扇形镜在旋转时，将此交变光束交替地投射到参比池中的参比溶液（空白溶液）及吸收池中的试样溶液上，后面的光电倍增管接收通过参比溶液和为试样溶液所减弱的交变光通量，并使其转变为交流信号。此信号被适当放大并被解调器分离及整流。电位器自动平衡此两直流信号的比率，并用记录仪记录并绘制吸收曲线。现代仪器装有外接计算机，通过软件控制仪器操作和处理测量数据，并装有屏幕显示器、打印机和绘图仪等。

紫外-可见分光光度计常用光源如下。

（1）可见区：卤钨灯或碘钨灯，波长范围为 320～3 200 nm。

（2）紫外区：氢灯或氘灯，波长范围为 200～375 nm。

紫外-可见分光光度计的吸收池不宜采用玻璃材质，这是由于玻璃对波长小于 300 nm 的电磁波产生强烈的吸收，所以，紫外分析一般采用石英吸收池。

吸收池的洗涤。吸收池经常盛装有色溶液和有机物，因此洗涤吸收池一般先用盐酸-乙醇（1∶2）洗涤液浸泡，再用水清洗。要特别注意测定完毕后尽快用水洗净，否则一旦着色很难洗净。注意：不可用铬酸洗液洗涤吸收池。

在一般实验中，所用的几个吸收池的吸光度之差不能大于 0.005。吸收池在使用过程中要注意保护透明光面，避免擦伤或被硬物划伤，操作时要手触毛玻璃面。装液不要太满，以防溶液溢出腐蚀分光光度计，一般装入 3/4 容积即可，然后用滤纸轻轻擦去外部的溶液，再用镜头纸（折叠为四层使用，切勿搓成团）擦至透明，才可放入吸收池架内测量。石英吸收池价格较高，使用时要特别小心，以防损坏。

## 3.2 红外吸收光谱法

### 3.2.1 原理

分子吸收红外光，由分子振动、转动发生能级的跃迁（基态 $S=0$ 至第一振动能级 $S=1$，即 $\Delta S=1$）产生的光谱，称为中红外光谱，简称红外光谱。

绝大多数有机化合物和无机离子的基频吸收带在中红外区，由于基频振动是红外光谱中吸收最强的振动，所以该区最适合进行定性定量分析。同时，红外光谱仪技术成熟、简单，而且目前已积累了该区的大量数据资料，因此中红外区是目前应用最广泛的光谱区。

除了单原子分子和同核分子，如 Ne、He、$O_2$、$H_2$ 等外，几乎所有的有机化合物在中红外区都有吸收；除了光学异构体，凡是具有不同结构的有机化合物，一定不会有相同的红外光谱。红外光谱检测的是官能团的特征吸收性，可用于化合物的结构解析，主要用于定性分析。红外光谱的定量分析也遵循比尔-朗伯定律，但偏离较多，准确度不高，因此应用较少，只用于测定大气、汽车尾气中的 CO、$CO_2$，水中的油分等场景。

任何一种红外光谱仪，就其结构而言，基本上都由五部分组成，即光源、单色器、吸收池（样品池）、检测器、记录系统。目前多采用傅里叶变换红外光谱仪。

1. 光源

光源用于提供红外辐射，主要有如下两种。

（1）硅碳棒：由碳化硅烧结而成，工作温度为 1 200～1 400 ℃，发光面积大，价格便宜，操作方便，使用波长的范围较能斯特灯宽。

（2）能斯特灯：由混合的稀土金属（锆、钍、铈）氧化物制成，工作温度为 1 750 ℃。其使用寿命长，稳定性好，在短波范围使用比硅碳棒有利，但其价格较贵，操作不如硅碳棒方便。

### 2. 吸收池

吸收池分为气体池、液体池及固体支架，分别用于分析气体、液体及固体。各类吸收池都有盐窗片，最常用的是 KBr 压片，因为 KBr 在 400～4 000 cm$^{-1}$ 光区范围内不产生吸收，所以可绘制全波段光谱图。盐窗片在使用中要注意防潮。此外，也可用 KI、KCl、NaCl 等制备盐窗片。

### 3. 单色器

单色器的功能是把通过吸收池和参比池进入入口狭缝的复合光色散成单色光，再射到检测器上加以测量。单色器有以下两种。

（1）棱镜：早期的红外光谱仪主要用棱镜。

（2）光栅：目前多用光栅，其分辨率高，价格便宜。

### 4. 检测器

（1）高真空热电偶：其是色散型红外分光光度计中常用的检测器。热电偶密封在一个高真空的玻璃容器内。红外光照射热电偶的一端，两端点间因温度不同会产生电势差，从而使回路中有电流通过。电流大小随红外光的强弱而变化，试样吸收红外光，引起电流大小的改变。

（2）热释电检测器：其是傅里叶变换红外光谱仪中的常用检测器。该检测器用硫酸三苷肽（TGS）的单晶薄片作为检测元件，其特点是响应速度快，能实现高速扫描。

## 3.2.2 试样的制备

（1）气体试样：使用气体池，先将池内空气抽走，然后吸入待测气体试样。

（2）液体试样：采用液膜法或液体池法制备。

①液膜法：把一滴纯液体夹在两片盐窗片之间，借助固紧螺丝得到 0.001～0.05 mm 的厚度。

②液体池法：将液体试样溶在适当的红外用溶剂中，如 $CS_2$、$CCl_4$ 等，然后注入液体池中进行测定。

（3）固体试样：采用压片法、石蜡糊法、薄膜法制备。

①压片法。

a. 用玛瑙研钵将干燥的 KBr 晶体块研成粉末，使粒径小于 2 μm，压片。

b. 将 KBr 和试样（100∶1）混合研细。

c. 用压片机将 KBr 与试样混合物压成透明薄片。制得的晶片必须无裂痕，局部无发白现象，如同玻璃般透明，否则应重新制作。晶片局部发白，表示压制的晶片厚薄不均匀；晶片模糊，表示晶片吸潮，水的吸收峰在 1 640 cm$^{-1}$ 和 3 450 cm$^{-1}$。

d. 把制好的晶体装入固体支架，开机并绘制红外光谱图。开机及参数设置见仪器简介。

②石蜡糊法：把细粉状试样与液状石蜡混合成糊状，压在两片盐窗片之间进行测定。

③薄膜法：主要用于高分子化合物的测定，通常将试样热压成膜，或将试样溶解在沸点低、易挥发的溶剂中，然后倒在玻璃板上，待溶剂挥发后成膜，直接测定。

（4）试样制备的注意事项。

①试样的浓度和测试厚度应选择适当，使光谱图中大部分吸收峰的透射比处于15%~70%范围内。浓度太低，厚度太小，会使一些弱的吸收峰和光谱的细微部分不能显示出来；浓度过高，厚度过大，又会使强的吸收峰超越标尺刻度而无法确定它的真实位置。

②试样中不应含有游离水。水分不仅浸蚀吸收池的盐窗片，而且水分本身在红外区有吸收，将使测得的红外谱图变形。

③试样应该是单一组分的纯物质。多组分试样在测定前应尽量预先进行组分分离（可采用色谱法、精密蒸馏法、重结晶法、区域熔融法等），否则各组分光谱相互重叠，以致无法对谱图进行正确的解释。

## 3.3 荧光光谱法

分子具有不同的能级，电子处于不同的能级中。通常情况下分子的电子处于最低的能级状态，即基态，用$S_0$表示。当光照射到分子上时，电子被激发，从低能级跃迁到高能级，即激发态，用$S_1$，$S_2$…表示。高能级的电子不稳定，它们通过辐射跃迁和非辐射跃迁失去能量返回基态，而荧光就是激发态的分子和原子返回基态过程中释放出来的一种光能。若被光照射激发的是分子，发出的是分子荧光。

不同物质的荧光激发光谱和荧光发射光谱不同；同一物质，其他条件相同而浓度不同时，其荧光强度不同。

（1）荧光激发光谱：固定荧光发射波长和狭缝宽度扫描，得到荧光激发波长和相应荧光强度关系的曲线，即荧光激发光谱。

（2）荧光发射光谱：固定荧光激发波长和狭缝宽度扫描，得到荧光发射波长和相应荧光强度关系的曲线，即荧光发射光谱。

荧光光谱仪主要用于定量分析，其组成部分有光源、单色器（滤光片或光栅）、吸收池、检测器和读出装置。荧光光谱仪与紫外-可见分光光度计有两点不同：有两个单色器；检测器与激发光互呈直角。

光源发出的光经第一单色器（激发光单色器），得到所需要的强度为$I_0$的激发光波长，通过吸收池，部分光线被荧光物质吸收，荧光物质被激发后，发射荧光；荧光经过第二单色器（荧光单色器），使所需要的荧光与可能共存的其他干扰光（如入射光及杂散光）分开。荧光照在检测器上，将光信号转换为电信号，经放大后，由记录仪记录。

1. 光源

光源发出所需波长范围内的连续光谱，光强度足够且稳定。

（1）可见光区：卤钨灯、碘钨灯（波长为320~2 500 nm）；

（2）紫外区：氢灯、氘灯（波长为180~375 nm）；

此外，氙灯在紫外区、可见光区均可用作光源。

2. 单色器

大多数荧光光谱仪采用两个光栅单色器，有较高的分辨率，能扫描谱图，既可获得荧光激发光谱，又可获得荧光发射光谱。

(1) 第一单色器的作用：分离出所需要的激发光，选择最佳激发波长 $\lambda_{ex}$，用此激发光激发吸收池的荧光物质。

(2) 第二单色器的作用：滤掉一些入射光、杂散光和杂质所发射的干扰光，用来选择测定用的荧光波长 $\lambda_{em}$，从而使系统在选定的 $\lambda_{em}$ 下测定荧光强度，进行定量分析。

3. 吸收池

吸收池盛放测定溶液，通常是石英材料的方形池，四面透光，只能用手拿住棱边或最上边。

4. 检测器

检测器把光信号转换为电信号，并放大，最终转换为荧光强度。

荧光的强度一般较弱，因此要求检测器有较高的灵敏度。荧光光谱仪采用光电倍增管。荧光光谱法比红外吸收光谱法具有更高的灵敏度，这是因为荧光强度与激发光强度成正比，提高激发光强度可大幅提高荧光强度。

5. 读出装置

记录仪记录或打印机打印出结果，扫描荧光激发光谱和荧光发射光谱。

## 实验3.1　用邻二氮菲分光光度法测定铁含量

### 一、实验目的

(1) 学习分光光度分析实验条件的选择。
(2) 掌握用邻二氮菲分光光度法测定铁含量的原理和方法。
(3) 掌握分光光度计的结构和正确的使用方法。
(4) 练习吸量管的基本操作。

### 二、实验原理

铁元素是生命、冶炼和工业的重要金属元素，在物质文明进步中起着重要的作用。铁含量的测定被广泛应用于电力、石化、造纸、钢铁、医药、水质等行业。

在光度分析中，如果被测组分本身颜色很浅或者无色，一般需先选择适当的显色剂与其反应生成有色化合物，然后再进行测定。为了提高测定的灵敏度、选择性和准确度，必须选择合适的显色反应条件和吸光度测量条件。通常所研究的显色反应条件有溶液的酸度、显色剂用量、显色时间、温度、溶剂以及共存离子的干扰等；吸光度测量的条件主要有测量波长、吸光度范围和参比溶液的选择等。本实验通过邻二氮菲测定铁含量，介绍分光光度法分析实验条件的确定。

条件实验的简单方法是：变动某实验条件，固定其余条件，测得一系列吸光度值，绘制吸光度-某实验条件的曲线，再根据曲线确定某实验条件的适宜值或适宜范围。

用分光光度法测定铁含量时，显色剂比较多，有邻二氮菲及其衍生物、磺基水杨酸、硫氰酸盐和 5 - Br - PADAP 等。邻二氮菲分光光度法由于灵敏度较高，稳定性好，干扰容易消除，因而是目前普遍采用的一种测定方法。

在 pH 值为 2~9 条件下，$Fe^{2+}$ 离子与邻二氮菲反应生成稳定的橙红色配合物，反应式如图 3-2 所示。

图 3-2 $Fe^{2+}$ 离子与邻二氮菲的反应式

该配合物的最大吸收波长 $\lambda_{max} = 508$ nm，摩尔吸光系数 $\varepsilon_{508} = 1.1 \times 10^4$ L·mol$^{-1}$·cm$^{-1}$，lg $K_{稳} = 21.3$。

由于 $Fe^{3+}$ 离子与邻二氮菲也生成 3:1 淡蓝色配合物，因此，显色前应预先用盐酸羟胺将 $Fe^{3+}$ 全部还原为 $Fe^{2+}$，反应式如下：

$$2Fe^{3+} + 2NH_2OH \cdot HCl \Longrightarrow 2Fe^{2+} + N_2 + 4H^+ + 2Cl^- + 2H_2O$$

测定时，控制溶液酸度在 pH 值为 5 左右较为适宜。酸度高时，反应进行较慢；酸度低时，$Fe^{2+}$ 离子水解影响显色。

本测定方法不仅灵敏度高、生成的配合物稳定性好，选择性也很高，相当于含铁量 40 倍的 $Sn^{2+}$、$Al^{3+}$、$Ca^{2+}$、$Mg^{2+}$、$Zn^{2+}$、$SiO_3^{2-}$，含铁量 20 倍的 $Cr^{3+}$、$Mn^{2+}$，含铁量 5 倍的 $Co^{2+}$、$Cu^{2+}$ 等均不干扰测定，是测定铁含量的一种较好且灵敏的方法。

## 三、仪器与试剂

1. 仪器

（1）722（或 721）型分光光度计。
（2）pH 计或精密 pH 试纸。
（3）50 mL 容量瓶 8 个（或比色管 8 支），100 mL、1 L 容量瓶。
（4）50 mL 烧杯 3 个。
（5）1 mL、2 mL、5 mL、10 mL 吸量管各 2 支。
（6）分析天平。
（7）1 cm 吸收池。

2. 试剂

（1）100 μg·mL$^{-1}$ 的铁标准储备液：准确称取 0.863 4 g 分析纯 $NH_4Fe(SO_4)_2 \cdot 12H_2O$ 置于烧杯中，用 20 mL 6 mol·L$^{-1}$ 的 HCl 溶液和适量水溶解后，定量转移至 1 L 容量瓶中，以水稀释至刻度，摇匀。

（2）10 μg·mL$^{-1}$ 的铁标准溶液：由铁标准储备液稀释配制，用吸量管吸取 100 μg·mL$^{-1}$ 的铁标准储备液 10 mL 于 100 mL 容量瓶中，加入 2 mL 6 mol·L$^{-1}$ 的 HCl 溶液，用水稀释至刻度，摇匀。此溶液即为 10 μg·mL$^{-1}$ 的铁标准溶液。

（3）邻二氮菲水溶液：1.5 g·L$^{-1}$。
（4）盐酸羟胺溶液（10 g·L$^{-1}$，用时现配）。
（5）1 mol·L$^{-1}$ 的 NaAc 溶液。
（6）1 mol·L$^{-1}$ 的 NaOH 溶液。

## 四、实验步骤

### 1. 条件试验

**1) 吸收曲线的绘制**

用吸量管吸取 2 mL 的 10 μg·mL$^{-1}$ 铁标准溶液于 50 mL 容量瓶(或比色管,下同)中,加入 1 mL 的 10 g·L$^{-1}$ 盐酸羟胺溶液,摇匀(原则上每加入一种试剂后都要摇匀)。再加入 2 mL 的 1.5 g·L$^{-1}$ 邻二氮菲水溶液、5 mL 的 1 mol·L$^{-1}$ NaAc 溶液,用蒸馏水稀释至刻度,摇匀。放置 10 min。在分光光度计上用 1 cm 吸收池以蒸馏水为参比溶液,在 450~550 nm 波长范围内每隔 10 nm 测量一次(接近吸收峰时可隔 5 nm 测量一次)吸光度。然后在坐标纸上以波长为横坐标,以吸光度为纵坐标,绘制 A—λ 吸收曲线,并从吸收曲线上选择测定铁含量的适宜波长。一般选用最大吸收波长 $\lambda_{max}$。

**2) 显色剂用量的确定**

取 7 个 50 mL 容量瓶,各加入 2 mL 的 10 μg·mL$^{-1}$ 铁标准溶液和 1 mL 的 10 g·L$^{-1}$ 盐酸羟胺溶液,摇匀。分别加入 0.1 mL、0.3 mL、0.5 mL、0.8 mL、1.0 mL、2.0 mL 及 4.0 mL 的 1.5 g·L$^{-1}$ 邻二氮菲水溶液,然后各加入 5 mL 的 1 mol·L$^{-1}$ NaAc 溶液,用蒸馏水稀释至刻度,摇匀,放置 10 min。在分光光度计上用 1 cm 吸收池选择适宜的波长,以蒸馏水为参比溶液分别测各溶液的吸光度。在坐标纸上以加入的邻二氮菲水溶液毫升数为横坐标,以相应的吸光度为纵坐标,绘制 A—$V_{显色剂}$ 曲线,以确定测定过程中应加入的显色剂的最佳体积。

**3) 溶液酸度的影响**

取 8 个 50 mL 容量瓶,各加入 2 mL 的 10 μg·mL$^{-1}$ 铁标准溶液,及 1 mL 的 10 g·L$^{-1}$ 盐酸羟胺溶液,摇匀。再加 2 mL 的 1.5 g·L$^{-1}$ 邻二氮菲水溶液,摇匀。用 5 mL 吸量管分别加入 0 mL、0.2 mL、0.5 mL、1 mL、1.5 mL、2 mL、2.5 mL、3 mL 的 1 mol·L$^{-1}$ NaOH 溶液,用蒸馏水稀释至刻度,摇匀,放置 10 min。在选定的波长下用 1 cm 吸收池,以蒸馏水为参比溶液测各溶液的吸光度,并用精密 pH 试纸或 pH 计测量各溶液的 pH 值。在坐标纸上以 pH 值为横坐标,以相应的吸光度为纵坐标,绘制 A—pH 曲线,找出测定铁含量的适宜 pH 值范围。

**4) 显色时间及配合物的稳定性**

取一个 50 mL 容量瓶,加入 2 mL 的 10 μg·mL$^{-1}$ 铁标准溶液、1 mL 的 10 g·L$^{-1}$ 盐酸羟胺溶液,摇匀。加入 2 mL 的 1.5 g·L$^{-1}$ 邻二氮菲水溶液、5 mL 的 1 mol·L$^{-1}$ NaAc 溶液,用蒸馏水稀释至刻度,摇匀。立即在所选定的波长下用 1 cm 吸收池,以蒸馏水为参比溶液测定吸光度,然后测量放置 5 min、10 min、15 min、20 min、30 min、1 h、2 h 的相应吸光度。以时间为横坐标,以吸光度为纵坐标在坐标纸上绘制 A—t 曲线,从曲线上观察显色反应完全所需的时间及其稳定性,并确定合适的测量时间。

由上述各项条件的试验结果,确定适宜试样测定的实验条件。

### 2. 铁含量的测定

**1) 标准曲线的绘制**

在 6 个 50 mL 的容量瓶中,用 10 mL 吸量管分别加入 0 mL、2 mL、4 mL、6 mL、8 mL、10 mL 的 10 μg·mL$^{-1}$ 铁标准溶液,各加入 1 mL 的 10 g·L$^{-1}$ 盐酸羟胺溶液,摇匀。再各加

入 2 mL 的 1.5 g·L$^{-1}$ 邻二氮菲水溶液和 5 mL 的 1 mol·L$^{-1}$ NaAc 溶液，用蒸馏水稀释至刻度，摇匀。放置 10 min。以空白试剂为参比，在 510 nm 或所选波长下用 1 cm 吸收池测定各溶液的吸光度。在坐标纸上以含铁量为横坐标，以相应吸光度为纵坐标，绘制标准曲线。

2）试液含铁量的测定（可与标准曲线的制作同时进行）

准确吸取适量试样溶液代替标准溶液，其他步骤同上，测定吸光度。根据未知溶液的吸光度，在标准曲线上找出相应的铁含量，计算溶液中铁的含量（以 mg·L$^{-1}$ 表示）。

## 思 考 题

1. 本实验中，盐酸羟胺的作用是什么？
2. 本实验的参比溶液是什么？
3. 本实验醋酸钠的作用是什么？
4. 为什么本实验可以采用蒸馏水作参比溶液？
5. 怎样用分光光度法测定水样中的全铁和亚铁的含量？

实验 3.1 习题答案

# 实验 3.2  用分光光度法测定邻二氮菲-铁（Ⅱ）配合物的组成和稳定常数

## 一、实验目的

（1）掌握用分光光度法测定配合物组成的原理和方法。
（2）掌握用分光光度法测定配合物稳定常数的原理和方法。

## 二、实验原理

分光光度法不仅应用于被测组分的定量分析，还被广泛应用于配位反应平衡的研究，如配合物的组成和稳定常数的测定等。本实验以邻二氮菲与铁（Ⅱ）的配位反应为例，介绍用分光光度法测定配合物组成及稳定常数的原理和方法。

当溶液中只存在一种配合物时，可采用摩尔比法和等摩尔连续变化法测定配合物的组成，进而计算其稳定常数。由于该法简单，因而应用极为广泛。

设金属离子 M 和配位剂 R 在特定 pH 值条件下，只形成一种配合物 $MR_n$：

$$M + nR \Longleftrightarrow MR_n$$

式中，$n$ 为配合物的配位数。

1. 摩尔比法

固定金属离子的浓度 $C_M$ 及其他条件，只改变配位剂的浓度 $C_R$，配制一系列 $C_R/C_M$ 不同的显色液，在配合物的最大吸收波长处，采用相同的吸收池测量各溶液的吸光度，并作 $\dfrac{C_R}{C_M}$—$A$ 曲线，如图 3-3 所示。将曲线的线性部分延长相交于一点，该点对应的 $C_R/C_M$ 值即配位数 $n$。摩尔比法适用于稳定性高的配合物组成测定。

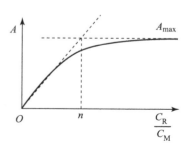

图 3-3  摩尔比法

## 2. 等摩尔连续变化法

此法保持溶液中配位剂和金属离子的总浓度之和 $C_R + C_M$ 不变，连续改变 $C_R/C_M$，配制系列溶液。测量系列溶液的吸光度，并作 $\dfrac{C_M}{C_R + C_M}$—$A$ 曲线，如图 3-4 所示。曲线转折点对应的 $\dfrac{C_R}{C_M}$ 值即配位数 $n$。

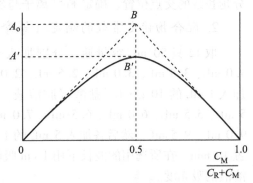

图 3-4 等摩尔连续变化法

等摩尔连续变化法适用于配位数低、稳定性较高的配合物组成的测定。此外，其还可用来测定配合物的不稳定常数。图 3-4 中 $B$ 点对应的吸光度 $A_0$ 相当于配合物完全不解离时溶液应有的吸光度，由于配合物解离，实测吸光度为 $A'$，则配合物的解离度 $\alpha$ 及条件稳定常数 $K'$ 分别为

$$\alpha = \frac{A_0 - A'}{A_0} \tag{3-1}$$

$$K' = \frac{c(1-\alpha)}{c^2\alpha^2} = \frac{1-\alpha}{c\alpha^2} \tag{3-2}$$

式中，$c = C_R + C_M$。

## 三、仪器与试剂

### 1. 仪器

(1) 721 型（或 722 型）分光光度计。
(2) 容量瓶（50 mL）。
(3) 吸收池（1 cm）。
(4) 吸量管（1 mL、2 mL、5 mL、10 mL）。

### 2. 试剂

(1) 铁标准溶液：$1 \times 10^{-3}$ mol·L$^{-1}$，由铁标准储备液稀释配制。
(2) 邻二氮菲水溶液：$1 \times 10^{-3}$ mol·L$^{-1}$。
(3) 盐酸羟胺溶液（10 g·L$^{-1}$，用时现配）。
(4) 1 mol·L$^{-1}$ 的 NaAc 溶液。

## 四、实验步骤

### 1. 配合物组成的测定（摩尔比法）

取 8 只 50 mL 容量瓶，各加入 2 mL 的 $1 \times 10^{-3}$ mol·L$^{-1}$ 铁标准溶液、1 mL 的 10 g·L$^{-1}$ 盐酸羟胺溶液，摇匀。依次加入 $1 \times 10^{-3}$ mol·L$^{-1}$ 的邻二氮菲水溶液 1.0 mL、1.5 mL、2.0 mL、2.5 mL、3.0 mL、3.5 mL、4.0 mL、4.5 mL，然后各加 5 mL 的 1 mol·L$^{-1}$ NaAc 溶液，用蒸馏水稀释至刻度，摇匀，放置 10 min。在所选用的波长下用 1 cm 吸收池以蒸馏水为参比溶液测定吸光度。

以邻二氮菲与铁的浓度比 $C_R/C_{Fe}$ 为横坐标,以吸光度 $A$ 为纵坐标作图,根据曲线两部分延长线的交点位置,确定 $Fe^{2+}$ 离子与邻二氮菲反应的络合比。

2. 配合物稳定常数的测定(等摩尔连续变化法)

取 12 只 50 mL 容量瓶,分别加入 $1\times10^{-3}$ mol·$L^{-1}$ 的铁标准溶液 5 mL、4.5 mL、4.0 mL、3.5 mL、3.0 mL、2.5 mL、2.0 mL、1.8 mL、1.5 mL、1.2 mL、1.0 mL、0.5 mL,加入 1 mL 的 10 g·$L^{-1}$ 盐酸羟胺溶液,再依次加入 $1\times10^{-3}$ mol·$L^{-1}$ 的邻二氮菲水溶液 5 mL、5.5 mL、6.0 mL、6.5 mL、7.0 mL、7.5 mL、8.0 mL、8.2 mL、8.5 mL、8.8 mL、9.0 mL、9.5 mL,然后各加入 5 mL 的 1 mol·$L^{-1}$ NaAc 溶液,用水稀释至刻度,摇匀,放置 10 min。在所选用的波长下用 1 cm 吸收池以蒸馏水或各自的试剂溶液为参比溶液测量各溶液的吸光度。

以邻二氮菲与铁的浓度比 $C_{Fe}/(C_R+C_{Fe})$ 为横坐标,以吸光度 $A$ 为纵坐标作图,确定计算配合物的解离度及条件稳定常数。

## 思 考 题

1. 本实验中,如何确定 $C_R$ 和 $C_M$ 的浓度范围?
2. 采用等摩尔连续变化法测定配合物的稳定常数的原理是什么?
3. 在什么条件下,才可以用摩尔比法测定配合物的组成?

实验 3.2 习题答案

# 实验 3.3 不同极性溶剂中苯及苯的衍生物紫外吸收光谱的测绘

## 一、实验目的

(1)通过对苯和苯的衍生物紫外吸收光谱的测绘,了解不同的助色团对苯的吸收光谱的影响。

(2)掌握分光光度计的结构和正确的使用方法。

(3)练习吸量管的基本操作。

## 二、实验原理

具有不饱和结构的有机化合物,特别是芳香族化合物,在近紫外区(波长为 200～400 nm)有特征吸收,这为鉴定有机化合物提供了有价值的信息。比较未知物与纯的已知化合物在相同条件(溶剂、浓度、pH、温度等)下绘制的吸收光谱,或将绘制的未知物的吸收光谱与标准谱图(如 Sadtler 紫外光谱图)比较,如果两者一致,说明它们的生色团和分子母核可能是相同的。苯在波长为 230～270 nm 出现的精细结构是其特征吸收峰(B 带),中心在波长为 254 nm 附近,其最大吸收峰常随苯环上不同的取代基而发生位移。溶剂的极性对有机物的紫外吸收光谱有一定的影响。溶剂极性增大,n—$\pi^*$ 跃迁产生的吸收带发生紫移,而 $\pi$—$\pi^*$ 跃迁产生的吸收带发生红移。

## 三、仪器与试剂

1. 仪器

(1)普析通用型紫外-可见分光光度计(配两只 1.0 cm 带盖石英吸收池)。

(2) 5 mL 具塞比色管 13 支。

(3) 1 mL 吸量管 6 支。

(4) 0.1 mL 吸量管 2 支。

2. 试剂

所用试剂均为分析纯。

(1) 苯。

(2) 乙醇。

(3) 环己烷。

(4) 丁酮。

(5) 0.1 mol·L$^{-1}$ HCl 溶液。

(6) 0.1 mol·L$^{-1}$ NaOH 溶液。

(7) 苯的环己烷溶液（1∶250）。

(8) 甲苯的环己烷溶液（1∶250）。

(9) 苯酚的环己烷溶液（0.3 mg·mL$^{-1}$）。

(10) 苯甲酸的环己烷溶液（0.8 mg·mL$^{-1}$）。

(11) 苯胺的环己烷溶液（1∶3 000）。

(12) 苯酚的水溶液（0.4 mg·mL$^{-1}$）。

(13) 几种异亚丙基丙酮溶液，分别用水、氯仿、正己烷配成 0.4 mg·mL$^{-1}$ 的溶液。

## 四、实验步骤

1. 苯以及苯的衍生物的紫外吸收光谱的测绘

在石英吸收池中，加入 2 滴苯，加盖，用手心温热吸收池下方片刻，在紫外-可见分光光度计上，相对石英吸收池，在 220～330 nm 处进行波长扫描，得到吸收光谱。

在 5 支 5 mL 具塞比色管中，分别加入苯的环己烷溶液、甲苯的环己烷溶液、苯酚的环己烷溶液、苯甲酸的环己烷溶液、苯胺的环己烷溶液 0.40 mL，用环己烷稀释至刻度，摇匀。在带盖的石英吸收池中，以环己烷为参比溶液，在 220～330 nm 范围内进行波长扫描，得到吸收光谱。

观察吸收光谱的图形，确定 $\lambda_{max}$，分析各取代基使苯的 $\lambda_{max}$ 移动的情况及原因。

2. 溶剂性质对紫外吸收光谱的影响

(1) 溶剂极性对 n—π* 跃迁的影响：在 3 支 5 mL 具塞比色管中，各加入 0.01 mL 丁酮，分别用水和乙醇稀释至刻度，摇匀。用石英吸收池以相应溶剂为参比溶液，在 220～330 nm 范围内进行波长扫描，得到吸收光谱。比较吸收光谱 $\lambda_{max}$ 的变换，并简单解释。

(2) 溶剂极性对 π—π* 跃迁的影响：在 3 支 5 mL 具塞比色管中，依次加入 0.10 mL 分别用水、氯仿和正己烷配制的异亚丙基丙酮溶液，并分别用水、氯仿和正己烷稀释至刻度，摇匀。用石英吸收池以相应溶剂为参比溶液，在 220～330 nm 范围内进行波长扫描，得到吸收光谱。比较吸收光谱 $\lambda_{max}$ 的变换，并简单解释。

(3) 溶剂的酸碱性对苯酚吸收光谱的影响：在 2 支 5 mL 具塞比色管中，各加入 0.4 mg·L$^{-1}$ 苯酚的水溶液 0.20 mL，分别用 0.1 mol·L$^{-1}$ 的 HCl 溶液、0.1 mol·L$^{-1}$ 的 NaOH 溶液稀释至刻度,摇匀。用石英吸收池以蒸馏水为参比溶液,在 220~330 nm 范围内进行波长扫描,得到吸收光谱。比较吸收光谱 $\lambda_{max}$ 的变化,并简单解释。

(4) 溶剂的酸碱性对苯胺吸收光谱的影响:在 2 支 5 mL 具塞比色管中,各加入苯胺的环己烷溶液(1:3 000)0.20 mL,分别用 0.1 mol·L$^{-1}$ 的 HCl 溶液、0.1 mol·L$^{-1}$ 的 NaOH 溶液稀释至刻度,摇匀。用石英吸收池,以蒸馏水为参比溶液,在 220~330 nm 范围内进行波长扫描,得到吸收光谱。比较吸收光谱 $\lambda_{max}$ 的变化,并简单解释。

## 思 考 题

1. 分子中哪类电子的跃迁将有可能产生紫外吸收光谱?
2. 为什么溶剂极性增大,n—$\pi^*$ 跃迁产生的吸收带发生紫移,而 $\pi$—$\pi^*$ 跃迁产生的吸收带则发生红移?

# 实验 3.4　合金钢中铬、锰的定性分析

## 一、实验目的

(1) 了解吸光度加和性原理。
(2) 掌握双波长分光光度法测定混合组分的方法。

## 二、方法原理

合金钢种类很多,通常按合金元素含量多少分为低合金钢(含量 <5%),中合金钢(含量 5%~10%),高合金钢(含量 >10%);按质量分为优质合金钢、特质合金钢;按特性和用途分为合金结构钢、不锈钢、耐酸钢、耐磨钢、耐热钢、合金工具钢、滚动轴承钢、合金弹簧钢和特殊性能钢(如软磁钢、永磁钢、无磁钢)等。

各国的合金钢系统随各自的资源情况、生产和使用条件不同而不同,国外以往曾发展镍、铬钢系统,我国则发展以硅、锰、钒、钛、铌、硼、铅、稀土为主的合金钢系统。合金钢在钢的总产量中约占百分之十几,一般是在电炉中冶炼的。

本实验利用不同物质对光的吸收具有选择性的特征和吸光度加和性原理,实现合金钢中铬和锰的同时测定。$Cr_2O_7^{2-}$ 和 $MnO_4^-$ 的吸收光谱曲线如图 3-5 所示。

## 三、仪器与试剂

1. 仪器

(1) 722 型分光光度计。
(2) 50 mL 容量瓶 7 个。
(3) 250 mL 容量瓶 1 个。
(4) 5 mL 移液管 4 支。
(5) 100 mL 烧杯 1 个,50 mL 烧杯 3 个。
(6) 250 mL 锥形瓶 1 个。

图 3-5　$Cr_2O_7^{2-}$ 和 $MnO_4^-$ 的吸收光谱曲线

(7) 10 mL 量筒各 1 个。
(8) 酒精灯 3 个。
(9) 三脚架 3 个。
(10) 石棉网 3 个。

2. 试剂

(1) Cr 标准溶液：准确称取 $K_2Cr_2O_7$ 1.414 4 g，溶于蒸馏水中，稀释至 500 mL，此溶液含 Cr 1.00 mg·mL$^{-1}$。

(2) Mn 标准溶液：准确称取 $MnC_2O_4 \cdot H_2O$ 0.832 4 g，滴加浓 $H_2SO_4$ 至完全溶解，逐渐加水，稀释至 500 mL，此溶液含 Mn 0.50 mg·mL$^{-1}$。

(3) $H_3PO_4$：相对密度为 1.70 g/mL，浓度为 85%。

(4) 浓 $H_2SO_4$、浓 $HNO_3$、$K_2S_2O_8$（过硫酸钾）、$KIO_4$（高碘酸钾）。

(5) 0.1 mol·L$^{-1}$ $AgNO_3$。

(6) 合金钢样品。

所用试剂均为分析纯。

## 四、实验步骤

1. 吸光系数的测定

(1) 用移液管分别吸取 Cr 标准溶液 3.00 mL、4.00 mL、5.00 mL 于 50 mL 容量瓶中，各加入 2.5 mL 浓 $H_2SO_4$ 和 2.5 mL 85% 的 $H_3PO_4$，稀释至刻度，摇匀，分别在 440 nm 及 545 nm 波长处测定各份溶液的吸光度，计算 $Cr_2O_7^{2-}$ 溶液在 440 nm 及 545 nm 波长处的吸光系数。

(2) 用移液管分别吸取 Mn 标准溶液 1.00 mL、2.00 mL、3.00 mL 于 50 mL 烧杯中，各加入 2.5 mL 浓 $H_2SO_4$ 和 2.5 mL 85% 的 $H_3PO_4$，将溶液稀释至约 35 mL，加入 0.5 g $KIO_4$，加热至沸腾，维持沸点约 5 min，冷却，将此溶液移入 50 mL 容量瓶中，稀释至刻度，摇匀，分别在 440 nm 及 545 nm 波长处测定各溶液的吸光度，计算 $MnO_4^-$ 溶液在 440 nm 及 545 nm

波长处的吸光系数。

**2. 合金钢中铬和锰的同时测定**

取约 1 g 钢样放入 100 mL 烧杯中，加入 40 mL 水、10 mL 浓 $H_2SO_4$ 和 3 mL 85% 的 $H_3PO_4$，缓缓加热，直至钢样完全分解；稍冷却后加入 2 mL 浓 $HNO_3$，煮沸，使碳化物完全分解，并除去 $NO_2$，冷却溶液，转移至 250 mL 容量瓶中，稀释至刻度，摇匀。

用移液管吸取钢样溶液 1.00 mL 于 100 mL 烧杯中，加入 2.5 mL 浓 $H_2SO_4$ 和 2.5 mL 85% 的 $H_3PO_4$，将溶液稀释至约 35 mL，并加入 0.1 mol·$L^{-1}$ 的 $AgNO_3$ 溶液 5~7 滴，及 3 g $K_2S_2O_8$，不断搅拌溶液，并缓缓加热，直至所有的盐完全溶解，加热至沸腾并维持沸点 5~7 min，取下稍冷却后加入 0.3 g $KIO_4$，不断搅拌溶液，加热至沸腾，维持沸点 5 min，将溶液取下冷却，转移到 50 mL 容量瓶中，稀释至刻度，摇匀。

将溶液倒入吸收池中，用蒸馏水作空白参比溶液，在 440 nm 及 545 nm 波长处测定其吸光度，并计算出铬和锰的含量。

## 五、数据处理

铬和锰的含量可根据实验数据解联立方程组求得

$$A_{440}^{Cr+Mn} = A_{440}^{Cr} + A_{440}^{Mn} = K_{440}^{Cr}C^{Cr} + K_{440}^{Mn}C^{Mn} \tag{3-3}$$

$$A_{545}^{Cr+Mn} = A_{545}^{Cr} + A_{545}^{Mn} = K_{545}^{Cr}C^{Cr} + K_{545}^{Mn}C^{Mn} \tag{3-4}$$

由式(3-3)导出：

$$C^{Mn} = (A_{440}^{Cr+Mn} - K_{440}^{Cr}C^{Cr})/K_{440}^{Mn} \tag{3-5}$$

将式(3-5)代入式(3-4)，则得

$$C^{Cr} = \frac{K_{440}^{Mn}A_{545}^{Cr+Mn} - K_{545}^{Mn}A_{440}^{Cr+Mn}}{K_{545}^{Cr}K_{440}^{Mn} - K_{545}^{Mn}K_{440}^{Cr}} \tag{3-6}$$

式中，$A_{440}^{Cr+Mn}$ 和 $A_{545}^{Cr+Mn}$ 为 440 nm 和 545 nm 测定混合液的总吸光度；$K_{440}^{Cr}$、$K_{440}^{Mn}$、$K_{545}^{Cr}$ 和 $K_{545}^{Mn}$ 分别为 $Cr_2O_7^{2-}$ 和 $MnO_4^-$ 在 440 nm 和 545 nm 的吸收系数（其单位为 L·$g^{-1}$·$cm^{-1}$），可分别用已知浓度的纯 $Cr_2O_7^{2-}$ 和 $MnO_4^-$ 溶液在 440 nm 和 545 nm 处测量其 $A$ 值计算可得。

## 思 考 题

双波长分光光度法测定混合组分的依据是什么？

实验 3.4 习题答案

## 实验 3.5 紫外-可见分光光度计的搭建实验

## 一、实验目的

（1）掌握紫外-可见吸收光谱法的原理和方法。
（2）通过紫外-可见分光光度计的搭建，锻炼学生的动手能力。
（3）通过小组分工与合作，锻炼学生沟通交流与团队合作的能力。

## 二、实验原理

电子的跃迁可以用紫外－可见分光光度计来测量。电子对光子的吸收量一般用比尔－朗伯定律来计算：

$$A = \lg \frac{I_0}{I} = \varepsilon C l \tag{3-7}$$

式中，$A$ 为吸光度；$I_0$ 为入射光强度；$I$ 为透射光强度；$\varepsilon$ 为消光系数；$C$ 为吸光分子浓度；$l$ 为试样厚度。

紫外－可见吸收光谱仪检测到的原始数据是电信号。在检测器未被光饱和前，检测器产生的电信号可以近似认为和照在其表面的光强成正比。依据这些部件与其功能，可以画出一个紫外－可见分光光度计的光路图，并以此为模型，利用学生所熟悉的光学元件与分析化学知识，搭建这种在分析化学中广泛应用的分析仪器。模型化的紫外－可见分光光度计光路图如图 3-6 所示。

**图 3-6　模型化的紫外－可见分光光度计光路图**

本实验将依照图 3-6 所示光路图对仪器结构进行分析，并且在课程中完成一台紫外－可见分光光度计的搭建、紫外－可见吸收光谱的测量以及对于实际试样的分析平台的建立。

## 三、主要仪器元件

**1. 光学底板**

光学底板是一种小型的光学平台，所有的光学元件都将通过 U 形底座、支杆套装、镜架组成的支撑套件固定于其上。光学底板上等距分布 Mb 螺纹固定孔，相邻固定孔间距为 25 mm（两孔中心距），如图 3-7 所示。

**2. 光源**

（1）氘灯（见图 3-8）是目前用

**图 3-7　光学底板**

于分光光度计中最为理想的紫外光源,工作时从光窗中辐射出波长为 190~400 nm 的连续光谱,以及波长为 238.3 nm、485.82 nm、581.39 nm、656.06 nm 的特征谱线。

图 3-8 氘灯

(2) 卤钨灯(见图 3-9)是填充气体内含有部分卤族元素或卤化物的充气白炽灯,工作时从光窗中辐射出波长为 400~2 000 nm 的光谱,可见光的光谱仪中,常用波长为 400~800 nm。

图 3-9 卤钨灯

3. 镜片

平凸透镜与平凹反射镜如图 3-10 所示。

图 3-10 镜片
(a) 平凹透镜;(b) 平凹反射镜

4. 光栅

光栅(见图 3-11)是由大量等宽等间距的平行狭缝构成的光学器件。一般常用的光栅在玻璃片上刻出大量平行刻痕,刻痕为不透光部分,两刻痕之间的光滑部分可以透光,相当于一狭缝。精制的光栅,在 1 cm 宽度内刻有几千条乃至上万条刻痕。

光栅方程为

$$d\sin\theta = k\lambda \qquad (3-8)$$

式中,$d$ 为光程差;$\theta$ 为衍射角;$k$ 为光谱级数;$\lambda$ 为波长。

对于相同的光谱级数 $k$,以同样的入射角投射到光栅上的不同波长组成的混合光,每种波长产生的干涉都位于不同的角度,即不同波长的衍射光以不同的衍射角出射,从而达到分光的作用。

图 3-11 光栅

5. CCD

电荷耦合检测器(CCD)是一种硅基多通道阵列探测器,可以探测紫外、可见和近红外光,如图 3-12 所示。因为 CCD 是高感光度半导体器件,适合分析光信号,再加上它允许进行多通道操作(可以在一次采集中探测到整段光谱),所以很适合用来检测光谱信号。

图 3-12　CCD

## 四、实验步骤

1. 搭建紫外-可见分光光度计

按照图 3-13 搭建紫外-可见分光光度计。

图 3-13　紫外-可见分光光度计整体结构

（1）在构建实验平台时，应将卤钨灯、氘灯光线透射的发光小孔所在平面视为工作平面，并确保其他光学元件中心始终处于这一平面之内。卤钨灯、氘灯光线透射的发光小孔高度是指发光小孔垂直到光学底板的距离。各个光学元件的中心高度与此工作平面误差范围须在 ±0.5 mm 以内，否则，将很有可能导致测量不出结果。

(2) 将狭缝竖直安装在狭缝孔上,并将带有狭缝孔的隔板安装固定后,先后点亮已预先安装好的卤钨灯、氘灯复合光源套组,使卤钨灯、氘灯光线从套组发光小孔发出,沿水平方向,向左穿过狭缝中心。将各光学元件与其相对应的支撑套件组装在一起,构成套组。

(3) 将平凸透镜套组固定在发光小孔左侧约 50 mm(即平凸透镜的焦距)处,通过改变固定位置进行调整,使透射光变为平行光,且平行于光学底板。在平凸透镜后适当位置固定吸收池架。

(4) 距狭缝前约 50 mm(即平凸透镜的焦距)处固定第二个平凸透镜套组,令光线完全进入平凸透镜,形成会聚光,用白纸板确定焦点位置,使其焦点正好位于狭缝中心。

(5) 沿光线方向,向左距狭缝约 100 mm(即平凹反射镜的焦距),固定一个平凹反射镜套组,调节令光线照在镜面中心,与镜面法线成小的夹角,令反射光平行于光学底板且近似于平行光。

(6) 沿反射光方向在合适位置安装光栅套组,调节令光线照在光栅的中心,反射光平行于光学底板射向左侧,反复调节光栅与光线之间的夹角,并用白纸板确定分光方向,直至得到较强的一级衍射。调节使一级衍射光线平行于光学底板,并在此方向固定第二个平凹反射镜套组(镜面可微调),使平凹反射镜尽可能宽地接收一级衍射光。

(7) 暂时改用卤钨灯作为光源,用白纸板确定反射光焦点位置,将 CCD 固定于此处,CCD 与镜面可微调的平凹反射镜套组距离为 100 mm(即平凹反射镜的焦距),调节该平凹反射镜套组令 CCD 尽可能接收足够宽的波长范围。

(8) 组装好遮光系统,并盖上盖板。

2. 标定光谱仪的波长

打开氘灯电源,打开计算机,连接好 CCD,运行 CCD 控制软件;扫描光源谱图(注意保存数据);尝试在线调整光栅之后的光路,观察分辨率是否改善并找到各个特征峰。根据图 3-14 中氘灯特征峰对像素—波长进行校正。

图 3-14 氘灯光源谱图

3. 测量吸收光谱

用自己搭建完成的紫外-可见分光光度计测量以下分子的吸收光谱。

A 组：

3,3-二乙基硫菁碘盐；

3,3′-二乙基噻碳菁碘化物；

3,3′-二乙基硫二羰花青碘化物；

3,3′-二乙基硫杂三羰花青碘化物。

B 组：

β-胡萝卜素；

2,6-二甲基-2,4,6-辛三烯。

它们的分子结构如图 3-15 所示。

3,3-二乙基硫菁碘盐　　3,3′-二乙基噻碳菁碘化物　　3,3′-二乙基硫二羰花青碘化物

3,3′-二乙基硫杂三羰花青碘化物　　β-胡萝卜素　　2,6-二甲基-2,4,6-辛三烯

**图 3-15　待测物质的分子结构**

4. 计算

用计算化学软件，如 Gaussian 软件等，计算上述分子的尺寸与电子跃迁光谱，与实验比较，讨论一下两者的差别。

## 五、注意事项

（1）接触镜片须戴手套，如果手上有酸、盐等容易腐蚀玻璃表面的物质，直接用手接触光学镜片，会导致光学镜片上产生印迹，如果长时间不擦，有可能成为永久性斑印，影响光学元件成像质量。

（2）光学镜片很多是玻璃制品，容易碰伤、崩边、划伤，因此要轻拿轻放，手持镜片的边缘，不要直接触碰透光面，即使是戴有手套也不能直接接触。

（3）在不用时，镜片要放置在柔软且清洁的物体表面，不能直接将镜片放在玻璃、金属、桌面或不干净的纸面上，这样镜片非常容易划伤。

（4）如果遇到镜片表面有灰尘，用干净洗耳球吹几下，把灰尘吹落。如果遇到有污迹或汗迹，要用擦镜纸或绸布蘸酒精或丙酮轻轻擦洗（光栅表面由于其特殊的构造，不能用镜纸擦拭，只能用洗耳球吹除灰尘）。

（5）光学镜片不要重叠堆放在一起。

（6）本实验所用的光源均为玻璃制品，因此在使用过程中，要轻拿轻放，避免磕碰。

## 思 考 题

1. 比较 A 组分子吸收峰波长和消光系数的变化，并解释原因。
2. 一维势阱方程对这些体系描述的准确度如何？可以参考文献加以讨论。

实验 3.5 习题答案

## 实验 3.6　有机物红外光谱的测绘及结构分析

### 一、实验目的

（1）掌握用液膜法制备液体试样的方法。
（2）掌握用溴化钾压片法制备固体试样的方法。
（3）学习并掌握傅里叶变换红外光谱仪的使用方法，初步学会对红外吸收光谱图的解析。

### 二、实验原理

红外光谱对试样的适用性相当广泛，可应用于固态、液态或气态试样，无机、有机、高分子化合物都可检测。此外，红外光谱还具有测试迅速、操作方便、重复性好、灵敏度高、试样用量少、仪器结构简单等特点，因此，它已成为现代结构化学和分析化学中最常用和不可缺少的工具。红外光谱在高聚物的构型、构象、力学性质的研究以及物理、天文、气象、遥感、生物、医学等领域也有广泛应用。

基团的振动频率和吸收强度与组成基团的相对原子质量、化学键类型及分子的几何构型等有关。因此根据红外吸收光谱的峰位、峰强、峰形和峰的数目，可以判断物质中可能存在的某些官能团，进而推断未知物的结构。如果分子比较复杂，还需结合紫外光谱、核磁共振（NMR）波谱以及质谱（MS）等手段作综合判断，还可通过与未知试样在相同测定条件下得到的标准试样谱图或已发表的标准谱图（如 Sadtler 红外光谱图等）进行比较分析，作出进一步的证实。

### 三、仪器与试剂

1. 仪器

（1）傅里叶变换红外光谱仪。
（2）可拆式液池。
（3）压片机。
（4）玛瑙研钵。
（5）氯化钠盐片。
（6）聚苯乙烯薄膜。
（7）红外灯。

2. 试剂

（1）苯甲酸（分析纯，于 80 ℃下干燥 24 h，存于保干器中）。

（2）溴化钾（色谱纯，于130 ℃下干燥24 h，存于保干器中）。

（3）无水乙醇（分析纯）。

（4）四氯化碳。

### 四、实验步骤

（1）波数检验：将聚苯乙烯薄膜插入傅里叶变换红外光谱仪的试样安放处，在600~4 000 cm$^{-1}$范围内进行扫描，得到红外吸收光谱。

（2）测绘无水乙醇、水的红外吸收光谱——液膜法。取两片氯化钠盐片，用四氯化碳清洗其表面并晾干。在一盐片上滴1~2滴无水乙醇，用另一盐片压于其上，装入可拆式液池架中。然后将液池架插入傅里叶变换红外光谱仪的试样安放处，在600~4 000 cm$^{-1}$范围内进行扫描，得到红外吸收光谱。用同样的方法得到水的红外吸收光谱。

（3）测绘苯甲酸的红外吸收光谱——溴化钾压片法。取2 mg苯甲酸，加入100 mg溴化钾粉末，在玛瑙研钵中充分磨细（粒径约为2 μm），使之混合均匀。将混合物放在红外灯下烘10 min左右，然后在压片机上压成透明薄片。将夹持薄片的螺母装入傅里叶变换红外光谱仪的试样安放处，在600~4 000 cm$^{-1}$范围内进行扫描，得到红外吸收光谱。

（4）未知有机物的结构分析。从指导教师处领取未知有机物试样，用液膜法或溴化钾压片法测绘未知有机物的红外吸收光谱。

### 五、数据处理

（1）将测得的聚苯乙烯薄膜的吸收光谱与其标准谱图对照。对2 850.7 cm$^{-1}$、1 601.4 cm$^{-1}$及906.7 cm$^{-1}$的吸收峰进行检验。在2 000~4 000 cm$^{-1}$范围内，波数误差不大于±10 cm$^{-1}$；在650~2 000 cm$^{-1}$范围内，波数误差不大于±3 cm$^{-1}$。

（2）解析无水乙醇、水、苯甲酸的红外吸收光谱图，并指出各谱图上主要吸收峰的归属。

（3）观察羟基的伸缩振动在乙醇和苯甲酸中有何不同。

（4）根据指导教师给定的未知有机物的化学式及红外吸收光谱上的吸收峰位置，推断未知有机物可能的结构式。

### 六、注意事项

（1）氯化钠盐片易吸水，取盐片时需戴上指套。扫描完毕，应用浸有四氯化碳的棉球清洗盐片，并立即将盐片放回保干器内保存。

（2）盐片装入可拆式液池架后，螺丝不宜拧得过紧，否则会压碎盐片。

## 思 考 题

实验3.6 习题答案

1. 在含氧有机化合物中，如在1 600~1 900 cm$^{-1}$区域中有强吸收谱带出现，能否判定分子中有羟基存在？

2. 羟基的伸缩振动在乙醇及苯甲酸中为何不同？

## 实验 3.7　用荧光分析法测定饮料中的奎宁

### 一、实验目的

(1) 了解荧光分析法的基本原理，掌握荧光分析法的实验技术。
(2) 掌握用荧光分析法测定饮料中的奎宁的方法。

### 二、实验原理

奎宁($C_{20}H_{24}N_2O_2$, $M = 324.43$ g·mol$^{-1}$)是从金鸡纳树皮中提取出来的生物碱，多年来一直被用作抗疟疾药品。奎宁尽管不是治疗疟疾的药物，却能够减轻疟疾的症状，通常的药用形式是二盐酸奎宁和二水合硫酸奎宁，二水合硫酸奎宁

图 3-16　奎宁的基本结构

的分子形式为$(C_{20}H_{24}N_2O_2)_2 \cdot H_2SO_4 \cdot 2H_2O$，$M = 782.94$ g·mol$^{-1}$。奎宁的基本结构如图 3-16 所示。

在稀盐酸溶液中，奎宁具有很强的荧光，据此可以检测痕量的奎宁。在 0.05 mol·L$^{-1}$的 $H_2SO_4$ 溶液中，奎宁有两个激发峰，分别位于 250 nm 和 350 nm 波长处，荧光发射峰位于 450 nm 波长处。

### 三、仪器与试剂

1. 仪器

(1) F-4500 型荧光分光光度计（日本日立公司产）。
(2) 25 mL 比色管。
(3) 分度吸量管。

2. 试剂

(1) 0.05 mol·L$^{-1}$ 的 $H_2SO_4$ 溶液。
(2) 奎宁储备液(100 μg·mL$^{-1}$)：称量 120 mg 二水合硫酸奎宁或 100 mg 奎宁，以 0.05 mol·L$^{-1}$ 的 $H_2SO_4$ 溶液溶解并定容于 1 000 mL 容量瓶，避光保存，使用时，以 0.05 mol·L$^{-1}$ 的 $H_2SO_4$ 溶液稀释成 10.0 μg·mL$^{-1}$ 的工作液。

### 四、实验步骤

(1) 奎宁标准溶液的配制：向 25 mL 比色管中依次准确加入 0.25 mL、0.5 mL、1.0 mL、1.5 mL、2.0 mL、2.5 mL 的 10.0 μg·mL$^{-1}$ 奎宁工作液，以 0.05 mol·L$^{-1}$ 的 $H_2SO_4$ 溶液定容。在选定的波长激发，测量波长为 450 nm 处的荧光强度，制作标准工作曲线。

(2) 检测限的测定：取上述第一份奎宁标准溶液，以 0.05 mol·L$^{-1}$ 的 $H_2SO_4$ 溶液按照 10 倍逐级稀释，直至获得的荧光值与 0.05 mol·L$^{-1}$ 的 $H_2SO_4$ 溶液的值相当。该浓度即硫酸奎宁溶液的检测限。

(3) 饮料中奎宁浓度的测定：从指导教师处领取配制好的硫酸奎宁溶液(60~

80 μg·mL$^{-1}$），以 0.05 mol·L$^{-1}$ 的 $H_2SO_4$ 溶液稀释一定倍数。在标准工作曲线条件下测定其荧光强度，并从标准工作曲线获得其准确浓度。

### 五、数据处理

（1）以荧光强度为纵坐标，以奎宁的浓度为横坐标制作标准曲线，并获得线性拟合方程以及相关系数。
（2）计算奎宁的检测限。
（3）计算未知试样中奎宁的浓度。

## 思 考 题

1. 荧光光谱仪与分光光度计的结构及操作有何异同？
2. 测定未知试样中奎宁的含量时，未知试样如何进行处理才能进行测定？

# 实验 3.8　拉曼光谱仪搭建实验

### 一、实验目的

（1）掌握拉曼光谱仪的原理和方法。
（2）通过拉曼光谱仪的组装，锻炼学生的动手能力。
（3）通过小组分工与合作，锻炼学生沟通交流与团队合作的能力。

### 二、实验原理

篮球碰到地板会反弹回来，乒乓球撞到球拍会飞回去。在宏观世界里，物体在接触的过程中会相互传递能量而产生弹性（机械能没有损耗）与非弹性（机械能有损耗，如变成热）碰撞。在微观粒子世界里，光子、电子、分子之间的碰撞也有类似的现象。

比如，当一个可见光光子撞上一个分子时，光子会被分子里的电子吸收而引起电子的振荡运动。根据电动力学，电子的振荡运动会产生电磁辐射（即光子）。如果这个电子的振荡运动不能及时把部分能量转变成原子核运动或其他电子运动方式，那么产生出来的光子的能量（频率）与入射的光子一致，这种现象称为光子的弹性散射。如果电子的振荡运动能及时地把部分能量转变成其他方式或吸收其他方式的能量，那么产生出来的光子的能量（频率）与入射的光子不一致，这种现象称为光子的非弹性散射。如果产生的光子频率比入射的低，称为斯托克斯散射（Stokes Scattering）；反之，称为反斯托克斯散射（Anti-Stokes Scattering）。

一般而言，电子振荡运动的最主要能量交换途径是原子核的运动，即化学键的振动，其原因是原子核与电子由于静电相互作用而形成一个平衡的整体，电子吸收光子产生的运动打破了这个平衡，从而引起原子核的运动。但是，由于电子的质量、运动速度与原子核的质量、运动速度相差 1 000 倍，且电子与原子核的能量交换概率也非常小，因此非弹性散射最多也就是弹性散射的 1/1 000。这种电子与原子核运动的耦合在自然界里普遍存在，电线通电发热也是这个原因造成的。那么，如何在实验中观测到光子与分子的非弹性散射现象，并利用它来了解分子的一些基本性质呢？印度物理学家钱德拉塞卡拉·拉曼（1888—1970）

给出了一个非常好的答案,1928 年他利用拉曼光谱仪发现了分子对光的非弹性反射并因此于 1930 年获得诺贝尔物理学奖。

如图 3-17 所示,拉曼光谱仪主要由激光器、二向色镜、物镜、吸收池、镀银平面反射镜、平凸透镜、滤光片、狭缝、平凹反射镜、光栅、CCD 等部件在空间上沿着光路依次组成。

图 3-17 拉曼光谱仪的基本构造

## 三、主要仪器元件

### 1. 光学底板

光学底板是一种小型的光学平台,所有的光学元件都可以通过 U 形底座、支杆套装、镜架组成的支撑套件固定于其上。光学底板上等距分布 M6 螺纹固定孔,相邻固定孔间距为 25 mm(两孔中心距),如图 3-18 所示。

图 3-18 光学底板

2. 激光器

从紫外、可见到近红外波长范围内的激光器都可以用作拉曼光谱仪的激发光源，如图 3-19 所示。典型的激光器如下（不限于）。

紫外：244 nm、257 nm、325 nm、364 nm。

可见：457 nm、488 nm、514 nm、532 nm、633 nm、660 nm。

近红外：785 nm、830 nm、980 nm、1 064 nm。

图 3-19 激光器

激光波长的选择对于实验的结果有着重要的影响。

灵敏度：拉曼散射强度与激光波长的 4 次方成反比，因此，蓝/绿可见激光的散射强度比近红外激光要强 15 倍以上。

空间分辨率：在衍射极限条件下，激光光斑的直径可以根据公式 $D=1.22\lambda/NA$ 计算得出，其中 $\lambda$ 是激光的波长，NA 是所使用显微物镜的数值孔径。例如，采用数值孔径为 0.9 的物镜，波长为 532 nm 激光的光斑直径理论上最小值为 0.72；在同样条件下使用 785 nm 波长激光时，激光光斑直径理论上最小值为 1.1。因此，最终的空间分辨率在一定程度上取决于激发光的选择。在本实验中使用 532 nm 的激光器，光斑直径为 2.5 mm，功率为 0~300 mW 可调。

3. 光学支撑套件

光学支撑套件包括 U 形底座、可调节支座、支杆、镜架等，用以支撑固定各光学元件，如图 3-20 所示。

图 3-20 光学支撑套件
(a) U 形底座；(b) 可调节支座；(c) 支杆；(d) 镜架

4. 遮光系统

遮光系统由铝型材和外壳组成，如图 3-21 所示。外壳由前侧板、后侧板、左侧板、右侧板、内隔板和上盖板组成。其中，前侧板安有可开合的调试窗口，后侧板则有激光电源接口和 CCD 的 USB 接口，内隔板上有狭缝安装孔。

图 3-21　遮光系统

5. CCD

因为 CCD 具有高感光度和广泛的探测光谱范围，所以很适合用来检测拉曼信号。

6. 光学元件

1) 二向色镜

在一定的入射角度范围内，长波通二向色镜（见图 3-22）对低于截止波长的光束具有高反性，对高于截止波长的光束具有高透性。

图 3-22　二向色镜

2) 滤光片

滤光片安装在拉曼光束经过的光路之中，用于选择性地阻挡激光线（瑞利散射），同时允许拉曼散射光通过并到达光谱仪和 CCD。实验中需要根据所用激光波长选用配套的滤光片。本实验选用的 Edge 滤光片是一种长波通滤光片，光垂直于其表面，它可以吸收波长低于某个数值的所有光而允许波长大于该数值的所有光高效率通过。Edge 滤光片在吸收和透过光谱区域之间的带边极为陡峭,可对激光进行有效阻挡。Edge 滤光片的优点是它在环境中非常稳定,其寿命可以说是无限的。图 3-23（b）分别为 50 $cm^{-1}$ 和 600 $cm^{-1}$ Edge 滤光片。

图 3-23 Edge 滤光片

(a) 光栏板；(b) Edge 滤光片

3) 物镜

物镜是由若干个透镜组合而成的一个透镜组,如图 3-24 所示。组合使用的目的是克服单个透镜的成像缺陷,提高物镜的光学质量。

物镜的主要参数包括放大倍数、数值孔径和工作距离。在拉曼实验中,物镜既能够使激光聚焦于试样上,同时也可用于收集拉曼信号。

图 3-24 物镜

4) 光栅

光栅是由大量等宽等间距的平行狭缝构成的光学器件。由光栅方程式（3-8）可知,对于相同的光谱级数 $k$,以同样的入射角投射到光栅上的不同波长组成的混合光,每种波长产生的干涉都位于不同的角度,即不同波长的衍射光以不同的衍射角出射,从而达到分光的作用。

5) 其他镜片

其他镜片包括一块镀银平面反射镜,两块平凹反射镜和一块平凸透镜,如图 3-25 所示。

图 3-25 镜片

(a) 镀银平面反射镜；(b) 平凹反射镜；(c) 平凸透镜

## 四、实验步骤

图 3-26 为拉曼光谱仪的整体结构。

图 3-26 拉曼光谱仪的整体结构

1. 拉曼光谱仪的搭建

(1) 构建实验平台时,应首先将仪器箱体垂直于水平面的 4 条铝型材用螺丝固定在光学底板上,安装必要的面板使带有狭缝安装孔的内隔板可以固定,并将狭缝竖直安装在内隔板上。将狭缝中心高度(距离光学底板约 105 mm,具体以实际测量为准)所在水平面视为工作平面,并确保激光束以及所有光学元件的中心高度始终处于这一平面。

(2) 将各光学元件与其相对应的支撑套件组装在一起,构成套组。可先将组装好的套组初步固定在将要安装 CCD 一侧的光学底板,再按步骤逐个用螺丝安装在最终需要安装的位置,以免光学套组倾倒造成损坏。

(3) 将激光器套组固定在光学底板中间偏左(以操作者面向前侧板来划分前后左右)的位置,令激光出射方向水平向左。调节支杆,确定光路平面高度与狭缝中心高度一致,固定激光器套组。打开激光电源,旋转安全钥匙,将电流调至 0.3~0.5 A,确保可以看见光束即可。

(4) 将可调二向色镜套组固定在激光光源左侧约 50 mm 位置,先通过改变固定螺纹孔与镜架角度进行粗略调整,再通过旋转镜架上的调节旋钮进行精确调整,使激光照在二向色镜的正中,与镜面呈 45°夹角,且反射光平行于光学底板。

(5) 沿反射光方向固定物镜套组,令激光完全进入物镜,形成会聚光,用白纸板确定焦点位置,将样品池架固定于此处。为便于后续组装,也可暂时不固定样品池架,而在焦点处固定一面额外的反射镜,令激光原路返回,经物镜还原为平行光后穿过二向色镜。

(6) 沿穿过二向色镜的透射光方向固定可调镀银平面反射镜套组,与二向色镜类似,通过调节令透射光照在镀银平面反射镜的正中,与镜面呈 45°夹角,且反射光平行于光学底板射向右侧。在水平距离狭缝中心 100 mm(平凸透镜的焦距)处,固定平凸透镜套组,令激光从透镜中心穿过,且焦点位置位于狭缝中心。

(7) 沿狭缝右侧顺激光方向 150 mm(即平凹反射镜的焦距)处,固定一个可调平凹反射镜套组，调节令激光照在平凹反射镜的正中，与镜面法线呈小的夹角，使得平凹反射镜反射光平行于光学底板且近似于平行光（可通过白色纸片沿光路移动，观测光斑大小进行判断）。

（8）沿平凹反射镜反射光方向于合适位置安装光栅套组，调节该光栅套组令激光照在光栅的正中，反射光平行于光学底板射向右侧，反复调节光栅与激光之间的夹角，并用白纸板确定分光方向，直至得到较强的一级衍射（为方便观察，可用手机光源作为白光置于平凹反射镜位置，调节光栅角度直到得到较强的彩虹光斑）。调节使一级衍射光平行于光学底板，并在此方向固定可调平凹反射镜套组，如果光栅的分光方向使红外光谱位于靠 USB 接口一侧，则应当令激光照在可调平凹反射镜靠开合门一侧的边缘。

（9）用白纸板确定可调平凹反射镜反射光焦点位置，将 CCD 固定于此处，CCD 与可调平凹反射镜距离为 150 mm（即平凹反射镜的焦距），令焦点聚焦在 CCD 感光面上。用 USB 数据线将 CCD 与计算机连接。

（10）将 Edge 滤光片套组固定于镀银平面反射镜与平凸透镜之间（平凸透镜与狭缝之间也可以），令激光垂直穿过滤光片中央，将样品池放入样品池架。

（11）组装好遮光系统其他侧板，放试样，并盖上盖板。

2. 测试软件教程

1）软件安装

SpectrumView 软件无须安装，但是它的运行需要驱动程序。可以从 U 盘 SpectrumView 软件的文件夹内获得驱动程序。

2）软件界面

双击目录下的 SpectrumView.exe，打开软件的主界面，如图 3-27 所示。

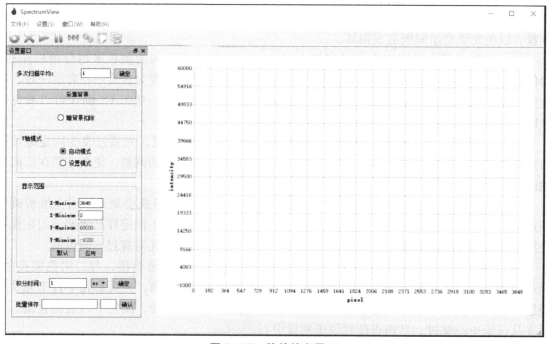

图 3-27 软件的主界面

软件的上方是菜单栏和工具栏,可以选择"帮助"→"版本"选项查看软件的版本信息。左侧是管理区,能够进行数据采集的基本参数测定,右侧是数据区,能够实时看到数据结果。

3) 连接设备

将 CCD 的 USB 数据线连接到计算机,确认设备的驱动程序已经安装。单击工具栏的"打开设备"按钮或者在菜单栏中选择"文件"→"打开设备"选项。如果连接正常,数据区将出现一条水平的红线;如果弹出连接失败提示对话框,如图 3 - 28 所示,那么仪器并未连接,需要检查连接中出现的问题。

图 3 - 28　连接失败提示对话框

4) 试样测定

在仪器完全遮光以后,先调整至合适的积分时间,单击"采集背景"按钮,采集一组背景噪声数据。完成背景采集步骤后,在仪器中放入被测试样,打开光源,调节至合适的功率。选中左侧的"暗背景扣除"单选按钮,也可以设置多次采集平均,以提高信噪比。单击工具栏的"开始采集"按钮,右侧应该已经出现试样的数据。在合适的数据出现后,单击工具栏的"停止"按钮或者在菜单栏中选择"文件"→"停止"选项。

5) 保存数据

得到合适的数据后,单击工具栏的"保存数据"按钮或者在菜单栏中选择"文件"→"保存数据"选项。在弹出的对话框中选择数据的保存路径和名称。在保存路径中会得到两个文件:BMP 文件显示当前软件画面的截图,完整记录了测量的方法、积分时间和平均次数;TXT 文件保存了原始的像素数据,可以自由地使用其他数据分析软件对数据进行进一步分析。

6) 结束测定

关闭仪器,单击工具栏的"关闭设备"按钮或者在菜单栏中选择"文件"→"关闭设备"选项。断开仪器与计算机的连接,关闭 SpectrumView 软件。

### 3. 试样的测试

实验的试样可以是固体、粉末或者液体。实验分两类:一类是试样基本性质的探索;另一类是实际应用。

第一类实验可以先测量水、乙醇(酒精)、丙酮、小苏打、萘等分子的拉曼光谱,然后选取合适的振动峰,如水的 OH$^-$ 化学键拉伸振动峰,按照胡克定律估算化学键的力学常数,并跟日常所见的小弹簧作比较,最后计算振动峰对应振动所要吸收光子的波长 $\lambda$:

$$\tilde{v} \xlongequal{\text{det}} \frac{1}{\lambda} \tag{3-9}$$

式中,$\tilde{v}$ 是波数($cm^{-1}$)。

选做:学生先把硝酸银溶液滴到水里形成银的纳米颗粒,并滴加柠檬酸钠稳定纳米颗粒。然后把被测的分子滴加到纳米颗粒溶液再测量拉曼光谱,观察拉曼信号是否比没有纳米颗粒的溶液有所增强。如果条件控制得好,纳米颗粒的增强效果能达 10 000 倍以上。这种办法能检测一些低含量的物质。

第二类实验可以鉴别真珍珠与塑料珠、面粉里是否掺有滑石粉、食用酒精与工业酒精；测量食品添加剂；区分真假酒；中药试剂成分的一致性；水果蔬菜表面农药残留；水里有机污染物等。这一类实验有些可能需要更换一些性能更好的仪器部件和合成信号增强材料，以及摸索各种实验条件，非常适合设计成几个学生较长时间合作完成的真正带有研发与实验价值的项目。这种实验对于培养学生的合作精神、动手能力、主观能动性、解决问题等能力和社会责任心非常关键。

## 五、注意事项

**1. 激光使用安全事项**

在任何情况下，禁止直接用肉眼对准激光束及反射光束，禁止用肉眼直接校准激光器。

（1）进行激光操作前，须除去所佩戴的任何具有可能反射激光的镜面物品，包括首饰、手表、徽章等。长发应当束起或盘起。

（2）未经过专业指导者的允许，禁止将易燃易爆物质、黑色纸张、皮革、织物或其他低燃点的物质暴露于激光下。

（3）禁止将激光照向任何人、动物、车辆、飞机等交通工具，以及门窗等非实验区域，由此造成的任何损害结果由操作者负法律责任。

（4）使用激光时，应当佩戴相应激光波长的防护眼镜，以避免眼睛受到伤害。

**2. 光学镜片使用须知**

（1）佩戴防护手套，以免手上有酸、碱、盐等物质腐蚀或毁损镜片表面。

（2）镜片应当放置于柔软干净的表面上，禁止将镜片直接放在玻璃、金属、桌面或不干净的纸面上。

（3）如果镜片上落有灰尘，先使用洗耳球将其吹除，然后用蘸有乙醇或丙酮的擦镜纸擦净表面（由于光栅表面特殊的构造，不能用镜纸擦拭，只能用洗耳球吹除灰尘）。

（4）禁止堆叠摆放镜片。

（5）保存镜片时，要用干净的电容纸或擦镜纸包装，放在温度（以20 ℃左右为宜）、湿度（40%以下）适宜的环境中，有条件的话放在干燥柜中。

## 思 考 题

试说明拉曼光谱和红外光谱的区别和联系。

实验3.8 习题答案

# 第 4 章
# 原子光谱分析实验

原子光谱是由原子的外层电子在不同能级之间跃迁产生的,因为原子能级是量子化的,所以原子光谱是线状光谱。

## 4.1 原子发射光谱法

### 4.1.1 原理

原子发射光谱:处于激发态的原子不稳定,当返回基态或较低能态时会发射特征谱线。

原子发射光谱法(AES)是根据被测物质的气态原子或离子受激发后所发射的特征光谱的波长及其强度来测定物质中元素组成和含量的分析方法,一般简称为发射光谱分析法。

原子发射光谱仪与其他光谱仪的不同点是,试样本身就是一个辐射源,所以不用外加辐射源,吸收池则是火焰、电弧、火花或等离子体,它们既是试样容器,又为试样蒸发、解离或激发提供能量,使试样发射特征辐射。

光谱定性分析的基本原理是,不同元素的原子,由于结构不同,因此发射谱线的波长也不同,即每一种元素的原子都有它自己的特征谱线。

光谱定量分析的基本原理是,在一定条件下,这些特征谱线的强度与试样中该元素的含量有关,通过测量元素特征谱线的强度,可以测定元素的含量。

原子发射光谱分析如下。使试样在外界能量的作用下转变为气态原子,并使气态原子的外层电子激发至高能态。在激发态原子从较高能级跃迁到基态或其他较低能级的过程中,原子释放出多余的能量而发射出特征谱线。记录光谱图。根据所得的光谱图进行光谱定性分析或定量分析。

### 4.1.2 原子发射光谱仪的组成

原子发射光谱仪由激发光源、分光系统、检测器、信号显示系统组成。原子发射光谱仪的基本组成如图 4-1 所示。

样品池(激发光源) ⟶ 分光系统 ⟶ 检测器 ⟶ 信号显示系统

**图 4-1 原子发射光谱仪的基本组成**

1. 激发光源

激发光源提供使分析物质蒸发和激发发光所需要的能量。一个好光源必须具有灵敏度高、稳定性好、试样结构及组分的影响小、分析线性范围宽、应用广泛等优点。原子发射光谱仪分析的波段范围与原子能级有关,一般为 200~850 nm,近几年由于分光测光系统的改进,仪器的波长范围已扩展到 120~1 050 nm。

经典激发光源如下。

(1) 直流电弧:激发温度为 4 000~7 000 K,电极温度较高,阳极温度可达 3 800 K,试样易蒸发、灵敏度高,但稳定性差,适用于光谱定性分析,是经典激发光源中电极温度(蒸发温度)最高的。

(2) 交流电弧:电极温度比直流电弧低,但弧焰温度高,稳定性好,适于光谱定量分析。

(3) 高压火花:激发温度(弧焰温度)为 20 000~40 000 K,适用于难激发元素,离子线出现得也较多。其放电稳定,再现性好,适用于光谱定量分析。但由于电极温度较低,其对难蒸发元素的灵敏度不高,高压火花是经典激发光源中激发温度(弧焰温度)最高的。

(4) 火焰也是常用的激发光源,并已发展成为一门独立的分析技术,称为火焰光度法。其设备简单、方法快速稳定,适用于直接分析溶液试样。但由于火焰温度较低,其主要用于测定碱金属等容易蒸发和激发的元素,火焰是经典激发光源中稳定性最好的。

(5) 电感耦合等离子体(Inductively Coupled Plasma,ICP)是溶液分析中最有前途的光源。高频感应焰炬比化学火焰具有更高的温度,蒸发激发能力强,灵敏度高,化学干扰小,背景小,线性范围宽,非常适合分析液体试样,电感耦合等离子体是很有前途的一种新光源。

2. 分光系统

分光系统的作用是将激发试样所获得的复合光,分解为按波长顺序排列的单色光。常用的分光元件有棱镜和光栅两类。

目前原子发射光谱仪的分光系统主要有单色器和哈密顿分光系统两种。单色器分光系统是一种常见的分光系统,它通过棱镜、光栅或干涉仪等光学元件将光线分散成不同频率的谱线,在检测器上依次接收各个谱线进行检测和分析。该系统设计简单、紧凑,成本相对较低,对于常规的分析应用已经足够,尤其适用于波长范围较窄的分析。单色器分光系统由于分辨率受限于光栅或棱镜的质量和制造工艺,一般分辨率较低,适用于较粗略的光谱分析,对于高分辨率的应用不够理想。哈密顿分光系统是由中阶梯光栅和母光栅、准直镜以及闪烁探测器等部件组成的高分辨率分光系统。它通过将谱线叠加成网格状的谱带,再利用一组栅片将谱带分散到探测器上进行检测和分析。哈密顿分光系统具有高分辨率、宽波长范围、较高的光谱采集效率等优点,特别适合元素特殊线的检测,因此在原子发射光谱仪中被广泛采用。哈密顿分光系统相比单色器分光系统更为复杂,造价也更高;其分辨率太高,有时反而难以进行定量分析。

3. 检测器

在原子发射光谱中,被检测的信号是元素的特征辐射,常用的检测方法有目视法、摄谱法和光电法。原子发射光谱的检测方法示意如图 4-2 所示。

1) 目视法

目视法是用眼睛观察试样中元素的特征谱线或谱线组,比较谱线强度的大小以确定试样

**图 4-2 原子发射光谱的检测方法示意**

的组成和含量。目视法可观察的波段为可见光区(400~700 nm)，常用的仪器称为看谱镜，它是一种小型简易的光谱仪，主要用于合金钢、有色金属合金的定性和半定量分析。

2）摄谱法

摄谱法是用感光板来记录光谱。

感光板主要由感光层和片基组成，感光层又称乳剂层，由感光物质（记录影像）、明胶和增感剂组成。将感光板放置在分光系统的焦面处，接收被分析试样的光谱作用而感光（摄谱），再经显影、定影等操作制得光谱底片；光谱底片上有许多距离不等、黑度不同的谱线；在光谱仪上观察谱线的位置及大致强度，进行定性和半定量分析，在测微光度计上测量谱线的强度，进行定量分析。

感光板上谱线的黑度与曝光量成正比。曝光量越大，谱线越黑。

曝光量 $H$ 等于照度 $E$ 与曝光时间的乘积，也等于曝光时间与谱线强度的乘积：

$$H = Et = Kit \tag{4-1}$$

式中，$K$ 为常数；$i$ 为谱线强度。

谱片变黑后的透光度 $T$ 为

$$T = \frac{i}{i_0} \tag{4-2}$$

谱线变黑的程度称为黑度 $S$，黑度与透光度 $T$ 之间的关系为

$$S = \lg \frac{1}{T} = \lg \frac{i_0}{i} \tag{4-3}$$

图 4-3 所示为谱线黑度示意。摄谱法的定量分析就是根据测量谱线的黑度，计算求得被测元素的含量。

3）光电法

光电法利用光电倍增管作为光电转换元件，把代表谱线强度的光信号转换为电信号，然后由电表显示出来，或进一步把电信号转换为数字显示出来。

光电倍增管是目前最常用的精确测量微弱光辐射的一种光电转换元件。

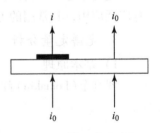

**图 4-3 谱线黑度示意**

### 4. 信号显示系统

信号显示系统主要由信号处理系统和读出器件组成。

## 4.1.3 光谱定性定量分析

### 1. 光谱定性分析

不同元素的原子,由于结构不同,发射谱线的波长也不同,即每一种元素的原子都有它自己的特征谱线。

试样受激发后产生的谱线,其波长是由产生跃迁的两能级的能量差决定的:

$$\Delta E = E_2 - E_1 = h v = \frac{hc}{\lambda} \tag{4-4}$$

式中,$h$ 为普朗克常量,$h = 6.626 \times 10^{-34}$ J·s;$v$ 为电磁波的频率(Hz);$\lambda$ 为电磁波的波长;$c$ 为光速。

1)灵敏线

灵敏线是指各元素谱线中激发电位较低,跃迁概率大的谱线(原子线或离子线)。

一般来说,灵敏线多是一些共振线,即由激发态直接跃迁到基态时所辐射的谱线。由最低的激发态(第一激发态)直接跃迁至基态时所辐射的谱线称为第一共振线,一般也是元素的最灵敏线。

2)最后线

元素谱线的强度随试样中该元素含量的减少而降低,并且在元素含量降低时其中一部分灵敏度较低、强度较弱的谱线将渐次消失,而元素的灵敏线将在最后消失。最后线是指试样中被测元素浓度逐渐降低时最后消失的谱线。理论上,元素的最后线也就是元素的第一共振线。

3)分析线

在实际工作中,由于某些难以克服的原因或某种实际需要,不能使用该元素的最灵敏线,而选用其他谱线,此时只要找出1条或几条灵敏线就足够了。这种用于实际定性定量分析的灵敏线称为分析线。

在定性分析时,通常选用 3~5 条分析线,选择灵敏度高、选择性好的谱线。

光谱定性分析方法有标准试样光谱比较法和元素光谱图比较法。

### 2. 光谱半定量分析

光谱半定量分析的误差一般为 30%~300%,在矿石品位鉴定、钢铁合金的分类等方面有广泛应用,其常用的方法有谱线黑度比较法和谱线呈现法。

### 3. 光谱定量分析

1)基本原理

罗马金(Lomakin)首先提出谱线强度 $I$ 与元素含量 $C$ 之间的关系式:

$$I = a \cdot C^b \tag{4-5}$$

$$\lg I = b \lg C + \lg a \tag{4-6}$$

式中,$a$ 为常数,与试样的组成、蒸发、激发条件有关;$b$ 为自吸系数,当浓度低,无自吸时,$b=1$,浓度升高时产生自吸,$b<1$。

式(4-5)和式(4-6)为光谱定量分析的基本关系式。由于谱线强度受试样的蒸发和激发条件影响很大,且实验条件又很难严格控制,故采用式(4-5)和式(4-6)定量分析的再现性和准确度都较差。

2) 内标法

内标法提高了光谱定量分析的再现性和准确度。该方法是选择一个元素,其蒸发条件和被分析元素一致,作为内标元素;再选择内标元素的一条谱线,其强度随光源波动的变化与分析线一致,作为内标线。

设待测元素的含量为 $C_1$,对应的分析线的强度为 $I_1$,根据式(4-5)可得

$$I_1 = a_1 \cdot C_1^{b_1} \tag{4-7}$$

同样对内标线则有

$$I_0 = a_0 \cdot C_0^{b_0} \tag{4-8}$$

分析线和内标线称为分析线对,分析线对的强度比为

$$\frac{I_1}{I_0} = \frac{a_1 C_1^{b_1}}{a_0 C_0^{b_0}} \tag{4-9}$$

以分析线对的强度比的对数对 $\lg C$ 作图,定量公式如下:

$$\lg R = \lg \frac{I}{I_0} = b\lg C + \lg A \tag{4-10}$$

式中,$R$ 为分析线对的强度比;$A = \dfrac{a_1}{a_0 C_0^{b_0}}$ 且为常数。

若采用摄谱法检测记录光谱,则分析线对的强度比可用分析线对的黑度差表示为

$$\Delta S = \gamma \lg \frac{I}{I_0} = \gamma b \lg C + \gamma \lg A \tag{4-11}$$

式中,$\gamma$ 为校正系数。

由式(4-11)可看出,分析线对的黑度差 $\Delta S$ 与谱线强度的对数成正比。

最基本的分析方法是三标准试样法。该方法是用三个或三个以上已知不同含量的标样和被分析试样在同一实验条件下,在同一感光板上摄谱,由所测得的分析线对的黑度差 $\Delta S$ 或 $\lg R$ 对 $\lg C$ 作图,得工作曲线,然后用试样的 $\Delta S$ 或 $\lg R$ 在曲线上查对应的含量,如图 4-4 所示。

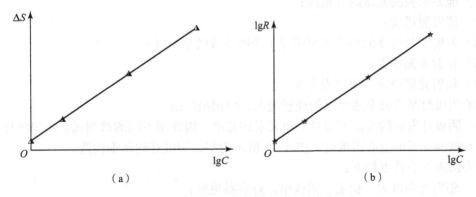

**图 4-4 原子发射光谱定量分析工作曲线示意**

(a) $\Delta S$ 对 $\lg C$ 作图;(b) $\lg R$ 对 $\lg C$ 作图

3) 光电直读光谱法

光电直读光谱法通过测量分析线对积分电容器的充电电压就可直接计算出被测元素的含量。

## 4.2 原子吸收光谱法

原子吸收光谱法（AAS）又称原子吸收分光光度法，是基于物质产生的基态原子对被测元素特征谱线的吸收作用而进行定量分析的一种方法。

依据试样中被测元素转化为基态原子的方式不同，原子吸收光谱法分为火焰原子吸收光谱法和无火焰原子吸收光谱法。石墨炉原子吸收光谱法、氢化物原子吸收光谱法和冷原子吸收光谱法均属于无火焰原子吸收光谱法。

### 4.2.1 火焰原子吸收光谱法

火焰原子吸收光谱法是利用火焰的热能，使试样中被测元素转化为基态原子的方法。常见的火焰为空气-乙炔火焰。这种火焰稳定、温度高、背景低、噪声小，其灵敏度可达 $10^{-9}$ g，是用途最广泛的一种火焰。

原子吸收分光光度计的基本组成如图4-5所示。来自辐射源的光束经过吸收池（原子化器），而后进入单色器分光系统（与紫外-可见分光光度计中吸收池和分光系统的位置相反）。

**图4-5 原子吸收分光光度计的基本组成**

光源的作用是提供被测元素的特征光谱，以获得较高的灵敏度和准确度。光源应满足如下要求：

(1) 能发射被测元素的共振线；
(2) 能发射锐线；
(3) 发射的共振线的半宽度要明显小于吸收线的半宽度；
(4) 辐射光强度大；
(5) 辐射光强稳定，使用寿命长。

空心阴极灯是符合上述要求的理想光源，应用最广泛。

空心阴极灯发射的光谱主要是阴极元素的光谱，因此用不同的被测元素作阴极材料，可制成各种被测元素的空心阴极灯。图4-6所示为空心阴极灯的基本构造。

空心阴极灯的特点如下：

(1) 辐射光强度大、稳定、谱线窄，灯容易更换；
(2) 每测一种元素需更换相应的灯。

原子化器的功能是提供能量，使试样干燥、蒸发并原子化，产生原子蒸气。

**图 4-6 空心阴极灯的基本构造**
1—灯座；2—阳极；3—空心阴极（内壁为被测金属）；
4—石英窗；5—内充惰性气体（氖气或氩气）

对原子化器的基本要求如下：
(1) 具有足够高的原子化效率；
(2) 具有良好的稳定性和重现性；
(3) 操作简单，干扰水平极低。

火焰原子化器的结构如图 4-7 所示。火焰原子化器由三部分构成，即喷雾器、预混合室和燃烧器。当助燃气（空气或 $N_2O$）急速流过毛细管的喷嘴时产生负压，试液被吸入毛细管，并迅速喷射出来，形成雾滴，雾滴随着气流撞击在正前方的撞击球上，分散成更小的雾滴（气溶胶），未分散的雾滴被凝聚成液滴由废液口排出。气溶胶、助燃气和燃气三者在预混合室混合均匀，一起进入燃烧器，试液在火焰中进行原子化。整个火焰原子化的历程：试液→喷雾→分散→蒸发→干燥→熔融→汽化→解离→基态原子，同时还伴随着电离、化合、激发等副反应。

**图 4-7 火焰原子化器的结构**

火焰原子化器的优点如下：
(1) 结构简单，操作方便，应用较广；
(2) 火焰稳定，重现性较好，精密度较高；
(3) 基体效应及记忆效应较小。

火焰原子化器的缺点如下：
(1) 雾化效率低，原子化效率低（一般低于 30%）；
(2) 检测限比无火焰原子化器高；
(3) 使用大量载气，起到稀释作用，使原子蒸气浓度降低，从而限制其灵敏度和检测限；
(4) 某些金属原子易受助燃气或火焰周围空气的氧化作用生成难熔氧化物或发生某些

化学反应，这也会降低原子蒸气的密度。

单色器的作用是使被吸收后的锐线光源光束在此分光，去掉杂散光。检测器的作用是检测吸收信号。

### 4.2.2 无火焰原子吸收光谱法

无火焰原子吸收光谱法中使用最广泛的是石墨炉原子吸收光谱法，它是利用电能转变为热能，使试样中被测元素转化为基态原子的方法。石墨炉原子吸收光谱法的原子化效率和灵敏度都比火焰原子吸收光谱法高，其灵敏度可达 $10^{-14}$ g，可用于难挥发元素及易形成耐熔氧化物的元素和复杂试样的分析。

无火焰原子吸收光谱法的优点是原子化程度高，试样用量少（1~100 μL），可测固体及黏稠试样，灵敏度高和检测限低。

无火焰原子吸收光谱法的缺点是精密度差，测定速度慢，操作不够简便，装置复杂。图4-8所示为石墨炉原子化器的结构。石墨炉原子化器由石墨管、炉体、电源和外层冷却装置构成。在石墨管中央开一个进样口，进样口的左右各有一个小口，作为保护石墨管的氩气出入口。炉管长 50 mm，内径为 3~5 mm。石墨管的两侧为石英玻璃窗，共振线由石墨管的中央通过。石墨管温度可达 3 000 ℃，在炉管的两端有冷却水装置。固体或液体试样都可直接进入，固体试样的进样量为 10 μg 到十几微克，液体试样的进样量为 5~

图4-8 石墨炉原子化器的结构

100 μL。无火焰原子化历程通常采用程序升温，一般有干燥、灰化、原子化、清除等程序。

## 4.3 原子荧光光谱法

原子荧光光谱法（Atomic Fluorescence Spectrometry，AFS）是通过测量被测元素的原子蒸气在辐射能激发下产生的荧光发射强度来测定被测元素含量的方法。

原子荧光光谱是气态原子吸收光辐射后，由基态跃迁到激发态，再通过辐射跃回到基态或较低的能态时产生的二次光辐射。

原子荧光光谱法是原子光谱法中的一个重要分支，是介于原子发射光谱法和原子吸收光谱法之间的光谱分析技术，它的基本原理是，固态试样、液态试样在消化液中经过高温加热，发生氧化、还原、分解等反应后转化为清亮液态，将含被测元素的酸性溶液在预还原剂的作用下，转化成特定价态，使用还原剂 $KBH_4$ 产生氢化物和氢气，在载气（氩气）的推动下氢化物和氢气被引入原子化器（石英炉）中并原子化。特定的基态原子（一般为蒸气状态）吸收合适的特定频率的辐射，其中部分受激发态原子在去激发过程中以光辐射的形式发射出特征波长的荧光，检测器通过测定原子发出的荧光而实现对元素测定的痕量分析。

### 4.3.1 原子荧光的类型

原子荧光是一种辐射的去活化(Deactivation)过程。原子吸收由合适的激发光源发射出的特征波长辐射后被激发,接着辐射区活化而发射出荧光。基本上,荧光线的波长和激发线的波长相同,也有可能比激发线的波长长,小部分情况下比激发线的波长短。原子荧光可分为三类,即共振荧光、非共振荧光和敏化荧光。在实际得到的原子荧谱线中,这三种荧光都存在,其中以共振荧光最强,在分析中应用最广泛。

共振荧光是指所发射的荧光和吸收的辐射波长相同,是原子荧光分析中最常用的一种荧光。

当发射的荧光与激发光的波长不相同时,产生非共振荧光,非共振荧光分为直跃线荧光、阶跃线荧光、反斯托克斯荧光等类型,如图4-9所示。激发波长大于产生的荧光波长时,这种荧光称为直跃线荧光;激发波长小于产生的荧光波长时,这种荧光称为阶跃线荧光;电子从基态$E_0$邻近的$E_2$能级激发至$E_3$能级时,其荧光辐射过程可能是由$E_3$回到$E_0$所发出的荧光,称为反斯托克斯荧光。

**图4-9 几种荧光示意**
(a)共振荧光;(b)直跃线荧光;(c)阶跃线荧光;(d)反斯托克斯荧光

敏化荧光是指受光激发的原子与另一种原子碰撞时,把激发能传递给另一个原子并使其激发,后者再以辐射形式去激发而发射的荧光。在火焰原子化器中观察不到敏化荧光,只有在无火焰原子化器中才能观察到它。

只有当基态是单一态,不存在中间能级时,才能产生共振荧光。直跃线荧光是激发态原子由高能级跃迁到高于基态的亚稳能级所产生的荧光。阶跃线荧光是激发态原子先以非辐射方式去活化损失部分能量,回到较低的激发态,再以辐射方式去活化跃迁到基态所发射的荧光。直跃线荧光和阶跃线荧光的波长都比吸收辐射的波长要长。反斯托克斯荧光的特点是荧光波长比吸收光辐射的波长要短。

### 4.3.2 原子荧光分光光度计

原子荧光分光光度计分为色散型和非色散型,它们结构相似,主要区别在于单色器。其主要组成包括激发光源、原子化器(火焰和无火焰)、光学系统、检测器、放大器和读出装置,如图4-10所示。原子荧光分光光度计与原子吸收分光光度计的组成基本相同,但为了检测到荧光,将激发光源和原子化器与检测器置于直角位置。

(1)激发光源:可用连续光源或锐线光源。常用的连续光源是氙弧灯,常用的锐线光源是高强度空心阴极灯、无极放电灯、激光等。连续光源稳定,操作简便,寿命长,能用于多元素同时分析,但检出限较差。锐线光源辐射强度高,稳定,可得到更好的检出限。

(2) 原子化器:原子荧光分光光度计对原子化器的要求与原子吸收分光光度计基本相同,主要是原子化效率要高。氢化物发生 – 原子荧光分光光度计是专门设计的,是一个电炉丝加热的石英炉,氩气作为屏蔽气及载气。

(3) 光学系统:光学系统的作用是充分利用激发光源的能量和接收有用的荧光信号,减少和除去杂散光。色散型仪器对分辨能力的要求不高,但要求有较大的集光能力,常用的色散元件是光栅。非色散型仪器的滤光器用来分离分析线和邻近谱线,降低背景。非色散型仪器的优点是照明立体角大,光谱通带宽,集光能力强,荧光信号强度大,仪器结构简单,操作方便,其缺点是散射光的影响大。

(4) 检测器:色散型仪器用光电倍增管,非色散型仪器常用的是日盲光电倍增管,在多元素原子荧光分析仪中,也用光导摄像管、析像管作检测器。检测器与激发光源成直角配置,以避免激发光源对检测原子荧光信号的影响。

图 4 – 10 原子荧光分光光度计示意
(a) 非色散型;(b) 色散型

多通道原子荧光分光光度计示意如图 4 – 11 所示。该仪器有多个空心阴极灯同时照射,可同时分析多个元素。

图 4 – 11 多通道原子荧光分光光度计示意

### 4.3.3 原子荧光分光光度计操作规程

(1) 在断电状态下,安装被测元素灯,AFS – 830 双道原子荧光分光光度计可同时装入两个空心阴极灯。

(2) 打开高纯氩气钢瓶,将压力设为 0.2~0.3 MPa。

(3) 通电,先打开计算机,然后再打开仪器主机。

(4) 调节灯高,使空心阴极灯聚焦于一面,调节原子化器的高度到最佳高度。向二级气液分离器中注高纯水,以封住大气连通口。

(5) 打开原子荧光分光光度计操作软件的操作界面,设定操作参数,单击"点火"按钮,等仪器预热 20~30 min 后,压紧泵管压块,开始测定。

(6) 测量完毕,将进样管与还原剂管插入高纯水中进行系统清洗,在 blank 中单击"测量"按钮,等待清洗完毕,再用同样的方法用空气将系统中的水排出。

(7) 松开泵管压块,在软件界面中选择"仪器条件",单击"熄火"按钮,退出界面,关闭主机,关闭高纯氩气钢瓶,关闭电源。

### 4.3.4 参数设定

1. 原子化器的观察高度

原子化器的观察高度是影响检出信号的一个重要参数。从实验中可以看出,降低原子化器的观察高度,检出信号有所增强(原子密度大),但背景信号相应增高;提高原子化器的观察高度,检出信号逐渐减弱,背景信号也相应减小。当原子化器观察高度为 10 mm 时,检出信号/背景信号相对强度最大,原子化效率最高,因此试样测定选择 8~10 mm。

2. 负高压的选择

随着负高压的增大,信号强度增加,但噪声也相应增大,负高压过高或过低信号强度值都不稳定。实验表明负高压为 300~350 V 时,检出信号/背景信号相对强度最高。

3. 空心阴极灯电流的选择

根据空心阴极灯电流与检出信号强度的关系,通常灯电流为 60 mA 时,所得的信噪比最高,在能满足检测条件的情况下,应尽量采用低电流,同时不要超过最大使用电流,以延长灯的寿命。测汞时,电流选 10~15 mA。

4. 载气、屏蔽气流速的确定

试样与硼氢化钾反应后生成的气态氢化物是由载气携带至原子化器的,因此载气流速对试样的检出信号具有重要作用。从实测的载气流速与检出信号相对强度的关系中可见,较小的载气流速有利于检出信号强度的增加,但载气流速过小则不利于氢-氩焰的稳定,也难以迅速地将气态氢化物带入石英炉,过高的载气量会减小原子的浓度,当载气流速为 300~400 mL·min$^{-1}$ 时,检出信号/背景信号的相对强度最高,因此试样测定选择载气流速为 300 mL·min$^{-1}$。而屏蔽气的流速对检出信号强度没有显著影响,选择 1 000 mL·min$^{-1}$。

5. 硼氢化钾浓度的影响

实验结果表明,当硼氢化钾/氢氧化钾的浓度在 2%/0.5% 附近时,信号强度基本不变,而硼氢化钾进一步增高将导致检出信号下降,这是由于高浓度硼氢化钾所产生的大量氢气稀释了被测元素氢化物。单测汞时,当硼氢化钾/氢氧化钾的浓度在 0.2%/0.5% 附近较为适合。

6. 试样溶液的酸度

氢化物发生反应要求有适宜的酸度,盐酸浓度为 2%~5% 较为适宜。

### 4.3.5 检测限与相对标准偏差测定

（1）相对标准偏差的测定。本仪器定义相对标准偏差为以最低检测限 50～100 倍浓度的标准溶液进行连续 11 次测定的荧光值的标准偏差除以测量平均值。本仪器在测量过程中，进行连续 15 次测量，取最后 11 次测量的荧光值进行计算。

（2）检测限 DL 的测量。本仪器的检测限计算式为

$$DL = 3SD/K \tag{4-12}$$

式中，SD 为标准偏差，即连续 11 次测量空白溶液的荧光信号的标准偏差，计算式为

$$SD = \sqrt{\frac{\sum_{i=1}^{n}(x_i - \bar{x})^2}{n-1}} \tag{4-13}$$

式中，$x_i$ 为单次标准溶液的测量值；$\bar{x}$ 为 $n$ 次测量的平均值；$K$ 为工作曲线的斜率，计算式为

$$K = I_F/C \tag{4-14}$$

式中，$I_F$ 为对应标准溶液的荧光信号值；$C$ 为标准溶液的浓度。

### 4.3.6 测量中的注意事项

（1）高浓度试样要事先稀释，否则会污染管路，很难清洗，在测汞时尤其需要注意。

（2）测量无信号或信号异常（所有曲线测量值很小）的可能原因如下。

①仪器电路故障。判断方法：在灯能量显示处反射，有能量带变化，仪器电路正常；否则，仪器电路不正常。

②反应系统故障。管道堵漏，水封无水、试样和还原剂未进入或进入量不足（检查进样管路），氢化物未进入原子化器。

③未形成氢-氩焰。应检查还原剂是否现配；另外的原因可能还有还原剂浓度、酸度不够，产生的氢气量太少，电炉丝位置与石英炉芯的出口相距远。

④反应条件不正确。

## 实验 4.1　用火焰光度法测定水中钾、钠的含量

### 一、实验目的

(1) 学习火焰光度计的基本原理及测定钾和钠含量的方法。
(2) 加深对火焰光度法的理解。
(3) 掌握火焰光度计的基本结构和使用方法。

### 二、实验原理

当原子或离子受到热能或电能激发（如在火焰、电弧电火花中）时，有一些电子就吸收能量而跃迁到离原子核较远的轨道上，当这些被激发的电子返回或部分返回到稳定或过渡状态时，原先吸收的能量以光（光子）形式重新发射出来，这就产生了发射光谱，各种元素都有自

己特定的谱线。以火焰为激发光源的原子发射光谱法称为火焰光度法，又称火焰发射光谱法，它是利用火焰光度计测定元素在火焰中被激发时发射出的特征谱线的强度来进行分析的。

试样溶液经雾化后喷入燃烧的火焰中，溶剂在火焰中蒸发，试样转化为气态分子。继续加热，气态分子解离为原子，再由火焰高温激发发射光谱。火焰所提供的能量比电火花小得多，只能激发电离能较低的元素（主要是碱金属和碱土金属）使其产生发射光谱（高温火焰可激发30种以上的元素产生发射光谱）。当被测元素（如钾、钠）在火焰中被激发后，产生的发射光谱通过滤光片或其他波长选择装置（单色器），把元素所发射的特征波长分离出来，经光电检测系统进行光电转换，再由检流计测量其强度。如果激发光条件（包括燃料气体和压缩空气的供应速度、试样溶液的流速、溶液中其他物质的含量等）保持一定时，则检流计读数与被测元素的浓度成正比，因此可以进行定量测定。

钾、钠元素通过高温火焰激发而产生不同能量的谱线，火焰光度计测定钾原子发射的766.8 nm和钠原子的589.0 nm的这两条谱线的相对强度。利用标准曲线法可进行钾、钠的定量测定。为抵消钾、钠的相互干扰，其标准溶液可配成钾、钠混合标准溶液。

火焰光度计有各种不同型号，但都包括三个主要部件。

（1）光源：包括气体供应、喷雾器、喷灯等。光源使试样溶液分散在压缩空气中成为雾状，再与燃料气体和乙炔、煤气、液化石油、苯、汽油等混合，在喷灯燃烧。

（2）单色器：简单的是滤光片，复杂的则是用石英等棱镜与狭缝来选择一定波长的光线。

（3）光度计：包括光电池、检流计、调节电阻等。

影响火焰光度法准确度的因素主要有三方面。

（1）激发情况的稳定性：如气体压力和喷雾情况的改变会严重影响火焰的稳定，喷雾器没有保持十分清洁时会引起误差。在测定过程中，如激发情况发生变化应及时校正压缩空气及燃料气体的压力，并重新测试标准系列及试样。

（2）分析溶液组成改变的影响：必须使标准溶液与试样溶液都有几乎相同的组成，如酸浓度和其他离子浓度要力求相近。

（3）光度计部分（光电池、检流计）的稳定性：光电池连续使用很久后会发生疲劳现象，应停止测定一段时间，待其恢复效能后再用。

多数情况下，用火焰光度法对适当浓度的纯盐溶液进行测定时，准确度都很高，误差仅为1%～3%，分析土壤、肥料、植物试样被测液时，一些元素（钾、钠）的测定误差为3%～8%，可满足一般生产上要求的准确度。

实验证明，被测溶液的酸含量（不论是HCl、$H_2SO_4$或$HNO_3$）为$0.02\ mol \cdot L^{-1}$时，对测定几乎没有影响，但太高往往使测定结果偏低。如果溶液中盐的浓度过高，测定时易发生灯被盐霜堵塞现象，使结果大幅降低，此时应及时停火并清洗。此外，钾、钠的含量对测定也互有影响，为了免除这项误差，可加入相应的缓冲溶液。例如，在测$K^+$时，加入NaCl的饱和溶液；在测$Na^+$时，加入KCl的饱和溶液。

本实验使用液化石油气-空气火焰。

### 三、仪器与试剂

1. 仪器

（1）6400型火焰（或其他型号）光度计。

(2) 可调温电热板。
(3) 分析天平。
(4) 台秤。
(5) 振荡机。
(6) 吸量管(5 mL、10 mL)。
(7) 曲径小漏斗。
(8) 漏斗。
(9) 容量瓶(50 mL、100 mL、500 mL)。
(10) 聚乙烯试剂瓶。
(11) 具塞锥形瓶(100 mL)。
(12) 定量滤纸。

2. 试剂

(1) 1.000 g·L$^{-1}$钾标准储备液：称取 0.953 4 g 于 105 ℃ 烘干 4~6 h 的 KCl(分析纯)，用水溶解，移入 500 mL 容量瓶中，加水稀释至刻线，摇匀，转入聚乙烯试剂瓶中储存。

(2) 1.000 g·L$^{-1}$钠标准储备液：称取 1.270 8 g 于 110 ℃ 烘干 4~6 h 的 NaCl(分析纯)，用水溶解，移入 500 mL 容量瓶中，加水稀释至刻线，摇匀，转入聚乙烯试剂瓶中储存。

(3) 钾、钠混合标准工作液Ⅰ：移取 5.00 mL 钾标准储备液、2.50 mL 钠标准储备液于 50 mL 容量瓶中，加水稀释至刻线，摇匀。此标准工作液含 100 mg·L$^{-1}$的钾、50 mg·L$^{-1}$的钠。

(4) 三酸混合液：由浓硝酸($\rho$ = 1.42 g·cm$^{-3}$)：浓硫酸($\rho$ = 1.84 g·cm$^{-3}$)：高氯酸(60%) = 8∶1∶1 的比例混合而成。

(5) 钾、钠混合标准工作液Ⅱ：移取 5.00 mL 钾标准储备液、12.50 mL 钠标准储备液于 100 mL 容量瓶中，加水稀释至刻线，摇匀。此标准工作液含 50 mg·L$^{-1}$的钾、125 mg·L$^{-1}$的钠(如果不是测定土壤试样，此溶液不必配制)。

(6) Al$_2$(SO$_4$)$_3$溶液：称取 34 g Al$_2$(SO$_4$)$_3$或 66 g Al$_2$(SO$_4$)$_3$·18H$_2$O 固体溶于水中稀释至 1 L。

(7) 50 mg·L$^{-1}$钾标准工作液：移取 5.00 mL 钾标准储备液于 100 mL 容量瓶中，加水稀释至刻线，摇匀。

(8) 100 mg·L$^{-1}$钠标准工作液：移取 10.00 mL 钠标准储备液于 100 mL 容量瓶中，加水稀释至刻线，摇匀。

(9) 混合酸消化液：由浓硝酸：高氯酸 = 4∶1 的比例混合而成。

(10) 1% 稀盐酸溶液。

### 四、实验步骤

1. 6400 型火焰光度计的开机步骤

6400 型火焰光度计主机外形如图 4-12 所示。

1) 开机检验

接通电源，打开"主机"开关，电源指示灯亮。将 K、Na"量程"旋钮调至 2 挡，利

图 4-12  6400 型火焰光度计主机外形

用"调零"和"满度"旋钮调节，表头有指示。打开"空压机"开关，空压机启动，进样压力表指示为 0.06~0.08 MPa。此时将进样口软管放入盛有蒸馏水的烧杯中，在排液口下放烧杯盛废液。雾化器内应有水珠撞击。

2）点火

打开液化石油气开关阀，用右手按下"点火"键，从观察窗中观察电极丝亮，然后用左手慢慢调节（逆时针）"点火阀"旋钮，直至电极上产生明火（明火高度一般为 40~60 mm），此时右手放开"点火"键，调节（逆时针）"燃气阀"旋钮，直至燃烧头产生火焰（高度为 40~60 mm），然后关闭"点火阀"旋钮，点火步骤完成。

3）调节火焰形状至最佳状态

点火后，由于进样空气的补充，燃气得到充分燃烧。此时，一边察看火焰形状，一边慢慢调节"燃气阀"旋钮，使进入燃烧室的液化气达到一定值（此时以蒸馏水进样），火焰呈最佳状态，即外形为锥形、颜色呈蓝色，尖端摆动较小，火焰底部中间有 12 个小突起，周围有波浪形的圆环（见图 4-13），整个火焰高度约 50 mm，火焰中不得有白色亮点。

图 4-13  火焰形状的最佳状态

4）预热

调好火焰，仪器需预热 20 min 左右，待仪器稳定后，方可进行正式测试。

2. 配制被测溶液（土壤试样中钾、钠含量的测定）

1）土壤的预处理

通常用浸提法处理土壤试样，被测液中钙对钾的干扰不大，而对钠的干扰较大，因此可以用 $Al_2(SO_4)_3$ 抑制钙的激发以减小干扰。

称取 10 g 可以通过 1 mm 筛孔烘干的土壤放入 100 mL 具塞锥形瓶中，加水 50 mL，盖好瓶盖，在振荡机上振荡 3 min，立即过滤，根据具体情况取出一定体积的浸出液，放入

50 mL 容量瓶中,加入 1 mL 的 $Al_2(SO_4)_3$ 溶液,定容,备用。

2) 标准系列溶液的配制

在 9 个 50 mL 容量瓶中,分别加入 0.00 mL、2.00 mL、4.00 mL、6.00 mL、8.00 mL、10.00 mL、12.00 mL、16.00 mL、20.00 mL 的钾、钠混合标准工作液Ⅱ,分别加入 1 mL 的 $Al_2(SO_4)_3$ 溶液,定容,备用。各瓶中分别含钾 0 mg、2 mg、4 mg、6 mg、8 mg、10 mg、12 mg、16 mg、20 mg,含钠 0 mg、5 mg、10 mg、15 mg、20 mg、25 mg、30 mg、40 mg、50 mg。

3. 校正和操作

(1) 预热仪器稳定之后,根据所用标准溶液浓度,调节 K、Na"量程"旋钮至合适挡位。一般使用 1 或 2 挡,以浓度最大的标准溶液能调足满度为准。浓度较低时采用 3 挡,选择 2、3 挡时,要在观察窗上按避光罩,以免室内外杂散光干扰测试读数。

(2) 接着以空白溶液(蒸馏水)进样,缓慢调节"调零"旋钮,使表的指针指示 0% 刻度。然后,以最大浓度的标准溶液进样,缓慢调节"满度"旋钮,使表的指针指示 100% 刻度,重复几次,直至基本稳定,即可开始测试工作。

(3) 连续测试试样时,应在每 3~5 个试样间进行一次标准溶液的校正。每个试样间可用蒸馏水冲洗校零,排除试样的互相干扰。

(4) 在坐标纸上作工作曲线。

$y$ 轴——指示读数值;$x$ 轴——溶液浓度。未知溶液浓度按插入法查得。

4. 关机步骤

仪器使用完毕后,务必用蒸馏水进样 5 min,清洗流路后,应首先关闭液化燃气罐的开关阀,此时仪器火焰逐渐熄灭;然后顺时针关闭"燃气阀"旋钮;再将 K、Na"量程"旋钮调至 0 挡;最后依次关闭"空压机"开关、"主机"开关并切断电源。

## 思 考 题

1. 火焰光度法属于哪类光谱分析方法?
2. 如果标准溶液浓度范围过大,则标准曲线会弯曲,为什么会有这种现象?
3. 火焰光度计中的滤光片有什么作用?
4. 本实验误差的可能因素有哪些?

实验 4.1 习题答案

# 实验 4.2 河底沉积物中重金属元素的原子发射光谱半定量分析

## 一、实验目的

(1) 熟悉发射光谱定性分析的原理。
(2) 了解石英棱镜摄谱仪的工作原理和基本结构。
(3) 学习电极的制作、摄谱仪的使用方法及暗室处理技术。
(4) 学会用标准铁光谱比较法定性判断试样中所含未知元素。
(5) 根据特征谱线的强度及最后线出现的情况对元素含量进行粗略的估计。
(6) 掌握光谱仪的原理和使用方法。

## 二、实验原理

### 1. 摄谱

原子在受到一定能量的激发后,其电子由高能级向低能级跃迁时将能量以光辐射的形式释放,各种元素因其原子结构的不同而有不同的能级,因此每一种元素的原子都只能辐射出特定波长的谱线,它代表了元素的特征,这是发射光谱定性分析的依据。

一个元素可以有许多条谱线,各条谱线的强度也不同。在进行光谱定性分析时,并不需要找出元素的所有谱线,一般只要检查它的几条(2~3条)灵敏线或最后线,根据最后线/灵敏线是否出现,以及它们的强度比是否与谱线所表示的相符,就可以判断该元素存在与否。

经典电光源的试样处理。

1)固体金属及合金等导电材料的处理

棒状金属表面用金刚砂纸去除氧化层后,可直接激发。

碎金属屑用酸或丙酮洗去表面污物,烘干后磨成粉末状,最好以1:1的比例与碳粉混合,在玛瑙研钵中磨匀后装入下电极孔内即可激发。

2)非导体固体试样及植物试样的处理

非金属氧化物、陶瓷、土壤、植物等试样经灼烧处理后,磨细,加入缓冲剂及内标元素,置于石墨电极孔中用电弧激发。

3)液体试样的处理

液体试样经稀释后,滴到用液体石蜡涂过的平头石墨电极上,在红外灯下烘干后即可进行光谱分析。

用发射光谱进行定性分析通常采用在同一块感光板上并列地摄取试样光谱和铁光谱,然后借助光谱投影仪使摄得的铁光谱与元素标准光谱图上的铁光谱重合,从元素标准光谱图上标记的谱线来辨认摄得的试样谱线。

用照相法记录光谱的仪器称为摄谱仪。摄谱仪根据所用色散元件的不同,可以分为棱镜摄谱仪、光栅摄谱仪、干涉分光摄谱仪、光电直读光谱仪(光电法检测)。

本实验利用摄谱仪对粉末试样进行指定元素的定性分析或全元素分析。

### 2. 译谱

不同种类的元素因其内部原子结构的不同,在光源的激发下,将发射出不同的特征谱线,据此可确定是否有某些元素的存在。在实际定性分析中,将感光板放置在光谱投影仪上,经20倍放大后,以标准铁光谱图作为波长基准,选用2~3条灵敏线或其特征谱线组进行该元素的定性判断,并粗略估计含量。半定量分析的含量表示方法见表4-1。

表4-1 半定量分析的含量表示方法

| 估计含量/% | 表示方法 | | | | |
|---|---|---|---|---|---|
| | 1 | 2 | 3 | 4 | 5 |
| 1~100 | 大量 | +++++ | 5 | 2 | 直接报含量范围 |
| 0.1~1 | 中量 | ++++ | 4 | 1 | |

续表

| 估计含量/% | 表示方法 | | | | |
|---|---|---|---|---|---|
| | 1 | 2 | 3 | 4 | 5 |
| 0.01~0.1 | 小量 | +++ | 3 | 0 | |
| 0.001~0.01 | 微量 | ++ | 2 | -1 | |
| 0~0.001 | 痕量 | + | 1 | -2 | |
| 0 | 无 | — | 0 | -3 | |

## 三、仪器与试剂

1. 仪器

（1）中型石英棱镜摄谱仪、交流电弧发生器、天津紫外Ⅱ型(6 cm×9 cm)感光板、铁电极(摄铁光谱用)。

（2）光谱纯石墨电极(上电极为圆锥形，下电极有孔，孔径为 3.2 mm，孔深为 3~4 mm)。

2. 试剂

（1）粗 $SiO_2$。

（2）光谱纯碳棒(检查碳棒纯度)。

（3）显影液(A 液、B 液)。将配好的 A 液、B 液分别储存于棕色瓶中，使用前以 1:1 的比例混合，并调至 12~18 ℃使用，其组成见表 4-2。

（4）定影液，其组成见表 4-3。

表 4-2 显影液的组成

| A 液 | | B 液 | |
|---|---|---|---|
| 米吐尔（硫酸对氨基酚，还原剂） | 2 g | 无水碳酸钠（碱加速剂） | 44 g |
| 海得努（对苯二酚，还原剂） | 10 g | 溴化钾 | 2 g |
| 无水硫酸钠（保护剂） | 52 g | | |
| 用水溶解并稀释至 1 000 mL | | 用水溶解并稀释至 1 000 mL | |

表 4-3 定影液的组成

| 五水硫代硫酸钠（络合剂） | 240 g |
|---|---|
| 无水亚硫酸钠 | 15 g |
| 冰醋酸 | 15 mL |
| 硼酸 | 7.5 g |
| 钾明矾 | 15 g |
| 用水溶解并稀释至 1 000 mL | |

## 四、实验步骤

1. 摄谱

1）摄谱前的准备工作

（1）加工电极和装样。将数根光谱纯碳棒一端打磨成圆锥形，作为上电极和摄碳光谱的下电极；用金刚砂纸打磨去掉铁棒一端的氧化层，用于摄铁光谱；将粉末试样装入电极小孔中，装紧压实，注意不能沾污。将加工好的电极插在电极盘上备用。

（2）感光板的安装。在暗室中将感光板乳剂膜向下装入摄谱仪的暗盒中，盖紧盒盖，检查板盒，切勿漏光。然后将暗盒装在摄谱仪上，抽开挡板，调节合适的板移位置。

（3）检查仪器，将所有开关都关闭，然后接通总电源。

2）摄谱

（1）打开电极照明灯，先装上电极，后装下电极（摄谱标准：摄铁光谱时铁棒为下电极，摄碳光谱时下电极换成光谱纯碳棒，拍摄试样光谱时换成装试样的石墨电极），调节电极架上的螺母，使上下电极成像于遮光板小孔（3.2 mm）两侧，调好后，关掉照明灯，打开快门。

（2）将暗盒装在摄谱仪上，拉开挡板，调节合适的板移位置，调节狭缝和遮光板，插入哈特曼光阑（TV-10）（使用哈特曼光阑是为了在摄谱时避免由感光板移动带来的机械误差，它会使分析时摄取的铁光谱与试样光谱的波长位置不一致），设置好移动光阑位置，再分别合上电闸摄谱，并记录好摄谱条件（狭缝宽度、遮光板、极距、光源、电流、曝光时间等）。摄谱结束，推进暗盒挡板，取下暗盒。

3）感光板的冲洗

（1）准备工作。取适量配好的显影液和定影液分别倒入两只搪瓷盘内，另备一盘清水。调节显影液的温度为 18~20 ℃。

（2）显影及定影。在暗室中的弱红灯下从暗室盒中取出感光板，先把感光板放在清水中润湿，然后放入显影液中显影（乳剂面向上）。在显影过程中要不断摇动搪瓷盘以使显影均匀。30 s 左右取出感光板，放入清水中略加漂洗，然后放入定影液中，摇动定影液，20 min 后可开白灯，继续定影至感光板未曝光部分的淡黄色乳剂膜完全褪去而呈透明为止。最后将感光板放入流水中冲洗 10 min 后，取出晾干，备用。

2. 译谱

（1）开启光谱投影仪的电源开关，打开平面反射镜盖板，将摄得的谱片放在光谱投影仪的谱片架上，注意将乳剂面向上，长波置于左侧。将摄得的谱线投影在白色投影屏上，通过手轮调节至谱线清晰。

（2）熟悉和牢记 1~15 号元素标准光谱图中铁光谱的标志性谱线（既粗且黑又便于记忆）的位置与波长，以标准铁光谱图作为波长基准（将谱片上的铁光谱与标准铁光谱图的相关谱线对齐），从短波处（谱板的左端）开始进行译谱。

（3）如果指定找出某元素，则先从元素谱线表中选择该元素两条以上的灵敏线或特征谱线组，按照这些灵敏线或特征谱线的波长，与相应的元素标准光谱图作对照，进行查找。如果试样光谱中出现这些灵敏线或特征谱线组，则可初步确定试样中有此元素；当发现所用的灵敏线与其他元素的谱线相重叠时，则需要进一步查找干扰元素强度较大或相同的其他谱线。若这些谱线不出现，便可确定被测元素的存在。

（4）如果进行全元素分析，则首先初步观察全光谱，找出强度最大的谱线，以确定试样中的主要成分，必要时，可利用元素谱线表了解该元素可能出现的波长，以便了解摄谱的情况，然后从短波向长波方向查找试样中出现的谱线，并用元素标准光谱图作对照，记录该谱线的波长及其所代表的元素，最后根据出现的灵敏线并排除可能产生的干扰，找出可靠的结果。

（5）取下谱板，关闭电源，盖好平面反射镜盖板，罩好仪器。

### 五、实验结果与分析

（1）数据记录及处理。实验数据记录见表4-4。

表4-4 实验数据记录

| 板移位置 | 摄谱对象 | 光阑位置 | 曝光时间 |
| --- | --- | --- | --- |
| 45 | 铁棒 | 2、5、8 | 15 s |
| 45 | 光谱纯碳棒 | 3 | 2 min |
| 45 | 试样 | 4 | 2 min |

（2）光谱定性分析中合适摄谱条件的选择。

①中心波长：依据试样所需波长范围选用中心波长。按照仪器说明书给出的指标，根据某中心波长所对应的光阑转角、狭缝调角和狭缝倾角等设置仪器参数。

②狭缝宽度：宽窄要合适。若太窄，透光不够，谱线不清楚；若太宽，透光过量，谱线变宽，容易重叠。

③电极距离：打开电极照明灯，调节电极架上的螺母，使上下电极成像于遮光板小孔（3.2 mm）两侧即可。

（3）结合理论教学的内容，讨论火焰光源和ICP焰的优劣。

### 思 考 题

用火焰光度是否能测电离能较高的元素？为什么？

实验4.2 习题答案

## 实验4.3 合金材料的电感耦合等离子体原子发射光谱全分析

### 一、实验目的

（1）了解电感耦合等离子体原子发射光谱分析仪的基本结构、工作特点和光源的工作原理。

（2）掌握电感耦合等离子体原子发射光谱分析仪对试样的要求。

（3）掌握电感耦合等离子体原子发射光谱分析仪的基本操作及软件的基本功能。

（4）掌握电感耦合等离子体原子发射光谱法的定性和定量分析方法。

## 二、实验原理

原子发射光谱法是根据受激发物质所发射的光谱来判断其组成的一门技术。气态中处于基态的原子,当受外能(热能、电能等)作用时,核外电子跃迁至较高的能级,处于激发态。激发态原子不稳定,当原子的外层电子从高能级跃迁至低能级或基态时,多余的能量以光辐射的形式释放出来,形成线光谱。因此,原子发射光谱是由原子外层电子从激发能级向低能级跃迁时产生的。由于各种元素的原子能级结构不同,因此每一种元素的原子被激发后,只能辐射出某些特定波长的谱线,这些谱线是该元素的特征谱线。因此,利用原子发射光谱谱线的波长与强度,就可以进行定性和定量分析。与定性有关的物理量主要是谱线的波长,与定量有关的物理量主要是谱线的强度。原子发射光谱法是一种具有悠久历史的分析方法,原子发射光谱法的进展,在很大程度上依赖激发光源的改进。到了 20 世纪 60 年代中期,Fassel 和 Greenfield 分别报道了各自取得的重要研究成果,创立了电感耦合等离子体原子发射光谱法(ICP – AES),这在光谱化学分析上是一个重大的突破,从此,原子发射光谱分析技术又进入一个崭新的发展时期。图 4 – 14 所示为电感耦合等离子体原子发射光谱分析仪的结构简图及工作流程。

**图 4 – 14　电感耦合等离子体原子发射光谱分析仪的结构简图及工作流程**

电感耦合等离子体原子发射光谱分析仪是以高频发生器提供的高频能量加到感应耦合线圈上,并将等离子炬管置于该线圈中心,因而在炬管中产生高频电磁场,用微电火花引燃,使通入炬管中的氩气电离,产生电子和离子而导电,导电的气体受高频电磁场作用,形成与耦合线圈同心的涡流区,强大的电流产生高热,从而形成火炬形状并可以自持的等离子体。由于高频电流的趋肤效应及内管载气的作用,等离子体焰炬呈环状结构。如图 4 – 15 所示,试样由载气(氩气)带入雾化系统进行雾化后,以气溶胶的形式进入等离子体的轴向通道,在高温和惰性气体中被充分蒸发、原子化、电离和激发,发射出所含元素的特征谱线。根据特征谱线可鉴别试样中的元素种类;根据特征谱线强度可确定试样中相应元素的含量。使用电感耦合等离子体原子发射光谱分析仪，大多数元素的方法检测限为几十 ppb①，校准曲线的线性范围较宽，可进行多元素同时或顺序测定。ICP 定量分析的依据是罗马金·赛伯（Lomakin-Scherbe）公式：

$$i = aC^b \tag{4-15}$$

式中，$i$ 为谱线强度；$C$ 为被测元素的浓度；$a$ 为常数；$b$ 为分析线的自吸收系数。一般情况下 $b \leqslant 1$，$b$ 与光源特性、被测元素含量、元素性质及谱线性质等因素有关，在 ICP 光源中，多数情况下 $b \approx 1$。

ICP 定量分析方法主要有外标法、标准加入法和内标法。

外标法是利用标准试样测得常数后，用式（4-15）来确定试样的浓度。标准加入法又称添加法或增量法，可有效减小或消除基体效应的影响。内标法是在试样和标准试样中分别加入固定量的纯物质，即内标物，利用分析元素和内标元素谱线强度比与被测元素浓度绘制标准曲线，并进行试样分析。

图 4-15 ICP 形成原理

ICP 形成原理如图 4-15 所示。

当高频发生器接通电源后，高频电流 $I$ 通过感应线圈产生交变磁场。开始时，管内为氩气，不导电，需要用微电火花触发，气体电离后，在高频交流电场的作用下，带电粒子高速运动，碰撞，形成雪崩式放电，产生等离子体气流。在垂直于磁场的方向将产生感应电流（涡电流），其电阻很小，电流很大（数百安），产生高温。高温将气体加热，使其电离，在管口形成稳定的等离子体焰炬。

ICP 焰明显地分为三个区域。

（1）焰心区：不透明，是高频电流形成的涡流区，等离子体主要通过这一区域与高频感应线圈耦合而获得能量，该区温度高达 10 000 K。

（2）内焰区：位于焰心区上方，一般在感应圈右边 10~20 mm，呈半透明状态，温度约为 6 000~8 000 K，是分析物原子化、激发、电离与辐射的主要区域。

（3）尾焰区：在内焰区上方，无色透明，温度较低，温度在 6 000 K 以下，只能激发低能级的谱线。

ICP 具有以下特点。

（1）温度高，惰性气氛，原子化条件好，有利于难熔化合物的分解和元素激发，有很高的灵敏度和稳定性。

（2）具有趋肤效应，涡电流在外表面处密度大，使表面温度高，轴心温度低，中心通道进样对等离子体的稳定性影响小。能有效消除自吸现象，线性范围宽(4~5 个数量级)。

（3）电子密度大，碱金属电离造成的影响小。

（4）氩气产生的背景干扰小。

---

① ppb = $10^{-9}$。

(5) 无电极放电，无电极污染。
(6) ICP 焰炬外形像火焰，但不是化学燃烧火焰，是气体放电。
(7) 对非金属测定的灵敏度低，仪器昂贵，操作费用高，这是 ICP 的缺点。

试样导入系统由蠕动泵、雾化器、雾化室和等离子炬管组成。

进入雾化器的试样流，由蠕动泵控制。蠕动泵的主要作用是为雾化器提供恒定试样流，并将雾化室中的多余废液排出。除通常进样和排废液通道外，三通道蠕动泵提供一个额外通道，用于在分析过程中导入内标等。

雾化器将液态试样转化成细雾状喷入雾化室，较大雾滴被滤出，细雾状试样到达等离子炬管。图 4-16 所示为同心玻璃雾化器示意。

图 4-16 同心玻璃雾化器示意

由雾化器、蠕动泵和载气所产生的雾状试样进入雾化室。雾化室相当于一个试样过滤器，较小的细雾通过雾化室到达等离子炬管，较大的试样滴被滤出流到废液桶中。

一体式等离子矩管由外层管、中层管和内层管构成，如图 4-17 所示。

图 4-17 一体式等离子矩管的结构示意

检测器的介绍如下。

目前较成熟的检测器主要是电荷注入器件(Charge-Injection Device，CID)、CCD。

CID 与 CCD 的主要区别在于读出过程。在 CCD 中，信号电荷必须经过转移才能读出，信号一经读取即刻消失；而在 CID 中，信号电荷不用转移，是直接注入体内形成电流来读出的，即每当积分结束时，去掉栅极上的电压，存储在势阱中的电荷少数载流子(电子)被注入体内，从而在外电路中引起信号电流，这种读出方式称为非破坏性读取(Non-Destructive Read Out，NDRO)。CID 的 NDRO 特性使它具有优化指定波长处的信噪比的功能，同时，CID 可寻找到任意一个或一组像素，因此可获得如相板一样的所有元素谱线信息。

### 三、仪器与试剂

1. 仪器

安捷伦 ICP-5800 型光谱仪。

2. 试剂

（1）某品牌矿泉水（试样）。

（2）去离子水。

（3）优级纯硝酸。

（4）含有常见元素（铝、钡、镉、钙、铬、钴、铜、铁、铅、镁、镍、磷、钾、钠、钒、锌）的混合标准溶液 $1 \sim 10$ mg·$L^{-1}$。

### 四、实验步骤

（1）仪器的工作条件。

①开机条件：温度适宜，相对湿度 <60%。

②打开通风设备、空压机，打开氩气钢瓶总阀门，检查分压阀，使压力为 $0.55 \sim 0.8$ MPa，打开循环冷却水，确定电、气、水正常运行，开启主机。

③安装好进样管路和排废液管路，检查排废液管路和废液桶连接正常。注意其他参数是否正常。

（2）开机。

开启主机、计算机、显示器，进入操作系统，仪器自检，氩气吹扫检测器，约 20 min。

（3）点燃等离子体（注意：请务必严格按照仪器操作规程进行操作）。

（4）分析试样。

①空白溶液的波长扫描。

单击"开始"按钮，仪器即可对空白溶液（去离子水）在选定波长范围内进行扫描。此时窗口右上角的数据显示出单色器所在的波长。扫描完成后，弹出"文件保存"对话框，单击"是"按钮，弹出"保存"对话框，输入文件名，保存刚刚完成的扫描谱图。扫描任务结束后打开该文件，在窗口中移动鼠标，可以查看鼠标所在位置的波长及强度值。波长扫描得到谱图，这是一段波长范围内的光谱背景图，利用该谱图就可以考察这一波段内的谱线信息。

②试样的波长扫描操作同步骤①，不同之处只是将试样的进样管放入混合标准溶液中。

③测试试样。

（5）关机。

### 五、数据处理

（1）将打印出来的去离子水和矿泉水试样的谱图进行比较，找出混合标准谱图中多出的谱线。

（2）利用选择仪器操作软件中的"查看"→"放大"选项，找出每条谱线所对应的元素。

（3）判断试样中是否含有某些元素，计算含量并得出结论。

## 思 考 题

为什么电感耦合等离子体原子发射光谱法能同时分析水中的多种元素成分？

实验 4.3 习题答案

## 实验 4.4　用火焰原子吸收光谱法测定水中钙和镁的含量

### 一、实验目的

（1）通过对钙最佳测定条件的选择，了解与火焰性质有关的一些条件参数及其对钙测定灵敏度的影响。

（2）了解原子吸收分光光度计的基本结构与原理。

（3）掌握火焰原子吸收光谱法的基本操作，加深对灵敏度、准确度、空白等概念的认识。

### 二、实验原理

水硬度检测分析是水质分析的一项重要工作，影响着公共生产、生活安全。水硬度是形成锅垢和影响产品质量的主要因素。

自 1955 年原子吸收光谱法出现以来，得到了迅速发展和普及。由于其对元素的测定具有快速、灵敏和选择性好等优点，因此成为分析化学领域应用最为广泛的定量分析方法之一，是测量气态自由原子对特征谱线的共振吸收强度的一种仪器分析方法。

原子吸收光谱法主要用于定量分析，它的基本依据是，将一束特定波长的光投射到被测元素的基态原子蒸气中，原子蒸气对这一波长的光产生吸收，未被吸收的光则透射过去。在一定浓度范围内，被测元素的浓度 $C$、入射光强 $i_0$ 和透射光强 $i_t$ 三者之间的关系符合比尔-朗伯定律：

$$i_t = i_0 \times 10^{-abC} \tag{4-16}$$

式中，$a$ 为被测组分对某一波长光的吸收系数；$b$ 为光经过的火焰长度。

根据式（4-16），可以用校准曲线法或标准加入法来测定未知溶液中某元素的含量。

钙是火焰原子化的敏感元素。测定条件的变化[如燃助比、测光高度（又称燃烧器高度）]、干扰离子的存在等因素都会严重影响钙在火焰中的原子化效率，从而影响钙的测定灵敏度。

原子化效率是指原子化器中被测元素的基态原子数目与被测元素所有可能存在状态的原子总数之比。在火焰原子吸收光谱法中，决定原子化效率的主要因素是被测元素的性质和火焰的性质。电离能、解离能和结合能等物理化学参数的大小决定了被测元素在火焰的高温和燃烧的化学气氛中解离、化合、电离的难易程度。而燃气、助燃气的种类及其配比决定了火焰的燃烧性质，如火焰的化学组成、温度分布和氧化还原性等，它们直接影响着被测元素在火焰中的存在状态，因此在测定试样之前应对测定条件进行优化。

### 三、仪器与试剂

1. 仪器

（1）TAS-986型原子吸收分光光度计。

（2）50 mL比色管1支，10 mL比色管6支。

（3）100 mL容量瓶2个。

（4）5 mL分度吸量管2支。

（5）50 mL烧杯2个。

（6）乙炔钢瓶。

（7）空气压缩机。

2. 试剂

（1）钙标准储备液（1 000 mg·L$^{-1}$）：准确称取105～110 ℃烘干过的碳酸钙（$CaCO_3$，优级纯）2.497 3 g于50 mL烧杯中，加入20 mL水，小心滴加硝酸溶液至溶解，再多加10 mL硝酸溶液，加热煮沸，冷却后用水定容至1 000 mL。

（2）镁标准储备液（1 000 mg·L$^{-1}$）：准确称取800 ℃灼烧至恒重的氧化镁（MgO，光谱纯）0.365 8 g于50 mL烧杯中，加20 mL水，滴加硝酸溶液至完全溶解，再多加10 mL硝酸溶液，加热煮沸，冷却后用水定容至1 000 mL。

（3）钙镁混合标准使用液（100 μg·mL$^{-1}$）：准确吸取钙标准储备液和镁标准储备液各5.0 mL于100 mL容量瓶中，加入1 mL硝酸溶液，用水稀释至标线。

（4）镧溶液（10 mg·mL$^{-1}$）：若去离子水的水质不好，会影响钙的测定灵敏度和校准曲线的线性关系，加入适量的镧可消除这一影响。

### 四、实验步骤

（1）标准溶液的配制。用5 mL分度吸量管取2.50 mL的100 μg·mL$^{-1}$钙镁混合标准使用液于50 mL比色管中，用去离子水稀释至25 mL刻度处，其浓度应为10 μg·mL$^{-1}$。于6支10 mL比色管中分别加入一定体积的10 μg·mL$^{-1}$钙镁混合标准使用液，用去离子水稀释至10 mL刻度处，摇匀。配成浓度分别为0 μg·mL$^{-1}$、2 μg·mL$^{-1}$、4 μg·mL$^{-1}$、5 μg·mL$^{-1}$、8 μg·mL$^{-1}$、10 μg·mL$^{-1}$的钙镁标准系列溶液，用于制作校准曲线。

（2）配制自来水样溶液。准确吸取5 mL自来水样于2个100 mL容量瓶中，用蒸馏水定容，摇匀。

（3）根据实验条件将原子吸收分光光度计按仪器操作步骤进行调节，待仪器电路和气路系统达到稳定，基线平直，即可进样。测定$Ca^+$标准系列溶液和自来水样的吸光度值。

## 思 考 题

实验4.4 习题答案

1. 原子吸收光谱法的基本原理是什么？
2. 原子吸收光谱法为何要用被测元素的空心阴极灯？能用氢灯和氖灯代替吗？为什么？
3. 如何选择最佳的实验条件？

## 实验 4.5　用石墨炉原子吸收光谱法测定水中的微量铅

### 一、实验目的

（1）了解石墨炉原子吸收光谱法的原理及特点。
（2）掌握火焰原子化和无火焰原子化的优缺点。
（3）学习石墨炉原子吸收分光光度计的使用和操作技术。
（4）熟悉石墨炉原子吸收光谱法的应用。

### 二、实验原理

铅是一种对人体危害极大的有毒重金属，因此铅及其化合物进入机体后将对神经、造血、消化、肾脏、心血管和内分泌等多个系统造成危害。目前铅主要是通过食物、饮用水、空气等方式影响人体健康。

石墨炉原子吸收光谱法是采用石墨炉使石墨管升温至 2 000 ℃以上，让管内试样中的被测元素分解成气态的基态原子，由于气态的基态原子吸收其共振线，其吸收强度与含量成正比关系，故可进行定量分析。该方法属于无火焰原子吸收光谱法。

石墨炉原子吸收光谱法具有试样用量小的特点，其绝对灵敏度较火焰原子吸收光谱法高几个数量级，可达 $10^{-14}$ g，并可直接测定固体试样，但仪器比较复杂、背景吸收干扰较大。该方法工作步骤可分为干燥、灰化、原子化和消除四个阶段。

本实验采用标准曲线法来测定水中的铅。

### 三、仪器与试剂

**1. 仪器**

（1）北京普析 TAS-990super 石墨炉原子吸收分光光度计。
（2）石墨炉电源。
（3）铅空心阴极灯。
（4）乙炔钢瓶。
（5）氩气钢瓶。
（6）无油空气压缩机。
（7）微量注射器。
（8）容量瓶。
（9）吸量管。

**2. 试剂**

（1）硝酸铅（优级纯）。
（2）浓硝酸（优级纯）。
（3）铅标准储备液（$1\ \mu g \cdot mL^{-1}$）。
（4）1%（体积比）稀硝酸。

(5) 被测水样。

(6) 二次蒸馏水。

## 四、实验步骤

(1) 依次打开冷却循环水机开关、仪器开关、石墨炉电源开关,计算机开关和氩气钢瓶并设置合适压力。

打开计算机的仪器操作软件,按下列推荐参数设置测量条件。

①分析线:283.3 nm。

②灯电流:2.0 mA。

③负高压:361 V。

④干燥阶段:温度 120 ℃,升温时间 15 s,保持时间 10 s。

⑤灰化阶段:温度 450 ℃,升温时间 5 s,保持时间 5 s。

⑥原子化阶段:温度 1 700 ℃,升温时间 0 s,保持时间 2 s。此阶段关闭氩气。

⑦清除阶段:温度 1 800 ℃,升温时间 0 s,保持时间 2 s。

(2) 铅标准溶液的配制:采用逐级稀释法,取铅标准储备液以 1% 稀硝酸稀释,配成 20.0 ng·mL$^{-1}$、40.0 ng·mL$^{-1}$、80.0 ng·mL$^{-1}$、100.0 ng·mL$^{-1}$ 的铅标准溶液。

(3) 取被测水样 20.0 mL,加入浓硝酸 0.2 mL。

(4) 用 1% 稀硝酸配制空白溶液。

(5) 将空白溶液、标准溶液由稀到浓的次序分别用微量注射器取 10 mL 注入石墨管中,并分别测定其吸光度。

(6) 将酸化过的水样用微量注射器取 10 mL 注入石墨管中测定其吸光度。

## 五、实验结果与分析

(1) 记录实验条件。

(2) 记录数据。

(3) 绘制工作曲线:以吸光度为纵坐标,以铅含量为横坐标作标准曲线,并从标准曲线中查出铅的含量。

(4) 计算水样中铅的质量浓度 (ng·mL$^{-1}$)。

## 六、注意事项

(1) 铅空心阴极灯开启后,需要预热稳定 20 min 后才能进行测量。

(2) 注意微量注射器的正确使用方法,进样时,移液枪头应垂直插入石墨管中部位置,不得触及石墨管内壁和底部的位置。注意把枪头移出石墨管后才能松手,防止倒吸。

(3) 石墨炉冷却过程中绝对不能再次进样。

## 思 考 题

1. 无火焰原子吸收光谱法具有哪些特点?
2. 石墨炉原子吸收光谱法为何灵敏度高?
3. 石墨炉原子吸收光谱法的实验条件如何选择?

实验 4.5 习题答案

4. 查询相关文献与资料，试述原子吸收光谱法在近年有什么新进展。
5. 查询国标《生活饮用水标准检验方法》（GB/T 5750—2023）中铅的石墨炉原子吸收光谱法，试述与本次实验中有什么不同。本次实验对所测水样能得出什么结论？

## 实验 4.6  水中痕量镉、汞的原子荧光光谱分析

### 一、实验目的

（1）掌握用原子荧光光谱法测定痕量镉、汞的基本原理和方法。
（2）掌握原子荧光分光光度计的构造和操作。

### 二、实验原理

镉和汞均是具有蓄积作用的有害元素，因此监测各类环境样品中的镉和汞的含量、控制人体内镉和汞的摄入量是控制其危害的重要预防措施。

将被测元素转化为气态，使其与基体分离的蒸气发生技术和原子光谱法联用能提高测定的灵敏度。而被测元素与共存基体分离，又可在一定程度上消除分子吸收或光散射引起的非特征光损失和其他共存元素的干扰。但其目前仅局限于少量元素。因此，对蒸气发生技术进行进一步研究，以扩大其测定元素范围，成为原子光谱中的一个重要研究领域。

### 三、仪器与试剂

#### 1. 仪器

（1）AFS-230E 双道原子荧光分光光度计，附带断续流动全自动进样器（北京海光仪器有限公司）。
（2）镉高性能空心阴极灯（北京有色金属研究总院）。
（3）汞高性能空心阴极灯（北京有色金属研究总院）。
（4）高纯氩气钢瓶（作为屏蔽气及载气）。
（5）50 mL 容量瓶。
（6）1 mL、5 mL 吸量管。

#### 2. 试剂

（1）盐酸（优级纯）。
（2）氢氧化钠溶液：$5 \text{ g} \cdot \text{L}^{-1}$。
（3）硼氢化钠溶液：$15 \text{ g} \cdot \text{L}^{-1}$（称取 1.5 g 硼氢化钠溶解于 $5 \text{ g} \cdot \text{L}^{-1}$ 氢氧化钠溶液中，并稀释至 100 mL）。
（4）铁氰化钾溶液：$50 \text{ g} \cdot \text{L}^{-1}$。
（5）硫脲溶液：$50 \text{ g} \cdot \text{L}^{-1}$。
（6）镉标准溶液：$1\,000 \text{ mg} \cdot \text{L}^{-1}$（GBW(E) 080531），由全国化工标准物质委员会标准物质研究开发中心研制。
（7）镉标准使用液：$100 \text{ μg} \cdot \text{L}^{-1}$。

（8）汞标准溶液：1 000 mg·L$^{-1}$（GBW 08617），由国家标准物质研究中心研制。

（9）汞标准使用液：20 μg·L$^{-1}$。

（10）盐酸：0.30 mol·L$^{-1}$。

（11）硼氢化钠：15 g·L$^{-1}$。

本法所用试剂皆用超纯水（美国 Millipore 公司）配制，实验所用玻璃器皿均用硝酸（20%）浸泡过夜处理。

## 四、实验步骤

1. 实验方法

（1）仪器条件。光电倍增管负高压：280 V。灯电流：镉灯 60 mA、汞灯 20 mA；原子化器高度：9 mm；载气流速：500 mL·min$^{-1}$；屏蔽气流速：800 mL·min$^{-1}$；积分方式：峰面积；延迟时间：2 s；读数时间：15 s。

（2）标准曲线。分别吸取 100 μg·L$^{-1}$ 镉标准使用液和 20 μg·L$^{-1}$ 汞标准使用液 0.0 mL、1.0 mL、2.0 mL、3.0 mL、4.0 mL、5.0 mL 于 50 mL 容量瓶，加入 1.25 mL、0.30 mol·L$^{-1}$ 盐酸，加入 50 g·L$^{-1}$ 铁氰化钾溶液 2 mL、50 g·L$^{-1}$ 硫脲溶液 5 mL，用超纯水定容至刻度，摇匀。配制成含镉浓度为 0 μg·L$^{-1}$、2 μg·L$^{-1}$、4 μg·L$^{-1}$、6 μg·L$^{-1}$、8 μg·L$^{-1}$、10 μg·L$^{-1}$，含汞浓度为 0 μg·L$^{-1}$、0.4 μg·L$^{-1}$、0.8 μg·L$^{-1}$、1.2 μg·L$^{-1}$、1.6 μg·L$^{-1}$、2.0 μg·L$^{-1}$ 的混合标准系列溶液。

2. 仪器参数的选择

（1）光电倍增管负高压的选择。随着负高压的增加，相对荧光强度也相应增加，但信号和噪声水平也同时增加，因此在满足检测灵敏度要求的情况下，尽可能选择较低的负高压。本实验选择负高压为 280 V。

（2）灯电流的选择。随着灯电流的增加，荧光强度也相应增强，但过大的灯电流会缩短灯的寿命，还可能产生自吸收。本实验选择镉空心阴极灯电流为 60 mA，汞空心阴极灯电流为 20 mA。

（3）镉和汞荧光强度积分方式和延迟时间的选择。仪器对镉荧光强度的测量方式可以根据情况选择峰高或峰面积积分。本实验选择峰面积积分方式，这有利于将氢化物发生、传输过程中的不稳定因素带来的测定波动降至最低，提高镉的测定精度。通过实验发现，镉的峰值在 2 s 时开始升至最高，汞的峰值在 1 s 时已达最高，综合两元素同时测定条件考虑，本实验选择延迟时间为 2 s，读数时间为 15 s。

（4）电炉丝是否点火加热的确定。一般情况下，通过加热方式来进行原子化，研究表明镉的蒸气产生后，在不加热的情况下就已经开始原子化，电炉丝未点火加热也能测定，这一点和汞的测定相同，但在点火加热原子化时，记忆效应明显减少，最终本实验选择点火加热进行原子化。

（5）原子化器高度的选择。分别将原子化器高度调至 7～12 mm 后测定镉和汞标准溶液的荧光强度。实验结果表明，镉元素在原子化器高度为 8～9 mm 时荧光强度最大，汞元素在原子化器高度为 10～12 mm 时荧光强度最大。综合镉和汞同时测定因素考虑，本实验选择原子化器高度为 9 mm。

（6）屏蔽气及载气流速对荧光强度的影响。将载气流速调至 300~700 mL·min$^{-1}$，屏蔽气流速调至 500~1 100 mL·min$^{-1}$，测定镉和汞标准溶液的荧光强度。实验结果表明载气流速过大会稀释原子化器内被测元素的浓度，导致荧光强度减小；而载气流速过小，火焰则不稳定。综合考虑后，最后确定采用载气、屏蔽气流速分别为 500 mL·min$^{-1}$ 和 800 mL·min$^{-1}$。

## 思 考 题

1. 比较原子吸收分光光度计和原子荧光分光光度计在结构上的异同点。
2. 水中的痕量镉和汞为什么能同时进行测定？

实验 4.6 习题答案

# 第 5 章
# 色谱分析实验

## 5.1 气相色谱法

### 5.1.1 气相色谱法的基本原理

色谱法又称层析法,是指一种物理分离技术。它的分离原理是使混合物中各组分在两相间进行分配,其中一相是不动的,称为固定相,另一相则是推动混合物流过此固定相的流体,称为流动相。混合物被流动相推动经过固定相时,会与固定相发生相互作用。由于各组分在性质与结构上不同,相互作用的强弱也有差异,因此在同一推动力的作用下,不同组分在固定相中的滞留时间有长有短,从而按先后顺序从固定相中流出,这种借两相分配原理使混合物中各组分获得分离的技术,称为色谱分离技术或色谱法。色谱法具有分离效能高、分析速度快、试样用量少、灵敏度高、适用范围广等许多化学分析法无法比拟的优点。当用液体作为流动相时,称为液相色谱法(LC);当用气体作为流动相时,称为气相色谱法。

气相色谱法的一般工具主要包括三部分:载气系统、色谱柱、检测器。

载气由高压钢瓶或氮气发生器供给,经减压阀、流量表控制流量后,以稳定的压力、恒定的流速,连续流过气化室、色谱柱、检测器,最后放空。试样进样后在气化室经高温气化,被载气带入色谱柱进行分离,被分离的各试样组分再被载气带入检测器进行检测,最后检测信号由工作站采集并记录。

当载气携带多种物质的混合试样通过色谱柱时,一部分物质通过溶解或吸附进入固定相。随着固定相中物质分子的增加,从固定相挥发到气相中的试样物质分子也逐渐增加,即试样中各物质分子在两相中进行分配,最后达到平衡。这种物质在两相之间发生溶解和挥发的过程,称为分配过程。分配达到平衡时,物质在两相中的浓度比称为分配系数(又称平衡常数或容量因子),用 $k$ 表示:

$$k = 物质在固定相中的浓度/物质在流动相中的浓度$$

在恒定的温度下,分配系数 $k$ 是常数。

由此可见,气相色谱法的分离就是利用不同物质在两相间具有不同的分配系数。当两相做相对运动时,试样的各组分就在两相中反复多次进行分配,使原来分配系数只有微小差别的各组分也能得到良好分离,再进入检测器进行鉴定。

色谱柱是色谱仪的"心脏",试样中各组分的分离是在色谱柱中完成的。气相色谱法中所采用的气相色谱柱分为两类:一类为填充柱,另一类为毛细管柱,如图 5-1 所示。

图 5-1 气相色谱柱的分类

填充柱的内径为 2~6 mm，柱长为 0.5~6 m，柱内填充一定粒度的填料，填料的粒度一般有三种规格，即 60~80 目、80~100 目及 100~120 目。"目"为粒度单位，指 1 in[①] 长度上可排列的颗粒数目。

在填充柱色谱中，如填料用固体吸附剂，则为气-固填充柱色谱，如填料用涂有固定液的担体，则为气-液填充柱色谱。

毛细管柱（又称 Golay 柱或空心柱）的内径为 0.1~0.5 mm，柱长为 10~100 m，中空、内壁涂布或键合有固定液。

毛细管柱气相色谱系统与填充柱气相色谱系统的气路有显著不同，毛细管柱的载样量小，所需载气流速也小（0.2~5 mL·min$^{-1}$），如使用常规微量注射器进样，则必然超出毛细管柱负荷，无法达到高效分离，因此常用间接进样法，即分流进样法。分流进样法中进入毛细管柱的试样量只是进样量的极小部分，因此不会超载。此外，毛细管柱气路会在柱后进行补气（又称尾吹气），即从柱尾向检测器吹气，使试样中的组分一经分离便被送到检测器，防止出现峰展宽。

### 5.1.2 操作条件的选择

**1. 载气**

气相色谱法中的载气一般为氮气、氦气、氩气、氢气。以下为各检测器所对应使用的载气。

用火焰离子化检测器（FID）时：普氮。
用电子捕获检测器（ECD）时：高纯氮、氩气。
用热导检测器（TCD）时：氢气及氦气均可达到较高的灵敏度。
用质谱检测器（MSD）时：氦气。

**2. 温度**

温度选择有以下几点原则。
（1）检测器温度至少比柱温高 30 ℃，以防柱中流出物在检测器上凝结，污染检测器。
（2）柱温至少比固定液的最高使用温度低 30 ℃，以防固定液流失。
（3）柱温降低时，保留时间延长，分配系数 $k$ 增加，分离效果可得到改善。
（4）气化室温度一般与检测器温度相同，若被测物质不稳定，则气化室温度应设得低一点。

---

① 1 in = 0.025 4 m。

### 3. 检测器

检测器分为通用型和选择型两种。

（1）通用型：分析对象范围广泛，对各类有机物均有响应，如 FID、TCD、MSD。

（2）选择型：仅对某类化合物有响应，如 ECD、火焰光度检测器（FPD）。

气相色谱仪与其他分析仪器联用时，应采用相应的检测器。例如，在 GS-FTMS 气相色谱/傅里叶变换质谱联用仪中，使脉冲电子束通过吸收池，将池中试样离子化，然后加一射频场，其频率范围与欲测定物质的范围相同。

### 4. 程序升温气相色谱法

在气相色谱法中，当只需测定试样中的某一个组分时，一般采用一个固定的柱温即可，因为只需将被测物质与其他组分分离，而不必考虑其他成分是否分开。柱温恒定不变的气相色谱法称为恒温气相色谱法。但是当需测定试样中的多个组分，且这些组分沸点相差较大时（如对中药挥发油中多种成分的分析），采用恒温气相色谱法往往不能得到令人满意的结果。当采用较低的柱温时，低沸点组分可以得到很好分离，而高沸点组分则出峰太慢，峰形变宽，有的高沸点组分甚至不能流出。当采用较高的柱温时，高沸点组分可以出峰，并获得较尖锐的峰形，但低沸点组分由于流出太快而无法得到完全分离。在这种情况下，可以采用程序升温气相色谱法来分析试样，即柱温按预定的程序，随时间线性或非线性升高，这样试样组分便可分别在不同柱温下流出。当柱温较低时，低沸点组分最早流出并能得到良好分离，随着柱温的逐步升高，高沸点组分逐个流出，并能和低沸点组分一样得到良好的尖峰。程序升温气相色谱法的优点如下：

（1）可使低沸点组分与高沸点组分同时得到检测；

（2）峰形尖锐，可提高检测灵敏度；

（3）省时；

（4）可较快地赶走柱中的杂质峰，便于下一次分析。

## 5.1.3 分离条件的选择

### 1. 色谱柱分离度

色谱柱分离混合物的能力用柱效能（柱效）表示。在一定条件下，色谱柱的柱效可用塔板数 $n$ 或塔板高度 $H$ 来衡量。在塔板理论中，有效塔板数 $n_{有效}$ 或有效塔板高度 $H_{有效}$ 比理论塔板数 $n$ 或理论塔板高度 $H$ 能更真实地反映色谱柱的分离能力，它们的计算公式分别为

$$n_{有效} = 5.54\left(\frac{t'_R}{W_{1/2}}\right)^2 = 16\left(\frac{t'_R}{W}\right)^2 \tag{5-1}$$

$$H_{有效} = \frac{L}{n_{有效}} \tag{5-2}$$

$$t'_R = t_R - t_M \tag{5-3}$$

式中，$t'_R$ 为组分的相对保留时间；$W_{1/2}$ 为色谱峰的半峰宽；$W$ 为色谱峰的峰底宽；$t_M$ 为空气或甲烷的保留时间（死时间）；$L$ 为色谱柱的长度；$t_R$ 为组分的保留时间。

分离度（Resolution）$R$ 指相邻两组分色谱峰保留时间之差与两组分色谱峰的峰底宽总和的 1/2（平均峰底宽）的比值，即

$$R = \frac{t_{R_2} - t_{R_1}}{(W_1 + W_2)/2} = \frac{2(t_{R_2} - t_{R_1})}{W_1 + W_2} \tag{5-4}$$

$R \geq 1.5$ 时，两组分才能完全分离。

分离度 $R$ 与柱效 $n$、分配系数比 $\alpha$ 及分配系数 $k$ 的关系式为

$$R = \frac{\sqrt{n}}{4} \cdot \frac{\alpha - 1}{\alpha} \cdot \frac{k}{1 + k} \tag{5-5}$$

$k$、$n$、$\alpha$ 对色谱峰的影响如图 5-2 所示：增加 $k$，分离度增加，峰明显变宽；增加 $n$，峰变窄，但分离度有所改善；增加 $\alpha$，分离度增加，峰宽度不变。

**图 5-2** $k$、$n$、$\alpha$ 对色谱峰的影响

注：$t_M$ 为死时间；横坐标代表流出时间 $t$；纵坐标代表"强度"。

根据式（5-5）选择实验条件。

（1）提高 $\alpha$。

$\alpha$ 取决于试样中各组分本身的性质，以及固定相和流动相。$\alpha$ 越大，固定液的选择性越好，$R$ 也越大。当 $\alpha = 1$ 时，$R = 0$，两组分不可能分离。

提高 $\alpha$ 的方法如下：

①改变固定相和流动相的组成和性质；

②降低柱温。

（2）提高分配系数 $k$，$k$ 升高时，$R$ 升高。

$k$ 与固定液的用量有关，并受柱温的影响。增加固定液的用量，可增大 $R$，但会延长分析时间，引起色谱峰展宽。

通过改变柱温和流动相组成，可将 $k$ 值控制为 $2 \sim 10$。

（3）提高 $n$。

$$R \propto \sqrt{n} = \sqrt{\frac{L}{H}} \quad (5-6)$$

根据式（5-6），如提高柱效 $n$，可增加色谱柱的长度 $L$、减小塔板高度 $H$、提高分离度 $R$。措施如下：

① 制备性能优良的色谱柱；

② 改变流动相的流速、黏度和吸附在载体上的液膜厚度，减小 $H$，增大 $R$。

**2. 载气及其流速的选择**

荷兰学者范德姆特（Van Deemter）通过实验发现，在载气流速很低时，峰变锐；超过某一速度后，随流速增加，峰变钝。用塔板高度 $H$ 对载气流速 $u$ 作图（二次曲线）。曲线最低点对应的板高最小，柱效最高，此时的流速称为最佳流速，如图 5-3 所示。

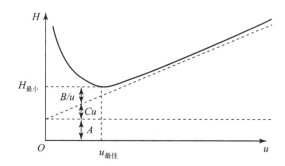

图 5-3 塔板高度 $H$ 和载气流速 $u$ 的关系曲线

范德姆特根据气相色谱过程中的物料平衡、扩散及传质现象与溶质运动速度关系的偏微分方程，假设：

（1）纵向扩散是造成谱带展宽的重要原因，必须予以考虑；

（2）传质阻力是造成谱带展宽的主要原因，它使平衡成为不可能；

（3）气相色谱过程受到填充柱中涡流扩散的影响。

在气相色谱中，固定液、柱温及载气的选择是分离条件选择的 3 个主要方面，用于提高柱效、降低塔板高度、提高相邻组分的分离度。在进行定量分析时，要求组分能分离完全（$R \geqslant 1.5$），这样才能获得较高的精密度和准确度。

根据范氏方程：

$$H = A + \frac{B}{u} + Cu \quad (5-7)$$

在曲线的最低点，塔板高度 $H$ 最小，此时柱效最高。该点所对应的流速为最佳流速 $u_{最佳}$。$u_{最佳}$ 及 $H_{最小}$ 可由式（5-7）微分求得

$$\frac{dH}{du} = -\frac{B}{u^2} + C = 0 \quad (5-8)$$

即

$$u_{最佳} = \sqrt{\frac{B}{C}} \quad (5-9)$$

$$H_{最小} = A + 2\sqrt{BC} \quad (5-10)$$

当 $0 < u < \sqrt{\dfrac{B}{C}}$ 时，分子扩散项为主要影响因素，采用分子量大的载气，如氮气、氩气，可减小扩散系数，提高柱效。

当 $u > \sqrt{\dfrac{B}{C}}$ 时，传质阻力项为主要影响因素，选用分子量较小的载气，如氢气、氦气，可使组分有较大的扩散系数，提高柱效。

通常 $u_{最佳实用} > u_{最佳}$，载气的选择还应与检测器匹配。

**3. 柱温的选择**

柱温是一个重要参数，直接影响分离效能和分析速度。

柱温升高的影响如下：

（1）提高分析速度，缩短分析时间；
（2）使气液传质速度加快，降低塔板高度，改善柱效；
（3）如高于固定液最高使用温度，会造成柱流失；
（4）加剧纵向扩散，降低柱效。

柱温降低的优点如下：

（1）增大分配系数，增加柱选择性；
（2）降低气相扩散，减少固定液流失；
（3）延长柱寿命，降低检测本底。

柱温降低的缺点如下：

（1）增加分析时间；
（2）液相传质阻力增加，峰扩张，严重时引起拖尾。

选择柱温的原则为，在使难分离的物质得到良好的分离、分析时间适宜，并且峰形不拖尾的前提下，尽可能采用低柱温；对于宽沸程的混合物，采取程序升温气相色谱法。通常根据试样沸点选择柱温、固定液用量及载体种类，见表5-1。

**表5-1　根据试样沸点选择柱温、固定液用量及载体种类**

| 试样沸点 | | 柱温 | 固定液用量 | 载体种类 |
| --- | --- | --- | --- | --- |
| 气体、气态烃 | | 室温~100 ℃ | (20~30)∶100 | 红色担体 |
| 低沸点试样 | 100~200 ℃ | 150 ℃ | (10~20)∶100 | 红色担体 |
| | 200~300 ℃ | 150~180 ℃ | (5~10)∶100 | 白色担体 |
| | 300~450 ℃ | 200~250 ℃ | (1~5)∶100 | 白色担体、玻璃 |

注：固定液用量为固定液∶载体。

程序升温指按预先设定的加热速度对色谱柱分期加热以使混合物中所有的组分均能在最佳温度下获得良好的分离。程序升温可以是线性的，也可以是非线性的。

**4. 柱长和内径的选择**

分离度正比于柱长的平方根，即

$$\left(\dfrac{R_1}{R_2}\right)^2 = \dfrac{n_1}{n_2} = \dfrac{L_1}{L_2} \tag{5-11}$$

由式（5-11）可知，增加柱长对分离有利，但增加柱长会使各组分的保留时间增加，延长分析时间。因此，在满足一定分离度的条件下，应尽可能使用较短的色谱柱。填充柱柱长一般为 2~4 m。

增加色谱柱的内径，可以增加分离的试样量，但纵向扩散路径的增加会使柱效降低。柱内径一般为 4~6 mm。

5. 进样时间和进样量

（1）进样时间。进样速度必须很快，因为当进样时间太长时，试样原始宽度将变大，色谱峰半峰宽也随之变宽，有时甚至使峰变形。一般进样时间应在 1 s 以内。

（2）进样量。

①每根色谱柱都有最大允许进样量。

②进样量过大，会造成色谱柱超负荷，柱效下降，峰形变宽，保留时间改变。

③最大允许进样量应控制在使峰面积和峰高与进样量呈线性关系的范围内，对于液体试样一般进样量为 0.1~0.2 μL。

6. 其他条件

（1）气化室温度。

①气化室温度应等于或稍高于试样的沸点，以保证迅速气化，通常高于柱温 30~50 ℃，否则色谱峰会展宽，峰高下降。

②气化室温度过高，会导致试样分解。

（2）检测器温度。

①高于柱温 30~50 ℃ 或等于气化室温度。

②TCD：高于柱温，温度升高时灵敏度下降，因此温度应稳定。

③FID：100 ℃ 以上，对温度要求不高。

④ECD：温度对基流和峰高影响很大，但应根据试样具体分析。

## 5.2 高效液相色谱法

### 5.2.1 液相色谱法的基本原理

以液体为流动相的色谱法称为液相色谱法。采用普通规格的固定相及常压输送流动相的液相色谱法称为经典液相色谱法，其柱效低，而且一般不具备在线检测器，通常作为分离手段使用。高压液相色谱法（HPLC）是以经典液相色谱法为基础，引入了气相色谱法的理论与实验方法，将流动相改为高压输送，采用高效固定相及在线检测等手段，发展而成的分离分析方法。该法具有分离效能高、分析速度快及仪器化等特点，因而称为高效液相色谱法。

根据色谱柱所用填充剂的不同，高效液相色谱法的分离原理不同，可分为吸附色谱、分配色谱、键合相色谱、离子交换色谱、凝胶渗透色谱法（GPC，又称体积排除色谱法）等。

高效液相色谱仪由高压输液系统、进样系统、分离系统、检测器、记录系统等五大部分组成。

液相色谱法所用的基本概念（保留时间、塔板数、塔板高度、分离度、选择性等）与气相色谱法一致。液相色谱法所用的基本理论（塔板理论与速度方程）也与气相色谱法基本一致。但由于在液相色谱法中以液体代替气相色谱法中的气体作为流动相，而液体和气体的性质不相同，此外，液相色谱法所用的仪器设备和操作条件也与气相色谱法不同，所以，液相色谱法与气相色谱法有一定差别，主要有以下几方面。

（1）应用范围不同。

气相色谱法仅能分析在操作温度下能气化且不分解的物质，而对高沸点化合物、非挥发性物质、热不稳定性化合物、离子型化合物及高聚物的分离、分析较为困难，使其应用受到一定程度的限制，据统计只有大约20%的有机物能用气相色谱法分析；而液相色谱法则不受试样挥发度和热稳定性的限制，它非常适合对分子量较大、难气化、不易挥发或对热敏感的物质，以及离子型化合物及高聚物进行分离、分析，即适用于70%~80%的有机物。

（2）液相色谱法能完成难度较高的分离工作，原因如下。

①气相色谱法的流动相载气是色谱惰性的，不参与分配平衡过程，与试样分子无亲和作用，试样分子只与固定相相互作用。而在液相色谱法中流动相液体也与固定相争夺试样分子，这为提高选择性增加了一个因素。也可选用不同比例的两种或两种以上的液体作流动相，增大分离的选择性。

②液相色谱法的固定相类型多，其中离子交换色谱法和排阻色谱法等，分析时选择范围更大；而气相色谱法的固定相选择较少。

③液相色谱法通常在室温下操作，较低的温度一般有利于色谱分离条件的选择。

（3）由于气体的扩散性比液体高$1\times10^5$倍，因此，溶质在液相中的传质速度更慢，柱外效应也更重要；而在气相色谱法中，柱外区域扩张可以忽略不计。

（4）液相色谱法中制备试样简单，回收试样也比较容易，而且回收是定量的，适合大量制备。气相色谱法尚缺乏通用的检测器，仪器比较复杂，价格昂贵。在实际应用中，这两种色谱技术是互相结合的。

综上所述，高效液相色谱法具有高柱效、高选择性、分析速度快、灵敏度高、重复性好、应用范围广等优点。该法已成为现代分析技术的重要手段之一，目前在化学、化工、医药、生化、环保、农业等科学领域获得了广泛应用。

## 5.2.2 高效液相色谱仪的基本组成

### 1. 高压输液系统

高压输液系统由溶剂储存器、高压输液泵、梯度洗脱装置和压力表等组成。

1）溶剂储存器

溶剂储存器一般由玻璃、不锈钢或氟塑料制成，容量为1~2 L，用来储存足够用量、符合要求的流动相。

2）高压输液泵

高压输液泵是高效液相色谱仪中的关键部件之一，其功能是将溶剂储存器中的流动相以高压形式连续不断地送入液路系统，使试样在色谱柱中完成分离。由于高效液相色谱仪所用色谱柱柱径较小，所填固定相粒度很小，因此，对流动相的阻力较大，为了使流动相能较快地流过色谱柱，就需要高压输液泵注入流动相。

对泵高压输液的要求是输出压力高、流量范围大、流量恒定、无脉动，流量精度和重复性为0.5%左右。此外，高压输液泵还应耐腐蚀，密封性好。

高压输液泵按其性质可分为恒压泵和恒流泵两大类。

恒流泵是能给出恒定流量的泵，其流量与流动相黏度和色谱柱渗透无关。

恒压泵可保持输出压力恒定，而流量随外界阻力的变化而变化，因此如果系统阻力不发生变化，恒压泵就能提供恒定的流量。

3）梯度洗脱装置

梯度洗脱装置在分离过程中使两种或两种以上不同极性的溶剂按一定顺序改变比例，从而控制流动相的强度、极性、pH 值或离子强度进行相应的变化，达到提高分离效果、缩短分析时间的目的。

梯度洗脱装置分为两类：一类是外梯度装置（又称低压梯度），流动相在常温常压下混合，用高压输液泵压至色谱柱系统，仅需一台泵；另一类是内梯度装置（又称高压梯度），将两种溶剂分别用高压输液泵增压后，按电气部件设置的程序，注入梯度混合室混合，再输至色谱柱系统。

梯度洗脱的实质是通过不断地改变流动相的强度，来调整混合试样中各组分的分配系数 $k$，使所有组分都以最佳平均 $k$ 值通过色谱柱。它在高效液相色谱法中所起的作用相当于气相色谱法中的程序升温，不同的是，在梯度洗脱中溶质 $k$ 值的变化是通过改变溶质的极性、pH 值和离子强度实现的，而不是借改变温度（程序升温）来达到的。

2. 进样系统

进样系统包括进样口、注射器和进样阀等，它的作用是把分析试样有效地送入色谱柱进行分离。

3. 分离系统

分离系统包括色谱柱、恒温器和连接管等部件。色谱柱一般用内部抛光的不锈钢制成，其内径为 2～6 mm，柱长为 10～50 cm，柱形多为直形，内部充满微粒固定相。柱温一般为室温或接近室温。

4. 检测器

检测器是高效液相色谱仪的关键部件之一。对检测器的要求是灵敏度高、重复性好、线性范围宽、死体积小以及对温度和流量的变化不敏感等。

在高效液相色谱法中，有两种类型的检测器，一类是溶质性检测器，它仅对被分离组分的物理或物理化学特性有响应，如紫外吸收检测器、荧光检测器、电化学检测器等；另一类是总体检测器，它对试样和洗脱液的物理和化学性质均有响应，如示差折光检测器等。

目前应用较多的有紫外吸收检测器、荧光检测器、电化学检测器、化学发光检测器、蒸发光散射检测器、安培检测器及示差折光检测器等。

## 实验 5.1　气相色谱法中色谱柱的评价与分离条件的测试

### 一、实验目的

（1）通过实验，了解色谱中的各个基本参数，学会从色谱图中获得参数及各基本参数的计算。

（2）学习测定并绘制色谱柱柱效与载气流速的关系曲线，并确定最佳流速。

## 二、实验原理

（1）在规定的色谱条件下，测定组分的死时间 $t_M$ 及被测组分的保留时间 $t_R$、半峰宽 $W_{1/2}$ 等参数，便可计算出基本色谱参数值分配系数 $k$、分配系数比 $\alpha$、分离度 $R$、理论塔板数 $n$、理论塔板高度 $H$。

分配系数 $k$ 为平衡时组分在固定相中的质量（$m_s$）与组分在流动相中的质量（$m_m$）的比值[见式(5-12)]，与调整保留时间及死时间有关[见式(5-13)]。

$$k = \frac{\text{组分在固定相中的质量}}{\text{组分在流动相中的质量}} = \frac{m_s}{m_m} \quad (5-12)$$

$$k = \frac{t_R - t_M}{t_M} = \frac{t'_R}{t_M} \quad (5-13)$$

分配系数比 $\alpha$ 是色谱图中相邻两组分的分配系数的比值，也是描述相邻两组分分离效果的一个参数，其计算式为

$$\alpha = \frac{k_2}{k_1} = \frac{t'_{R_2}}{t'_{R_1}} \quad (5-14)$$

分离度 $R$ 是相邻两峰的保留时间之差与平均峰底宽的比值，表示相邻两峰的分离程度。$R$ 越大，表明相邻两组分分离越好，其计算式为

$$R = \frac{t_{R_2} - t_{R_1}}{\frac{1}{2}(W_1 + W_2)} \quad (5-15)$$

理论塔板数 $n$ 和理论塔板高度 $H$ 的计算式为

$$n = 5.54\left(\frac{t_R}{W_{1/2}}\right)^2 = 16\left(\frac{t_R}{W}\right)^2 \quad (5-16)$$

$$H = \frac{L}{n} \quad (5-17)$$

式中，$t_R$ 为组分保留时间（min）；$W_{1/2}$ 为半峰宽（min）；$W$ 为峰底宽（min）。

（2）测定不同流速 $u$ 时对应的理论塔板高度 $H$，绘制 $u$—$H$ 曲线，如图5-3所示，其中最小塔板高度 $H_{最小}$ 对应的流速为最佳流速 $u_{最佳}$。

## 三、仪器与试剂

1. 仪器

（1）气相色相仪 Agilent 7890A GC，其基本组成如下。

①进样口：毛细柱进样口（S/SL）。
②检测器：FID。
③色谱柱：HP-5MS 毛细管柱（15 m×250 μm×0.25 μm）。
④自动进样器。
⑤空气/氢气发生器。

（2）气体：氢气、干燥空气、高纯氮气（99.999%）。

2. 试剂

（1）正十二烷溶液（分析纯）。

(2) 混合烷烃（癸烷、正十一烷、正十二烷）试样溶液。

## 四、实验步骤

（1）检查氮气、氢气气源的状态及压力，然后打开所有气源，开启计算机及色谱仪，按照气相色谱仪的使用方法开机并使其正常运行。

（2）设置色谱条件（柱温、进样口温度、检测器温度等），并记录色谱设置条件。

（3）准确量取混合烷烃试样溶液后进样，分析色谱图并记录死时间、保留时间、相对保留时间及半峰宽。

（4）在不同载气流速下（1 mL·min$^{-1}$、0.8 mL·min$^{-1}$、0.6 mL·min$^{-1}$、0.4 mL·min$^{-1}$、0.3 mL·min$^{-1}$、0.2 mL·min$^{-1}$），分别注入正十二烷溶液，各两次，记录对应的死时间 $t_M$ 和保留时间 $t_R$。

## 五、数据处理

（1）根据测得的混合烷烃试样溶液死时间 $t_M$ 及各组分的保留时间 $t_R$、半峰宽 $W_{1/2}$ 等参数，计算基本色谱参数分配系数 $k$、分配系数比 $\alpha$、分离度 $R$、理论塔板数 $n$、理论塔板高度 $H$。

（2）根据测得的正十二烷溶液在不同载气流速下的死时间 $t_M$、保留时间 $t_R$ 和半峰宽 $W_{1/2}$，计算对应的理论塔板数 $n$、理论塔板高度 $H$，并绘制 $u$—$H$ 曲线。气相色谱仪中的分流比是指进样时试样进入色谱柱的比例与排出系统的比例之比。分流比是在进样口设置的一个参数，用于控制试样气体流进入色谱柱的流量。

将色谱设置条件及实验获得的数据填入表 5-2 ~ 表 5-4。

表 5-2 色谱设置条件

| 柱温 | 进样口温度 | 检测器温度 | 载气流速 | 进样量 | 分流比 |
|------|------------|------------|----------|--------|--------|
|      |            |            |          |        |        |

表 5-3 实验获得的数据 1

| 出峰顺序 | $t_M$ | $t_R$ | $t_R'$ | $\alpha$ | $n$ | $H$ |
|----------|-------|-------|--------|----------|-----|-----|
| 1        |       |       |        |          |     |     |
| 2        |       |       |        |          |     |     |
| 3        |       |       |        |          |     |     |

表 5-4 实验获得的数据 2

| 流速/(mL·min$^{-1}$) | $t_M$ | $t_R$ | $W_{1/2}$ | $n$ | $H$ |
|---------------------|-------|-------|-----------|-----|-----|
| 1                   |       |       |           |     |     |
| 0.8                 |       |       |           |     |     |
| 0.6                 |       |       |           |     |     |
| 0.4                 |       |       |           |     |     |
| 0.3                 |       |       |           |     |     |
| 0.2                 |       |       |           |     |     |

## 思 考 题

1. 升高柱温对柱效有什么影响？
2. 计算最佳载气流速的意义是什么？

实验 5.1 习题答案

## 实验 5.2　用气相色谱法测定食用酒中的乙醇含量

### 一、实验目的

（1）了解气相色谱仪的结构、工作原理及使用方法。
（2）掌握内标法定量的原理、方法及特点。

### 二、实验原理

普通白酒中通常含有 40%～50% 的乙醇，利用气相色谱法可以很快地对其中的乙醇含量进行测定，具有快速、准确、简便等优点。本实验利用内标法和内标工作曲线法分别对同一试样进行定量分析，比较两种分析结果的准确度。

气相色谱法在检测过程中，当被测组分的含量很低或被测试样中并非所有组分都出峰时，不适合应用归一化法，可采用内标法。只要被测组分出峰就可用内标法，但同时应满足以下几点要求。

（1）试样在所给定的色谱条件下具有很好的稳定性。
（2）内标物与被测组分具有相似的保留行为。
（3）内标物色谱峰可与两个相邻峰达到基线分离。
（4）校正因子为已知或可测定。
（5）内标物与被测组分的浓度相近。
（6）内标物具有较高的纯度。

内标法的具体操作方法是，准确称取试样，加入一定量的内标物，混合均匀后进行分析。根据试样、内标物的质量以及在色谱上产生的相应峰面积，计算组分含量为

$$w_i = K_i \cdot \frac{A_i}{A_s} \times 100\% \tag{5-18}$$

$$K_i = \frac{f_i'}{f_s'} \cdot \frac{m_s}{m_i} = f_i \cdot \frac{m_s}{m_i} \tag{5-19}$$

式中，$w_i$ 为试样中组分 $i$ 的质量分数；$K_i$ 为组分 $i$ 的常数项；$A_i$ 为组分 $i$ 的峰面积；$A_s$ 为内标物的峰面积；$f_i'$ 为组分 $i$ 的校正因子；$f_s'$ 为内标物的校正因子；$m_s$ 为内标物的质量；$m_i$ 为组分 $i$ 的质量；$f_i$ 为组分 $i$ 的相对校正因子。

本实验以无水正丙醇为内标物，用内标法进行定量分析。实验中，先进内标物，求出乙醇对无水正丙醇的峰面积及相对校正因子，再进食用酒试样，求出试样中乙醇的质量分数。

### 三、仪器与试剂

1. 仪器

（1）气相色谱仪。

（2）FID。

（3）微量注射器（1 μL、5 μL）。

（4）容量瓶。

（5）移液管。

2. 试剂

（1）食用酒（市售）。

（2）无水正丙醇（分析纯）。

（3）无水乙醇（分析纯）。

（4）丙酮（分析纯）。

（5）标准溶液的配制：用吸量管准确吸取 0.50 mL 无水乙醇和 0.50 mL 无水正丙醇于 10 mL 容量瓶中，用丙酮定容至刻线，摇匀。

（6）试样溶液的配制：用吸量管准确吸取 1.00 mL 食用酒试样和 0.50 mL 无水正丙醇于 10 mL 容量瓶中，用丙酮定容至刻线，摇匀。

### 四、实验步骤

1. 设置色谱条件

（1）色谱柱温度：90 ℃。

（2）气化温度：150 ℃。

（3）检测器温度：130 ℃。

（4）载气（$N_2$）的流速：40 mL·min$^{-1}$；载气（$H_2$）的流速：35 mL·min$^{-1}$；空气的流速：400 mL·min$^{-1}$（针对不同仪器需要优化仪器条件）。

2. 标准溶液的测定

用微量注射器取标准溶液 0.5 μL，注入色谱柱内，记录各色谱峰的保留时间 $t_R$ 和色谱峰面积，求出以无水正丙醇作内标物的相对校正因子。

3. 试样溶液的测定

用微量注射器取试样溶液 0.5 μL，注入色谱柱内，记录各色谱峰的保留时间 $t_R$ 和色谱峰面积，与标准溶液的色谱图对照比较，确定试样的乙醇和无水正丙醇的峰位，求出试样中乙醇的含量。

### 思 考 题

1. 在同一操作条件下为什么可用保留时间来鉴定未知物？
2. 用内标法计算为什么需要校正因子？其物理意义是什么？
3. 内标法定量有何优点？对内标物有何要求？

实验 5.2 习题答案

## 实验 5.3　气相色谱定性定量分析

### 一、实验目的

（1）了解气相色谱仪的组成、工作原理以及使用方法。
（2）掌握利用保留值定性的方法。
（3）掌握气相色谱定量分析的归一化法。

### 二、实验原理

气相色谱法是利用试样中各组分在气相和固（液）两相间的分配系数不同将混合物进行分离、测定的仪器分析方法，特别适用于易挥发组分的分析测定。当气化后的组分被载气带入色谱柱后，基于固定相对各组分的吸附或溶解能力不同，各组分在色谱柱内会因行进速度不同而彼此分离，并按先后顺序离开色谱柱进入检测器，从而使记录仪绘制出由各组分的色谱峰形成的色谱图。

**1. 组分的定性分析**

在一定的色谱条件下，每种物质都有一个确定的保留值（如保留时间、保留体积及相对保留值等）。在相同条件下，当未知物质的保留值和某物质对照品的保留值相同时，就可以认为该未知物质与对照品为同一物质。

**2. 组分的定量分析**

依据组分色谱峰的峰高或峰面积可进行定量分析。常用的定量分析法有归一化法、外标法、内标法和标准加入法。其中归一化法如下。

设试样中有 $n$ 个组分，每个组分的质量为 $m_i$（$i=1, 2, \cdots, n$），各组分含量的总和 $m$ 为 $100\%$。当组分 $i$ 的质量校正因子为 $f_i$ 时，其质量分数 $w_i$ 为

$$\begin{aligned}
w_i &= \frac{m_i}{m} \times 100\% = \frac{m_i}{m_1 + m_2 + \cdots + m_n} \times 100\% \\
&= \frac{A_i f_i}{A_1 f_1 + A_2 f_2 + \cdots + A_n f_n} \times 100\% \\
&= \frac{A_i}{A_1 + A_2 + \cdots + A_n} \times 100\% \quad （当 f_1 = f_2 = \cdots = f_n 时）
\end{aligned} \quad (5-20)$$

### 三、仪器与试剂

**1. 仪器**

（1）气相色谱仪 Agilent 7890A GC，其基本组成如下。
①进样口：毛细柱进样口（S/SL）。
②检测器：FID。
③色谱柱：HP-5MS 毛细管柱（15 m×250 μm×0.25 μm）。

④ 自动进样器。
⑤ 空气/氢气发生器。

(2) 气体：氢气、干燥空气、高纯氮气(99.999%)。

2. 试剂

(1) 苯(分析纯)。
(2) 甲苯(分析纯)。
(3) 乙苯(分析纯)。
(4) 苯系物混合试样(苯、甲苯、乙苯)。

### 四、实验步骤

(1) 检查氮气、氢气气源的状态及压力，然后打开所有气源，开启计算机及色谱仪，按照气相色谱仪的使用方法开机并使其正常运行。

(2) 设置色谱条件(柱温、进样口温度、检测器温度等)，并记录色谱设置条件。

(3) 准确量取苯系物混合试样后进样，记录死时间、保留时间、相对保留时间。

(4) 分别量取3个苯系物纯样后进样，并根据组分的保留时间进行定性分析。

(5) 分别从仪器脱机程序中输出苯系物混合试样数据和各纯样数据，用Origin软件绘制色谱图。

(6) 在相同的色谱条件下，根据色谱仪计算的峰面积，采用归一化法计算试样溶液中各组分的质量分数。

### 五、数据处理

(1) 根据苯系物纯样的色谱数据，对苯系物混合试样色谱图和色谱峰进行定性分析。

(2) 采用归一化法计算苯系物混合试样中各组分的质量分数。气相色谱仪中的分流比是指进样时试样进入色谱柱的比例与排出系统的比例之比。分流比是在进样口设置的一个参数，用于控制试样气体流进入色谱柱的流量。

(3) 计算理论塔板数 $n$。

将色谱设置条件及实验获得的数据填入表5-5、表5-6。

表5-5 色谱设置条件

| 柱温 | 进样口温度 | 检测器温度 | 载气流速 | 进样量 | 分流比 |
| --- | --- | --- | --- | --- | --- |
|  |  |  |  |  |  |

表5-6 实验获得的数据

| 出峰顺序 | $t_M$ | $t_R$ | $t'_R$ | $n$ | 定性 | 峰面积 | 质量分数 |
| --- | --- | --- | --- | --- | --- | --- | --- |
| 1 |  |  |  |  |  |  |  |
| 2 |  |  |  |  |  |  |  |
| 3 |  |  |  |  |  |  |  |

## 思 考 题

1. 如何确定色谱图上各主要峰的归属?
2. FID 定量分析的依据是什么?

实验 5.3 习题答案

## 实验 5.4 高效液相色谱柱柱效的评定

### 一、实验目的

(1) 了解高效液相色谱仪的基本结构。
(2) 初步掌握高效液相色谱仪的基本操作方法。
(3) 学习高效液相色谱柱柱效的评定及分离度的测定方法。

### 二、实验原理

组分在液体中的扩散系数只有在气体中的 $1/10^6 \sim 1/10^5$,因此范氏方程中的分子扩散项对理论塔板高度的影响很小,而影响理论塔板高度的主要因素是涡流扩散项和传质阻力项。只要采用粒径为数微米的色谱柱,且填充紧密、均匀,一定能获得较高的柱效。

苯、萘、联苯分子非极性部分的总表面积不同,缔合能力不同,其保留时间也不同。通过计算色谱峰的理论塔板数以及各个化学物质间的分离度可评价色谱柱的柱效。

### 三、仪器与试剂

1. 仪器

(1) 高效液相色谱仪(带自动进样器,或配置微量进样器)。
(2) 分析天平。
(3) 容量瓶。
(4) 微量进样器。

2. 试剂

(1) 苯、萘、联苯(均为分析纯)。
(2) 甲醇(色谱纯)。
(3) 纯净水。

### 四、实验步骤

1. 设置色谱条件

色谱柱:C18 柱 (4.6 mm × 150 mm, 5 μm)。
流动相:甲醇 – 水(体积比为 80∶20)。
载气流速:1 mL·min$^{-1}$。
检测波长:254 nm。
柱温:30 ℃。

进样量：10 μL。

2. 操作步骤

分别精密配制含苯、萘、联苯浓度均为 1 mg·mL$^{-1}$ 的 3 份对照品溶液各 10 mL。

分别精密吸取上述对照品溶液各 2 mL 置于 10 mL 容量瓶中，加入流动相稀释，并定容至刻度，摇匀，得到含苯、萘、联苯的混合对照品溶液。

按照上述色谱条件操作，进样，记录色谱图。

计算各色谱峰的理论塔板数及各峰间分离度。

## 五、数据处理

记录实验条件，测试各试样后记录苯、萘、联苯的保留时间、峰底宽、半峰宽，计算出各物质对应的理论塔板数，并填写于表 5-7 中。根据保留时间与峰宽等信息，计算相邻组分间的分离度。

表 5-7 实验获得的数据

| 组分 | 试验号 | $t_R$/min | $W$/min | $W_{1/2}$/min | $n$ |
|---|---|---|---|---|---|
| 苯 | 1 | | | | |
| | 2 | | | | |
| | 平均 | | | | |
| 萘 | 1 | | | | |
| | 2 | | | | |
| | 平均 | | | | |
| 联苯 | 1 | | | | |
| | 2 | | | | |
| | 平均 | | | | |

分离度按式(5-15)计算；理论塔板数按式(5-16)计算。

实验 5.4 习题答案

### 思 考 题

1. 如何用实验方法判别色谱图上苯、萘、联苯的色谱峰归属？
2. 如何改变色谱条件，以减小苯、萘、联苯的保留时间？
3. 若实验中的色谱峰无法完全分离，应如何改变实验条件以获得改善？

## 实验 5.5　用高效液相色谱法测定人血浆中对乙酰氨基酚的浓度

### 一、实验目的

（1）进一步掌握高效液相色谱仪的基本结构和基本操作方法。

（2）了解人血浆中对乙酰氨基酚的提取方法。

(3) 掌握用保留值进行定性分析及用标准曲线进行定量分析的方法。

## 二、实验原理

对乙酰氨基酚（扑热息痛）是最常用的非甾体抗炎解热镇痛药，其解热作用与阿司匹林相似，镇痛作用较弱，无抗炎抗风湿作用，是乙酰苯胺类药物中最好的品种，用于感冒、牙痛等症状。健康人在口服药物 15 min 以后，药物进入血液。1~2 h 内，在人血液中药物浓度达到最大值。用高效液相色谱法测定人血浆中的药物浓度，可以研究药物在人体内的代谢过程及不同厂家的药物在人体内吸收情况的差异。对乙酰氨基酚的结构如图 5-4 所示。

**图 5-4 对乙酰氨基酚的结构**

本实验对对乙酰氨基酚纯品进行定性分析，找出对乙酰氨基酚在色谱图中的位置，然后以加入对乙酰氨基酚的健康人血浆为本底绘制标准曲线，并从标准曲线中查出未知血样中对乙酰氨基酚的浓度。

## 三、仪器与试剂

1. 仪器

(1) 高效液相色谱仪（带自动进样器，或配置微量进样器）。
(2) 分析天平。
(3) 容量瓶。
(4) 微量进样器。
(5) 10 mL 离心管。

2. 试剂

(1) 甲醇（分析纯）。
(2) 对乙酰氨基酚（分析纯）。
(3) 三乙醇胺（分析纯）。
(4) 乙腈（色谱纯）。
(5) 纯净水。

## 四、实验步骤

1. 设置色谱条件

色谱柱：C18 柱（4.6 mm × 150 mm，5 μm）。
流动相：水 - 乙腈（体积比为 90:10）。

载气流速：1 mL·min$^{-1}$。
检测波长：254 nm。
柱温：30 ℃。
进样量：10 mL。

2. 操作步骤

（1）按操作说明书启动仪器。

（2）标准曲线所用试样的预处理：取健康人血浆 0.5 mL 置于 10 mL 离心管中，加对乙酰氨基酚标准品使其浓度分别为 0.0 μg·mL$^{-1}$、0.5 μg·mL$^{-1}$、1.0 μg·mL$^{-1}$、2.0 μg·mL$^{-1}$、5.0 μg·mL$^{-1}$、10.0 μg·mL$^{-1}$，再加 20% 的三乙醇胺甲醇溶液 0.25 mL$^{-1}$，振荡 1 min，离心 5 min。

（3）未知血样的预处理：取未知血样的血浆 0.5 mL 置于 10 mL 离心管中，加 20% 的三乙醇胺甲醇溶液 0.25 mL，振荡 1 min，离心 5 min。

（4）取去离心后的上清液 20 μL，注入色谱柱，进行色谱扫描。除空白血浆离心液外，每一浓度需进行三次测量。

## 五、数据处理

计算标准曲线的回归方程，由标准曲线计算未知血样中对乙酰氨基酚的浓度。

## 思 考 题

1. 如何计算本实验的回收率？
2. 为什么要进行空白血样的分析？
3. 除用标准曲线法进行定量分析外，还可采用什么定量分析方法？各有什么优缺点？

实验 5.5 习题答案

# 实验 5.6 用毛细管区带电泳法测定碳酸饮料中的防腐剂

## 一、实验目的

（1）通过本实验了解食品中防腐剂的种类及利用高效液相色谱法进行定量分析的操作技术。

（2）掌握用最小二乘法处理分析数据的方法，并对食品中的防腐剂进行定量分析。

## 二、实验原理

为了防止食品在储藏过程中发霉、变质，人们经常在食品中添加少量防腐剂来延长食品的保质期，但使用的防腐剂品种及数量在食品卫生标准中有严格规定，一般为 1∶1 000 ~ 2∶1 000（质量比）。苯甲酸和山梨酸以及它们的钠盐、钾盐是食品卫生标准允许使用的主要防腐剂。这些防腐剂常用的测定方法有薄层色谱法、气相色谱法、液相色谱法、紫外－可见分光光度法等，但这些方法的前处理比较烦琐、费力费时且分离效率不高。毛细管区带电泳法只需用微孔滤膜过滤，分离效率很高，理论塔板数可达几十万。

## 三、仪器与试剂

1. 仪器

(1) 毛细管区带电泳仪。

(2) 容量瓶。

(3) 微量进样器。

2. 试剂

(1) 缓冲溶液：用去离子水配制 10 mmol·L$^{-1}$ 的硼砂和 10 mmol·L$^{-1}$ 的十二烷基磺酸钠(SDS)各 100 mL，等体积混合。

(2) 1 000 mg·L$^{-1}$ 山梨酸标准溶液：称取 0.100 0 g 山梨酸，用 100 mL 容量瓶定容。

(3) 未知试样。

## 四、实验步骤

1. 设置色谱条件

(1) 毛细管柱：未涂层熔融石英毛细管柱（长 47 cm × 内径 50 μm，有效长度 40 cm）。

(2) 分离电压：20 kV(正极进样，负极检测)。

(3) 分离时间：20 min。

(4) 进样时间：30 s(压差进样)。

(5) 进样高度：10 cm。

(6) 检测波长：254 nm。

2. 溶液的配制

取 1 000 mg·L$^{-1}$ 山梨酸标准溶液分别稀释成 20 mg·L$^{-1}$、40 mg·L$^{-1}$、60 mg·L$^{-1}$、80 mg·L$^{-1}$、100 mg·L$^{-1}$ 的山梨酸标准溶液。

3. 标准工作曲线的绘制

采用液体压差进样，分别测定上述 5 种溶液，每一试样测定 2~3 次，取其平均值，根据峰面积绘制标准工作曲线，用最小二乘法计算出线性方程式及相关系数。

4. 食品中防腐剂含量的测定

按与标准溶液相同的条件测定未知试样，并根据工作曲线求出未知试样中山梨酸的质量分数。

## 五、数据处理

(1) 绘制山梨酸浓度与峰面积的标准曲线。

(2) 计算未知试样的质量分数。

## 思 考 题

实验 5.6 习题答案

讨论电压、进样时间、缓冲溶液的 pH 值以及环境温度对分离效果的影响。

## 实验5.7　用离子色谱法测定地表水中的痕量阴离子

### 一、实验目的

（1）学习离子色谱法的基本原理及其操作方法。
（2）了解常见阴离子的测定方法。
（3）了解微膜抑制器的工作原理。

### 二、实验原理

离子色谱法(Ion Chromatography，IC)是色谱法的一个分支，它是将色谱法的高效分离技术和离子的自动检测技术相结合的一种分析技术。物质在离子交换柱上或涂渍离子交换剂的纸上进行离子交换反应，由于离子特性的差异，不同离子因产生不同的迁移而得以分离，再配以适当的检测器进行检测。它具有以下优点：可同时测定多组分的离子化合物，分析灵敏度高，重现性好，选择性好，分析速度快。离子色谱法根据分离机理的不同可分为双柱抑制型离子色谱法、单柱非抑制型离子色谱法、流动相离子色谱法和离子排斥色谱法。用于离子色谱法的检测器有电导检测器、紫外-可见分光光度检测器、荧光分光光度检测器、安培检测器等。离子色谱定性定量分析和一般色谱法相似，具有同时测定多组分的能力，但是需要标准物质对照。离子色谱法已广泛应用于化学、能源、环境、电子工业、电镀、食品、地质、水文、医疗卫生、造纸、石油化工、纺织等领域的各种分析，尤其在阴离子分析方面具有独到之处。

离子色谱法利用不同阴离子(如 $F^-$、$Cl^-$、$NO_3^-$、$NO_2^-$、$SO_4^{2-}$、$H_2PO_4^-$ 等)与低交换容量的阴离子树脂的亲和力不同，使各阴离子得以分离。利用微膜抑制器，可提高电导检测的灵敏度，使微量阴离子得到准确显示，从而根据峰高或峰面积测出相应含量。

### 三、仪器与试剂

**1. 仪器**

（1）离子色谱仪：EASY2000 色谱数据工作站，含阴离子分析柱、电导检测器。
（2）超声波发生器。
（3）注射器(1 mL)。
（4）容量瓶。

**2. 试剂**

（1）$Na_2CO_3$、$NaHCO_3$（均为优级纯）。
（2）去离子水，其电导率 <2 μS/cm。
（3）地表水。
（4）5种阴离子标准储备液：分别称取适量的 NaF、KCl、$K_2SO_4$（于 105 ℃下烘干 2 h，保存在干燥器内）、$NaNO_3$、$NaH_2PO_4$（于干燥器内干燥 24 h 以上）溶于水中，再分别转移到 1 000 mL 容量瓶中，然后各加入 10.00 mL 洗脱储备液，并用水稀释至刻度，摇匀备用。5种标准储备液中各阴离子的浓度均为 1.00 mg·mL$^{-1}$。

(5) 5 种阴离子的标准混合使用液。配制标准混合使用液所需 5 种标准储备液的体积见表 5-8。

表 5-8　配制标准混合使用液所需 5 种标准储备液的体积

| 标准储备液 | $F^-$ | $Cl^-$ | $NO_3^-$ | $SO_4^{2-}$ | $H_2PO_4^-$ |
| --- | --- | --- | --- | --- | --- |
| $V/\text{mL}$ | 0.30 | 0.50 | 1.00 | 2.50 | 2.50 |

吸取各标准储备液于同一个 100 mL 容量瓶中，再加入 1.00 mL 洗脱储备液，然后用水稀释至刻度，摇匀。

(6) 洗脱储备液（$NaHCO_3$ - $Na_2CO_3$）：分别称取一定量的 $NaHCO_3$ 和 $Na_2CO_3$（于 105 ℃下烘干 2 h，保存在干燥器内），溶于水中，并转移到 100 mL 容量瓶中，用水稀释至刻度，摇匀。该洗脱储备液中 $NaHCO_3$ 和 $Na_2CO_3$ 的浓度为色谱柱所需浓度。

(7) 洗脱使用液（即洗脱液）：吸取洗脱储备液 10.00 mL 于 1 000 mL 容量瓶中，用水稀释至刻度，摇匀，用 0.45 μm 的微孔滤膜过滤，即得 0.003 1 mol·$L^{-1}$ $NaHCO_3$ - 0.002 4 mol·$L^{-1}$ $Na_2CO_3$ 的洗脱液。

### 四、实验步骤

(1) 实验条件：YSA8 型分离柱；抑制器，抑制电流为 80～90 mA；洗脱液（0.003 1 mol·$L^{-1}$ $NaHCO_3$ - 0.002 4 mol·$L^{-1}$ $Na_2CO_3$）流量为 1.5～2.0 mL·$min^{-1}$；进样量为 200 μL。

(2) 打开电源，开启平流泵电源，流量调至 1.5 mL·$min^{-1}$。测压，打开电导检测器，按"调零"键，打开 EASY2000 色谱数据工作站，按操作指南进行操作。

(3) 吸取 5 种阴离子标准储备液各 0.50 mL，分别置于 5 只 50 mL 容量瓶中，各加入洗脱储备液 0.50 mL，加水稀释至刻度，摇匀，即得各阴离子标准使用液。

(4) 将仪器调至进样状态，吸取 1 mL 各阴离子标准使用液进样，再把旋钮调至"分析"挡，同时按"开始"键，试样开始进行分析，记录色谱图，各试样重复进样两次。

(5) 工作曲线的绘制。分别吸取阴离子标准混合使用液 1.00 mL、2.00 mL、4.00 mL、6.00 mL、8.00 mL 于 5 只 10 mL 容量瓶中，各加入 0.1 mL 洗脱储备液，然后用水稀释到刻度，摇匀，分别吸取 1 mL，进样，记录色谱图。各种溶液分别重复进样两次。

(6) 取未知水样 1.00 mL，加入 0.10 mL 洗脱储备液，稀释至 10 mL，摇匀，取 0.20 mL 按同样的实验条件进样，记录色谱图，重复进样两次。

### 五、数据处理

(1) 按照 EASY2000 色谱工作站使用手册，分别绘制各标准工作曲线。
(2) 计算出未知水样中各组分的含量。
(3) 打印并分析结果和色谱图。

实验 5.7　习题答案

思 考 题

1. 电导检测器为什么可用作离子色谱仪的检测器？
2. 为什么在每一试样溶液中都要加入一定量的洗脱储备液？

# 实验 5.8　用 GPC 测定高分子聚合物的分子量分布

## 一、实验目的

（1）了解 GPC 的测量原理，初步掌握进样、淋洗、接收、检测等操作技术。
（2）掌握分子量分布曲线的分析方法，得到试样的数均分子量、重均分子量和多分散性指数。

## 二、实验原理

高分子聚合物（简称聚合物）一般是由不同分子量的同系物组成的混合物，具有两个特点：分子量大、分子量具有多分散性。目前在表示某一聚合物分子量时一般同时使用平均分子量和分子量分布。分子量分布反映聚合物中各同系物的分子量与含量间的关系，可以用聚合物的分子量分布曲线来描述。聚合物的物理性能与其分子量和分子量分布密切相关，因此对聚合物的分子量和分子量分布进行测定具有重要的科学和实际意义。同时，由于聚合物的分子量和分子量分布是由聚合过程的机理所决定的，因此通过研究聚合物的分子量和分子量分布与聚合时间的关系可以研究聚合机理和聚合动力学。测定聚合物分子量的方法有多种，如黏度法、端基分析法、超离心沉降法、动态/静态光散射法和 GPC 等。测定聚合物分子量分布的方法主要有三种。

（1）利用聚合物溶解度与分子量的关联，将试样分成分子量不同的分级，从而得到试样的分子量分布，如沉淀分级法和梯度淋洗分级法。
（2）利用聚合物分子链在溶液中的分子运动性质得出分子量分布，如超速离心沉降法。
（3）利用聚合物体积与分子量的关联得到分子量分布，如 GPC。

GPC 具有快速、精确、重复性好等优点，目前已成为科研和工业生产领域测定聚合物分子量和分子量分布的主要方法。

1. 分离机理

GPC 是液相色谱法的一个分支，分离部件是一个以多孔性凝胶作为载体的色谱柱，凝胶的表面与内部含有大量彼此贯穿、大小不等的孔洞。色谱柱总体积 $V_t$ 由载体骨架体积 $V_g$、载体内部孔洞体积 $V_i$ 和载体粒间体积 $V_0$ 组成。GPC 的分离机理通常用空间排斥效应解释。被测聚合物试样以一定速度流经充满溶剂的色谱柱，溶质分子向凝胶孔洞渗透，渗透概率与分子尺寸有关，分为以下三种情况：①分子尺寸大于凝胶所有孔洞孔径，则该分子只能存在于凝胶颗粒之间的空隙中，淋洗体积 $V_e = V_0$，为定值；②分子尺寸小于凝胶所有孔洞孔径，则该分子可在所有凝胶孔洞之间填充，淋洗体积 $V_e = V_0 + V_i$，为定值；③分子尺寸介于前两种之间，其中较大分子渗入孔洞的概率比较小分子渗入孔洞的概率小，在柱内流经的路程更短，因而在柱中停留的时间也更短，从而达到分离的目的。当聚合物溶液流经色谱柱时，较大的分子被排除在凝胶的孔洞之外，只能从凝胶颗粒间的间隙通过，速度较快；而较小的分子可以进入凝胶的孔洞，通过的速度要慢得多。经过一定长度的色谱柱，分子根据相对分子质量被分开，相对分子质量大的在前面（即淋洗时间短），相对分子质量小的在后面（即淋洗时间长)。自试样进柱到被淋洗出来,接收到的淋洗液总体积称为该试样的淋洗体积。当仪器和实验条件确定后,溶质的淋洗体积与其分子量有关,分子量越大,其淋洗体积越小。分子的淋洗体积为

$$V_e = V_0 + kV_i \qquad (5-21)$$

式中,$k$ 为分配系数,$0 \leq k \leq 1$,分子量越大越趋于 1。

对于上述情况①,$k=0$;对于情况②,$k=1$;对于情况③,$0<k<1$。

综上所述,对于分子尺寸与凝胶孔洞直径匹配的溶质分子来说,都可以在 $V_0 \sim (V_0 + V_i)$ 淋洗体积之间按照分子量由大到小一次被淋洗出来。

2. 检测机理

在将分子量不同的分子分离后,还需要测定其含量和分子量。实验中用示差折光仪测定淋洗液的折光指数与纯溶剂的折光指数之差 $\Delta n$,在稀溶液范围内 $\Delta n$ 与淋洗组分的相对浓度 $\Delta c$ 成正比,因此 $\Delta n$ 与淋洗体积(或淋洗时间)的相关性曲线可表征不同分子的浓度。图 5-5 所示为折光指数差 $\Delta n$(浓度响应)与淋洗体积 $V_e$ 的的 GPC 谱图。

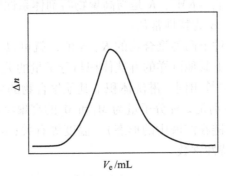

图 5-5 折光指数差 $\Delta n$(浓度响应)与淋洗体积 $V_e$ 的 GPC 谱图

3. 校正曲线

用已知相对分子质量的单分散标准聚合物绘制淋洗体积或淋洗时间和相对分子质量的对应关系曲线,该线称为校正曲线。聚合物中几乎找不到单分散的标准试样,因此,一般用窄分布的试样代替。在相同的测试条件下,根据不同相对分子质量试样对应的淋洗时间,绘制 $t$—$\lg M$ 曲线,或根据峰值位置的 $V_e$ 绘制 $V_e$—$\lg M$ 曲线,可得 GPC 校正曲线,如图 5-6 所示。

由图 5-6 可见,曲线与纵轴平行,这说明此时的淋洗体积与试样分子量无关。当 $\lg M > a$ 与 $\lg M < b$ 时,$V_0 \sim (V_0 + V_i)$ 是凝胶

图 5-6 GPC 校正曲线

选择性渗透分离的有效范围,即标定曲线的直线部分,此时分子量与淋洗体积的关系一般可用简单的线性方程表示:

$$\lg M = A + BV_e \tag{5-22}$$

式中，$A$、$B$ 为常数，与聚合物、溶剂、温度、填料及仪器有关，可由校正曲线得到。

对于不同类型的高分子，在分子量相同时分子尺寸并不一定相同，因此用某一聚合物的标准试样得到的校正曲线不能直接应用于其他类型的聚合物。而许多聚合物不易获得窄分布的标准试样，因此可将某一聚合物的标准试样在某种条件下测得的标准曲线，通过转换在相同条件下用于其他类型的聚合物试样。这种校正曲线称为普适校正曲线。根据弗洛里（Flory）流体力学体积理论，对于柔性链，当两种高分子具有相同的流体力学体积时，则有

$$[\eta]_1 M_1 = [\eta]_2 M_2 \tag{5-23}$$

式 5-23 中，$M_1$ 和 $M_2$ 为 2 种高分子物质的分子量。$[\eta]_1$ 和 $[\eta]_2$ 分别为 2 种分子量为 $M_1$ 和 $M_2$ 的高聚物溶剂体系的特性黏度。

再将马克-豪温克（Mark-Houwink）方程 $[\eta] = KM^\alpha$ 代入（5-23）：

$$\lg M_2 = \frac{1}{1+\alpha_2} \lg \frac{K_1}{K_2} + \frac{1+\alpha_1}{1+\alpha_2} \lg M_1 \tag{5-24}$$

Mark-Houwink 方程 $[\eta] = KM^\alpha$：$K$ 是与高聚物溶剂体系性质（如高分子链在溶液中的形态）、温度等有关的常数，$\alpha$ 为特性常数。

由此，如已知在测定条件下两种聚合物的 $K$、$\alpha$ 值，就可以根据标准试样的淋洗体积与分子量的关系换算出该条件下其他试样的淋洗体积与分子量的关系，即在已知标准试样某一淋洗体积的分子量 $M_1$ 时，可算出同一淋洗体积下其他聚合物的分子量 $M_2$。

式 5-24 中，$K_1$ 和 $K_2$ 分别是 2 种分子量为 $M_1$ 和 $M_2$ 的高聚物溶剂体系的常数，其与高聚物溶剂体系性质（如高分子链在溶液中的形态）、温度等有关；$\alpha_1$ 和 $\alpha_2$ 分别为 2 种分子量为 $M_1$ 和 $M_2$ 高聚物溶剂体系的特性常数。

**4. 柱效和分离度**

与其他色谱分析方法相同，GPC 实际的分离过程非理想过程，即分子量完全均一的试样，在 GPC 谱图上也有一定的分布现象。柱效和分离度能全面反映色谱柱性能的好坏。柱效用理论塔板数 $n$ 进行描述。对一种分子量均一的纯物质，如邻二氯苯、苯甲醇、乙腈和苯等作 GPC 测定，得到色谱峰，如图 5-7 所示。

从图 5-7 中得到峰顶位置淋洗体积 $V_R$、峰底宽 $W$，按照式（5-25）[或按式（5-16）]可计算 $n$。

$$n = 16\left(\frac{V_R}{W}\right)^2 = 5.54\left(\frac{V_R}{W_{1/2}}\right)^2 \tag{5-25}$$

对于相同长度的色谱柱，$n$ 值越大意味着柱效越高。

GPC 色谱柱性能的好坏不仅取决于柱效，还取决于色谱柱的分辨能力，一般用分离度 $R$ 进行描述，$R$ 可用式（5-26）[或用式（5-4）]表示：

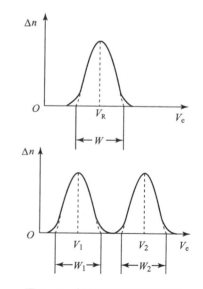

图 5-7 柱效率和分离度示意

$$R = \frac{2(V_2 - V_1)}{W_1 + W_2} \tag{5-26}$$

对于完全分离情形，$R$ 应大于或等于 1，当 $R$ 小于 1 时分离是不完全的。为了相对比较

色谱柱的分离能力,定义比分离度 $R_s$,它表示分子量相差 10 倍时的组分分离度,其计算式为

$$R_s = \frac{2(V_2 - V_1)}{(W_1 + W_2)(\lg M_{W_1} - \lg M_{W_2})} \tag{5-27}$$

## 三、仪器与试剂

### 1. 仪器

本实验采用 Waters 1515 Isocratic HPLC 型凝胶色谱仪(带有示差折光仪,B 型号色谱柱 × 2)。凝胶色谱仪主要由输液系统、注射器、色谱柱(可分离分子量范围为 $2 \times 10^2 \sim 2 \times 10^6$)、示差折光仪检测器、记录系统等组成。

### 2. 试剂

(1) 质量分数为 3‰的聚苯乙烯溶液(试样)。
(2) 一系列不同分子量的窄分布聚苯乙烯溶液(标样)。
(3) 四氢呋喃(分析纯)。

## 四、实验步骤

(1) 调试运行仪器。选择匹配的色谱柱,在实验条件下测定校正曲线(一般是 40 ℃)。这一步一般由任课教师事先完成。

(2) 配制试样溶液。使用纯化后的分析纯四氢呋喃配制试样溶液,质量分数为 3‰。使用分析纯溶剂前,需经过分子筛过滤,配置好溶液需静置一天。这一步一般由任课教师事先完成。

(3) 用注射器吸取四氢呋喃,进行冲洗,重复几次,然后吸取 5 μL 试样溶液,排出注射器内的空气,将针尖擦干。

将六通阀扳到"准备"位置,将注射器插入进样口,调整软件及仪器到准备进样状态,将试样液缓缓注入,而后迅速将六通阀扳到"进样"位置。将注射器拔出,并用四氢呋喃清洗。

吸取试样时注意排出注射器内部的空气;从试样注入调节六通阀至"进样"位置的过程中严禁抽取或拔出注射器。在注入试样时,进样速度不宜过快。速度过快,可能导致定量环内靠近壁面的液体难以被赶出,从而影响进样量;速度稍慢可以保证定量环内部的液体进样完全。

(4) 获取数据。
(5) 实验完成后,用纯化后的分析纯溶剂清洗色谱柱。

## 五、实验结果与分析

需记录的实验参数如下:
(1) 色谱柱;
(2) 内部温度;
(3) 外加热器温度;

(4) 流量；

(5) 进样体积。

凝胶色谱仪都配有数据处理系统，可同时给出宽分布未知样 GPC 谱图（见图 5-8）和各种平均分子量和多分散性指数。

**图 5-8　凝胶色谱仪给出的宽分布未知样 GPC 谱图**

从切片面积与淋洗体积（淋洗时间）曲线中可得到试样淋洗体积与质量分数的关系，从切片分子量与淋洗体积（淋洗时间）曲线中可得到淋洗体积与分子量的关系。记 $i$ 为切片数，$A_i$ 为切片面积，则第 $i$ 级分的质量分数 $w_i$ 为

$$w_i = \frac{A_i}{\sum A_i} \times 100\% \tag{5-28}$$

至第 $i$ 级分的累计质量分数 $I_i$ 为

$$I_i = \frac{1}{2}w_i + \sum_{i=1}^{i-1} w_i \tag{5-29}$$

数均分子量 $\overline{M_n}$ 为

$$\overline{M_n} = \frac{1}{\sum_i \frac{w_i}{M_i}} \tag{5-30}$$

重均分子量 $\overline{M_w}$ 为

$$\overline{M_w} = \sum_i w_i M_i \tag{5-31}$$

多分散性指数 $d$ 为

$$d = \frac{\overline{M_w}}{\overline{M_n}} \tag{5-32}$$

$I_i$—$M_i$ 曲线为积分分子量分布曲线；$w_i$—$M_i$ 曲线为微分分子量分布曲线。

## 思 考 题

实验 5.8 习题答案

1. 用 GPC 测定分子量为什么属于间接法？总结一下测定分子量的方法，哪些是直接法？哪些是间接法？分别有什么优缺点？

2. 列出实验测定时可能存在的误差及其对分子量的影响。

3. 对于某种聚合物，在得不到其马克－豪温克方程的 $K$ 和 $\alpha$ 值，但已通过分级得到一系列窄分布试样测得其相对应的 $[\eta]$ 的条件下，可否通过 GPC 求得该聚合物的分子量及 $K$ 和 $\alpha$ 值？如果可以，应该如何进行？

## 实验 5.9　用氨基酸全自动分析仪测定牛奶中的 16 种氨基酸

### 一、实验目的

（1）了解氨基酸全自动分析仪的测量原理。
（2）掌握测定氨基酸的分析方法。

### 二、实验原理

蛋白质是人体必需的有机成分，而氨基酸则是构成蛋白质的基本单位。牛奶中的氨基酸主要有 18 种，包括苏氨酸(Thr)、缬氨酸(Val)、亮氨酸(Leu)、异亮氨酸(Ile)、苯丙氨酸(Phe)、蛋氨酸(Met)、色氨酸(Trp)、赖氨酸(Lys)、组氨酸(His)、甘氨酸(Gly)、丝氨酸(Ser)、丙氨酸(Ala)、天冬氨酸(Asp)、谷氨酸(Glu)、酪氨酸(Tyr)、脯氨酸(Pro)、胱氨酸(Cys) 和精氨酸(Arg)，其中前 9 种为婴幼儿必需的氨基酸。应用于氨基酸分析的方法很多，包括柱后衍生高效阳离子交换色谱法、柱前衍生反相高效液相色谱法、高效阴离子交换色谱－积分脉冲安培检测法等。其中柱后衍生高效阳离子交换色谱法被认为是氨基酸分析的经典方法，早在 20 世纪 60 年代初，运用该法研制的氨基酸分析仪便已问世，如今的氨基酸全自动分析仪早已实现了程序控制自动化和数据处理计算机化。

柱后衍生高效阳离子交换色谱法是试样经离子交换层析后，各种氨基酸与茚三酮反应形成的蓝紫色化合物，如图 5-9 所示，最大光吸收在波长为 570 nm 处，摩尔消光系数为 $2 \times 10^4$。茚三酮和二级胺(脯氨酸和羟脯氨酸)形成的黄色产物，在波长 440 nm 处检出，摩尔消光系数为 $3 \times 10^3$。目前此法的灵敏度可达 100 pmol，但茚三酮试剂易氧化，必须隔绝空气避光保存，且试剂本身黏性大，需要有柱后混合器才能与氨基酸充分反应，因此对仪器要求较高。

本实验先用盐酸将奶粉中的蛋白质水解为游离氨基酸，再通过氨基酸全自动分析仪对其中的 16 种氨基酸(Trp 和 Cys 除外)进行测定。经过盐酸水解，氨基酸全自动分析仪能使奶粉中的 16 种氨基酸(Thr、Val、Leu、Ile、Phe、Met、Lys、Gly、Ser、Ala、Asp、Glu、Tyr、His、Pro、Arg)得到十分理想的分离效果。

图 5-9 氨基酸与茚三酮的反应

### 三、仪器与试剂

1. 仪器

（1）电子分析天平。
（2）电热恒温干燥箱。
（3）真空干燥箱。
（4）SHZ-D（Ⅲ）循环水多用真空泵。
（5）L-8900氨基酸全自动分析仪。
（6）容量瓶。
（7）烧杯。
（8）搅拌棒。
（9）三通管。
（10）医用止血钳。
（11）高纯氮气(99.99%)钢瓶。

2. 试剂

（1）氨基酸混合标准溶液(各氨基酸物质的量浓度均为2 500 $\mu mol \cdot L^{-1}$)。
（2）茚三酮显色液。
（3）16种氨基酸固体单标。
（4）蛋白质水解分析缓冲溶液(pH-1#、pH-2#、pH-3#、pH-4#)及再生溶液(pH-RG)(日本关东公司)。
（5）去离子水。

### 四、实验步骤

1. 试样前处理

称取混合均匀的奶粉0.1 g(精确至0.000 1 g)置于水解管中，加入10~15 mL的6 mol·$L^{-1}$的盐酸溶液。接上真空泵抽真空10 min至接近0 Pa，充氮气后用酒精喷灯烧管封口，并将封口严密的水解管放在(110±1)℃的电热恒温干燥箱内水解22 h后取出冷却。打开水解管，将水解液全部转入25 mL容量瓶中，用去离子水定容至刻度。取滤液1 mL置于25 mL烧杯中，在40~50 ℃的真空干燥箱中烘干(如有残留物，用1~2 mL去离子水溶解，再干燥)。加入5 mL的0.02 mol·$L^{-1}$盐酸溶液溶解，经0.22 μm的滤膜过滤，作为被测溶液。

## 2. 定量分析

按仪器说明书上机操作，用外标法定量，进样量为 20 μL。检测波长 440 nm(VIS2)用于检测 Pro，检测波长 570 nm(VIS1)用于检测除 Pro 外的其他氨基酸。

由 16 种氨基酸固体单标的 0.1 mol·L$^{-1}$的盐酸溶液确定氨基酸的种类。

用 0.1 mol·L$^{-1}$的盐酸溶液将氨基酸混合标准溶液分别稀释为 12.5 μmol·L$^{-1}$、25 μmol·L$^{-1}$、50 μmol·L$^{-1}$、100 μmol·L$^{-1}$、150 μmol·L$^{-1}$、200 μmol·L$^{-1}$、250 μmol·L$^{-1}$的溶液，上机进样测定，得到相应的峰面积，以标样的质量分数为横坐标，以峰面积为纵坐标，分别绘制出 16 种氨基酸的标准曲线，从而获得相应的回归方程和线性相关系数。

将被测溶液进样，利用标准曲线查出奶粉中各种氨基酸的含量。

## 思 考 题

试述柱后衍生高效阳离子交换色谱法的原理。

实验 5.9 习题答案

# 第 6 章
# 其他仪器分析实验

## 实验 6.1 用高分辨质谱法确定化合物的结构

### 一、实验目的

(1) 学习质谱分析法的基本原理。
(2) 了解质谱仪的基本构造、工作原理及操作方法。
(3) 学习质谱图解析的基本方法。

### 二、实验原理

质谱分析法是通过对试样离子质荷比（$m/z$）的分析而实现定性和定量的一种方法。因此，质谱仪都必须有电离装置把试样电离为离子，由质量分析装置把不同质荷比的离子分开，经检测器检测之后可以得到试样的质谱图。由于有机试样、无机试样和同位素试样等具有不同的形态、性质和分析要求，因此，它们所用的电离装置、质量分析装置和检测装置有所不同。但所有类型的质谱仪，其基本组成是相同的，都包括离子源、质量分析器、检测器和真空系统。

离子源的作用是将欲分析试样电离，得到带有试样信息的离子。质谱仪的离子源种类很多，有电子电离源、化学电离源、快原子轰击源、电喷雾电离（ESI）源、大气压化学电离（APCI）源等。

ESI 源是近年出现的一种新型离子源，主要应用于液相色谱 – 质谱联用仪，既作为液相色谱和质谱仪之间的接口装置，同时又是电离装置。它的主要部件是一个由多层套管组成的电喷雾喷嘴，最内层是液相色谱流出物，外层是喷射气，喷射气常采用大流量的氮气，作用是使喷出的液体更易分散成微滴。另外，在喷嘴的斜前方还有一个补助气喷嘴，补助气的作用是使微滴的溶剂快速蒸发。微滴在蒸发过程中表面电荷密度逐渐增大，当增大到某个临界值时，离子就可以从表面蒸发出来。离子产生后，借助喷嘴与锥孔之间的电压，穿过取样孔进入分析器。加到喷嘴上的电压可以是正，也可以是负。通过调节极性，可以得到正或负离子的质谱。其中值得一提的是电喷雾喷嘴的角度，如果喷嘴正对取样孔，则取样孔易堵塞，因此，有的电喷雾喷嘴设计成喷射方向与取样孔不在一条线上，而是错开一定角度，微滴不会直接喷到取样孔上，从而使取样孔保持洁净，不易堵塞。产生的离子被电场的作用引入取样孔，进入分析器。ESI 源采用一种软电离方式，即便是分子量大、稳定性差的化合物，也不会在电离过程中发生分解，适合分析极性强的大分子有机化合物，如蛋白质、肽、糖等。ESI 源的最大特点是容易形成多电荷离子。一个分子量为 10 000 的分子若带有 10 个电荷，则其质荷比只有 1 000，可进入一般质谱仪的分析范围。根据这一特点，目前采用 ESI 源可以测量分子量在 300 000 以上的蛋白质。

APCI 源的结构与 ESI 源大致相同，不同之处是其喷嘴的下游放置有一个针状放电电极，放电电极的高压放电会使空气中某些中性分子电离，产生 $H_3O^+$、$N_2^+$、$O_2^+$ 和 $O^+$ 等离子，溶剂分子也会被电离，这些离子与被测分子进行离子-分子反应，使被测分子离子化，这些反应过程包括由质子转移和电荷交换产生正离子、质子脱离和电子捕获产生负离子等。APCI 源主要用来分析中等极性的化合物。有些分析物由于结构和极性方面的原因，用 ESI 源不能产生足够强的离子，此时可以采用 APCI 源增加离子产率，因此可以认为 APCI 源是 ESI 源的补充。APCI 源主要产生的是单电荷离子，所分析的化合物分子量一般小于 1 000。用这种离子源得到的离子很少有碎片离子，主要是准分子离子。

质量分析器的作用是将离子源产生的离子按质荷比分开并排列成谱。用于有机质谱仪的质量分析器有磁式双聚焦分析器、四极杆分析器、离子阱分析器、飞行时间分析器、回旋共振分析器等。

质谱仪的检测器主要使用电子倍增器，也有部分使用光电倍增管。由四极杆出来的离子打到高能极产生电子，电子经电子倍增器产生电信号。信号增益与电子倍增器电压有关，提高电子倍增器电压可以提高灵敏度，但同时会缩短电子倍增器的寿命，因此，应该在保证仪器灵敏度的情况下采用尽量低电压的电子倍增器电压。由电子倍增器出来的电信号被送入计算机，这些信号经计算机处理后可以得到色谱图、质谱图及其他各种信息。

为了保证离子源中灯丝的正常工作，应保证离子在离子源和质量分析器中正常运行，消减不必要的离子碰撞、散射效应、复合反应和离子-分子反应，减小本底与记忆效应。质谱仪的离子源和质量分析器都必须处在低于 $10^{-5}$ mbar① 的真空中才能工作，即质谱仪都必须有真空系统。一般真空系统由机械真空泵和扩散泵或涡轮分子泵组成。机械真空泵能达到的极限真空度为 $10^{-3}$ mbar，不能满足要求，所以必须依靠高真空泵。扩散泵是常用的高真空泵，性能稳定可靠，缺点是启动慢，从停机状态到仪器能正常工作所需时间长；涡轮分子泵则相反，仪器启动快，但使用寿命不如扩散泵。由于涡轮分子泵使用方便，没有油的扩散污染问题，因此，近年生产的质谱仪大多使用涡轮分子泵。涡轮分子泵直接与离子源或质量分析器相连，抽出的气体再由机械真空泵排到体系之外。

质谱仪的分辨率是指把相邻两个质量的离子分开的能力，即在质量 $M$ 处分开 $M$ 和 $M + \Delta M$ 两个质量的离子的能力，常用 $R$ 表示：

$$R = \frac{M_1}{M_2 - M_1} = \frac{M_1}{\Delta M} \tag{6-1}$$

两峰刚刚分开指两峰的峰谷是峰高的 10%（两峰各提供 5%）。一般情况下，如 $R \leqslant 5\ 000$，为低分辨质谱；如 $R = 2 \times 10^4 \sim 3 \times 10^4$，则为中分辨质谱；如 $R > 3 \times 10^4$，则为高分辨质谱。低分辨质谱只能给出整数的离子质量数；高分辨质谱则可给出小数的离子质量数。低分辨质谱的质荷比由标称质量计算，高分辨质谱由精确质量计算。其中标称质量由在自然

---

① 1 mbar = 100 Pa。

界中最大丰度同位素的标称原子质量计算而得,精确质量是以$^{12}C$同位素的质量12.000 0为基准而确定的。

高分辨质谱可以区分具有标称质量相同但精确质量不同的物质,见表6-1。

表6-1 标称质量相同但精确质量不同的物质

| 分子式 | $C_6H_{12}$ | $C_5H_8O$ | $C_4H_8N_2$ |
|---|---|---|---|
| 分子量 | 84.093 9 | 84.057 5 | 84.068 8 |

高分辨质谱中物质的分子离子或碎片离子的定性测量是通过查高分辨质谱的Beynon表或通过计算推导得出的。经验已知高分辨质谱的误差在±0.006范围内。

本实验对已知结构的苯仿卡因试样进行验证性测定,其分子式为$C_9H_{11}NO_2$,相对分子质量为165.079 0,结构如图6-1所示。

图6-1 苯仿卡因的结构

本实验采用高分辨质谱仪测定苯仿卡因的质谱。

### 三、仪器与试剂

1. 仪器

(1) 高分辨质谱仪。

(2) 超声波仪。

(3) 针头式过滤器。

2. 试剂

(1) 甲醇(色谱纯)。

(2) 苯仿卡因。

### 四、实验步骤

(1) 检查高分辨质谱仪及其配套设施,确认其处于正常状态。

(2) 依次打开显示器、计算机主机、打印机、高分辨质谱仪电源开关,确认仪器处于正常状态。

(3) 双击Masslynx图标进入Masslynx主菜单,设置参数,使仪器处于最佳工作状态。

(4) 测定试样。将被测试样装入内置蠕动泵上的注射器,进样。

(5) 单击Acquire按钮,设置Data File Name、Function、Start Mass、End Mass等参数,然后单击Start按钮开始正式采集质谱图。

(6) 在质谱图窗口中,可以对谱图进行Smooth(平滑)、Subtract(扣底)、Center(棒图)等处理,选择File→Print选项,即可打印报告。

(7) 取出注射器,倒出试样并清洗干净。

(8) 测试完成后,按操作要求,将仪器关机。

(9) 解析质谱图,确定化合物的结构。

## 思 考 题

1. 何谓分子离子？它在质谱分析法中有何用处？
2. 一台完好的质谱仪应包含哪几部分？它们各起什么作用？

实验 6.1 习题答案

## 实验 6.2 用串联质谱法确定被测成分的分子式

### 一、实验目的

（1）学习串联质谱法的基本原理。
（2）了解串联质谱仪的基本构造、工作原理及操作方法。
（3）进一步学习质谱图解析的基本方法。

### 二、实验原理

串联质谱法又称质谱 – 质谱法、多级质谱法、二维质谱法和序贯质谱法，是指用质谱作质量分离的质谱方法。串联质谱法的作用主要有以下几点。

（1）诱导第一级质谱产生的分子离子裂解，有利于研究子离子和母离子的关系，进而给出该分子离子的结构信息。

（2）从干扰严重的质谱中抽取有用数据，大幅提高质谱检测的选择性，从而测定混合物中的痕量物质。

串联质谱分析的基本模式有以下几种。

（1）产物离子扫描（Production Scan）：又称（子离子扫描），是指在一级质谱中，选定一个离子作为母离子，对该离子经碰撞诱导解离（Collision Induced Dissociation，CID）产生的所有产物离子进行二级质谱扫描。

（2）母离子扫描（Precursor Scan）：是指在二级质谱中选择某一产物离子，对所有能经CID产生这一产物离子的母离子，进行质谱扫描。

（3）中性丢失扫描（Neutral Loss Scan）：是指选定中性碎片，检测所有能丢失这一中性碎片的物质。中性丢失扫描同时扫描前后两级质谱分析，且在这两级质谱分析之间保持相差质量恒定。

（4）选择反应监测（Selected Reaction Monitoring）：是指在第一级质谱分析选定一个离子，经碰撞后对产生的特定离子进行二级质谱分析，主要用于定量分析，提高选择性与信噪比。

多级质谱还可以进行多反应监测和定量分析。

多级质谱联用技术包括液相色谱 – 质谱联用技术、气相色谱 – 质谱联用技术及芯片 – 质谱联用技术等。在多级质谱联用技术中，色谱可作为质谱的试样导入装置，并对试样进行初步分离纯化，因此色谱 – 质谱联用技术可对复杂体系进行分离分析。因为色谱可显示化合物的保留时间，质谱可给出化合物的相对分子质量和结构信息，所以色谱 – 质谱联用技术对复杂体系或混合物中化合物的鉴别和测定非常有效。

## 三、仪器与试剂

1. 仪器

高分辨质谱仪（Agilent 6520 Q-TOF）。

2. 试剂

（1）三肽（$C_{19}H_{37}N_3O_4$，371.522 0），结构如图6-2所示。

图6-2 三肽结构

（2）水。

（3）乙腈。

## 四、实验步骤

1. 设置数据采集参数

打开 Masshunter 数据采集软件，调用 JQD LC-MS-P.m 方法，按下述条件设定仪器参数，并将文件存放在指定文件夹下。

在 Acquisition 界面，设置色谱、质谱参数。

色谱参数如下。

流动相：水∶乙腈=25∶75，流速为 0.3 mL/min，时间为 5 min。

检测器：ESI+Q-TOF，采集方式为 MS。

一级质谱参数如下。

Gas Temp：320 ℃；Drying Gas：10 L/min；Nebulizer：30 psi[①]；Vcap：3 500 V；Fragmentor：125 V；Skimmer：65 V；Mass Range（$m/z$）：50~3 000。

根据试样情况，设置质量范围。

二级质谱参数如下。

在 Acquisition 界面，选择 Target MS/MS 选项并对 Spectral Parameter 界面下的质量扫描范围和扫描速度进行设定。

在 Targeted list 界面，设定碰撞能。

在 Sample 界面，填写试样名、进样体积、试样所在位置、数据文件的名称和存储路径。

2. 数据采集

单击 RUN 按钮，将所有模块状态设置为 ON，开始进样分析。

---

① 1 psi=6 895 Pa。

## 五、数据处理

打开 Masshunter 定性数据分析软件，调用数据，得到每一种物质的 ESI-MS 质谱图。对比实测及模拟准分子离子峰（M+H）$^+$ 的精确质量数及同位素分布，确定化合物分子式。

### 思 考 题

实验 6.2 习题答案

1. 比较 C、H、O 等元素的同位素分布，回答如何根据同位素分布和精确质量测量来确定 $C_{10}H_{20}$ 和 $C_8H_{12}O_2$ 的分子式（标称质量均为 140 u）。
2. 如何设置不同分子最佳的二级碎裂能量？
3. 如何通过未知化合物的一级、二级质谱图，解析未知化合物信息？

## 实验 6.3　用核磁共振波谱法测定化合物的结构

### 一、实验目的

（1）了解核磁共振波谱法的基本原理。
（2）了解核磁共振波谱法的测定方法。
（3）通过对比实验，了解活泼氢与溶剂之间的快速交换对谱图的影响，以及氢键对质子化学位移的影响。

### 二、实验原理

自旋核系统中，在静电场电磁波的作用下，由于磁能级之间的跃迁而产生的谱图为磁共振液谱。磁共振液谱主要提供3种参数：化学位移、耦合常数、积分面积。

现以氢原子为例，说明磁共振的基本原理。原子核的自旋如同电子在原子核外运动一样会产生磁矩 $\mu$，其大小与核自旋角动量 $P$、磁旋比 $\gamma$、自旋量子数 $I$ 有关，关系式为

$$\mu = \gamma P = \frac{h\gamma}{2\pi}\sqrt{I(I+1)} \qquad (6-2)$$

而核磁旋比与氢原子核绕磁场进动的角速度有关，即与氢原子核的进动频率有关：

$$\gamma = \frac{\omega}{H_0} = \frac{2\pi\nu}{H_0} \qquad (6-3)$$

式中，$\omega$ 为氢原子核绕磁场进动的角速度；$H_0$ 为外加磁场强度；$\nu$ 为氢原子核的进动频率。

核自旋角动量在自旋轴向上的投影有固定值，为

$$P_z = \frac{mh}{2\pi} \qquad (6-4)$$

式中，$h$ 是普朗克常量，$h = 6.626 \times 10^{-34}$ J·s；$m$ 是原子核的磁量子数。

氢原子核在磁场中有两种自旋取向，代表两个能级，两个能级的能量 $E$ 可表示为

$$E = \mu_z H_0 = \gamma P_z H_0 = \frac{m\gamma h}{2\pi} H_0 \tag{6-5}$$

对于氢原子核来说，$m$ 有 $-1/2$ 和 $1/2$ 两种取向，两个能级之间的能量差为 $\Delta E$，$\mu_z$ 为磁矩 $\mu$ 在 $z$ 轴方向的投影，在外加磁场 $\boldsymbol{H}_0$ 的作用下，磁能级发生裂分，如图 6-3 所示。

**图 6-3 磁能级发生裂分**
(a) 磁矩；(b) 能量

磁能级发生裂分的能级差 $\Delta E$ 为

$$\Delta E = -\mu_z H_0 - \mu_z H_0 = -2\mu_z H_0 \tag{6-6}$$

由式(6-3)、式(6-4)及式(6-5)可推导出：

$$\mu_z = \gamma P_z = \frac{2\pi\nu}{H_0} \cdot \frac{mh}{2\pi} \tag{6-7}$$

因此两个能级之间的能量差 $\Delta E$ 与原子核的磁量子数有关。

电磁波具有波粒二象性，即

$$\Delta E = h\nu \tag{6-8}$$

将式(6-3)代入式(6-8)，有

$$\Delta E = \frac{\gamma h}{2\pi} H_0 \tag{6-9}$$

所以有

$$h\nu = \frac{\gamma h}{2\pi} H_0 \tag{6-10}$$

因此：

$$\nu = \frac{\gamma H_0}{2\pi} \tag{6-11}$$

在不考虑核外电子时，氢原子核的回旋频率，即进动频率 $\nu_{回}$ 与磁能级之间的跃迁频率 $\nu_{跃}$ 及外加磁场的照射频率 $\nu_{照}$ 相等，即

$$\nu_{回} = \nu_{跃} = \nu_{照} = \gamma \frac{H_0}{2\pi} \tag{6-12}$$

但是当有核外电子存在时，核外电子对核产生屏蔽作用，即

$$\nu_{跃} = \frac{\gamma H_0}{2\pi}(1 - \sigma) \tag{6-13}$$

式中，$\sigma$ 为屏蔽常数。核外电子对核的屏蔽作用不同，从而产生跃迁频率的变化，进而产生化学位移。

某一原子吸收峰位置与参比物原子吸收峰位置之间的差别称为该原子的化学位移，用 $\delta$

表示，其表达式为

$$\delta = \frac{\nu_{样} - \nu_{TMS}}{\nu_{仪}} \times 10^{-6} \qquad (6-14)$$

式中，TMS 为参比物，即四甲基硅烷[$(CH_3)_4Si$]；化学位移精度为 ppm[①]；$\nu_{样}$ 和 $\nu_{TMS}$ 分别是试样和参比物原子核发生磁共振时的照射频率（Hz）；$\nu_{仪}$ 为仪器的固有频率（MHz）。

感生磁场不同，会产生化学位移，同时其对相邻核的作用使跃迁的频率产生位移，即自旋耦合。自旋核的感生磁场作用在相邻核上，使相邻核的磁能级产生裂分，这种现象称为自旋耦合。产生的裂分为自旋耦合裂分，又称耦合裂分。自旋耦合产生裂分吸收，裂分峰间的距离用 $J$ 表示，称为耦合常数值，单位为 Hz。耦合裂分峰的个数与相邻核有关。

对于磁共振氢谱来说，磁共振波谱峰的积分面积与氢原子的个数成正比。

目前多使用脉冲傅里叶变换磁共振波谱仪测定磁共振波谱，其主要优点是灵敏度高，试样用量少。磁共振波谱仪的射频频率已由最初的 40 MHz 发展到现在的 800 MHz。

常用的氘代试剂为 $CDCl_3$、$D_2O$、DMSO、$C_6D_6$、$CD_3OD$、$CD_3COCD_3$、$C_5D_5N$ 等。

常见的活泼氢，如—OH、—NH—、—SH、—COOH 等基团的质子，在溶剂中交换很快，并受测定条件，如浓度、温度、溶剂的影响，$\delta$ 值不固定在某一数值上，而在一个较宽的范围内变化。活泼氢的峰形有一定特征，一般而言，酰胺、羧酸类缔合峰为宽峰，醇、酚类的峰形较钝，氨基、巯基的峰形较尖。用重水交换法可以鉴别活泼氢的吸收峰（加入重水后活泼氢的吸收峰消失）。

氢键对化学位移的影响表现为绝大多数氢键形成后，质子化学位移移向低场，即表现出相当大的去屏蔽效应。提高温度和降低浓度都可以破坏氢键。

### 三、仪器与试剂

1. 仪器

（1）400 MHz 磁共振波谱仪。

（2）磁共振管（$\phi$5 mm）。

（3）移液枪（1 mL）。

（4）漩涡振荡器。

2. 试剂

（1）水杨酸（邻羟基苯甲酸，A.R.）、尼泊金酸（对羟基苯甲酸，A.R.），结构如图 6-4 所示。

图 6-4 水杨酸与尼泊金酸的结构

(a) 水杨酸；(b) 尼泊金酸

---

[①] ppm 为 $10^{-6}$。

(2) 重水（$D_2O$，含 0.03% TMS）。
(3) 氘代氯仿（$CDCl_3$，含 0.03% TMS）。

### 四、实验步骤

（1）试样准备：取少量试样（约 5 mg）分别装入两根磁共振管中，然后用滴管加入约 0.5 mL 氘代氯仿于磁共振管中，充分振荡使试样溶解，用软纸（布）轻擦磁共振管外壁。

（2）磁共振管的定位：将磁共振管插入转子，从顶部放入试样规中。调整转子高度，使试样液柱的中心与试样规上的黑色中心线对齐，且磁共振管底部触及试样规的底部。

（3）测定：将试样管与转子置于自动进样器中，记下编号。在软件操作界面选择进样编号、输入试样名称、选择氘代氯仿、选择实验类型后，开始实验。

（4）结果处理：自行从服务器下载实验数据，采用合适的磁共振处理软件对数据进行处理，并绘制氢谱和碳谱。要求标注化学位移和积分面积或高度（仅磁共振氢谱），并对化学位移进行归属，明确指出对应的氢或碳（按图 6-4 中编号）。

### 五、实验结果与分析

1. 观察氢键对化学位移的影响

比较水杨酸和尼泊金酸磁共振氢谱中羟基的化学位移大小，并解释原因。

2. 观察磁共振氢谱随试样浓度的变化

分别向两种试样的磁共振管中补加试样，并测试磁共振氢谱。重复两次，比较两种试样在三种浓度下磁共振氢谱的变化，并解释原因。

3. 观察重水对活泼氢和氢键的影响

分别向两种试样的磁共振管中加入重水 1~2 滴，充分振荡后，进行磁共振氢谱测试，比较磁共振氢谱的变化，并解释原因。

### 思 考 题

1. TMS 的作用是什么？
2. 升高温度和添加 $D_2O$ 分别对 $^1H$ 核磁共振波谱有什么影响？

实验 6.3 习题答案

## 实验 6.4 核磁共振波谱理论及其计算分析

### 一、实验目的

（1）了解核磁共振波谱法的基本理论。
（2）了解核磁共振波谱法的计算和分析方法。
（3）通过对比实验，了解化学环境对核磁共振信号的影响因素。

### 二、实验原理

磁矩由原子核的旋转运动决定。核自旋量子数 $I$ 与核自旋磁量子数 $m_I$ 可以描述原子核的

自旋运动。类比可以得到原子核自旋运动的角动量 $M_N$ 及其在 $z$ 轴上的投影 $M_{N,z}$，分别为

$$M_N = \sqrt{I(I+1)}\frac{h}{2\pi} \qquad (6-15)$$

$$M_{N,z} = m_I \frac{h}{2\pi} \qquad (6-16)$$

其中，$h$ 是普朗克常量。当核自旋量子数 $I > 0$ 时，原子核就会产生核磁矩 $\mu_N$，核磁矩与原子核自旋角动量的关系式为

$$\mu_N = g_N \cdot \frac{e}{2m_p} \cdot M_N \qquad (6-17)$$

式中，$e$ 是电子电荷；$m_p$ 是原子核的质量；$g_N$ 是一个因子，目前的核结构理论还无法计算出各种原子核的 $g$ 因子。将式 (6-15) 代入式 (6-17)，得

$$\mu_N = g_N \beta_N \sqrt{I(I+1)} \qquad (6-18)$$

其中，$\beta_N$ 是核磁子，如 $^1H$ 的 $\beta_N = eh/(4\pi m_p) = 5.050\,82 \times 10^{-27}$ J·T$^{-1}$。

当外加磁场 $B$ 沿 $z$ 轴方向，与非零自旋磁矩的分子相互作用时，它们的相互作用能为

$$E = -g_N \beta_N m_I B \qquad (6-19)$$

根据定义，$m_I$ 的取值范围为 $[-I, I]$。例如，$^1H$ 的 $I = 1/2$，则其 $m_I = \pm 1/2$。在跃迁选律 ($\Delta m_I = \pm 1$) 约束下，磁场强度 $B$ 的变化会导致原子核在自旋能级之间的跃迁，产生共振吸收谱，即磁共振波谱。利用式 (6-19)，若 $B = 1$ T，$\Delta m_I = +1$，$^1H$ 原子核跃迁所吸收的频率为

$$\nu = \Delta E/h = 42.576 \text{ MHz} \qquad (6-20)$$

实际研究中，仅考虑 $I = 1/2$ 的原子核，即 $m_I = \pm 1/2$。当 $I > 1$ 时，原子核的电四极矩导致磁共振信号变宽，无法再体现化学信息。

在化学的应用上，发生磁共振的原子核会受到周围电子或原子核影响，这是核磁共振波谱能提供用于研究分子几何结构信息的原因。具体来说，如果分子中同一种原子所处的化学环境不同，核磁矩就会有差异，它们与外加磁场 $B$ 的相互作用就会不同。例如，$CH_3OH$ 中的甲基上的 $^1H$ 和羟基上的氢周围的电子环境是不同的，因此，它们对外加磁场的响应不同。此时，可引入有效磁场强度 $B_i$ 的概念：

$$B_i = B(1 - \sigma_i) \qquad (6-21)$$

式中，$\sigma_i$ 为屏蔽常数。由于 $\sigma_i > 0$，因此每个原子受到外加磁场的影响减少，而减少的程度与这个原子所处的化学环境相关。核磁共振波谱中，每个共振点都会受到周围原子、基团和分子不同程度的影响，这种现象称为化学位移。不同分子之间原子的共振位置变化很小，所以测量精度必须达到 $1 \times 10^{-6}$。更加便于测量的方法是利用含有相同共振核的分子（即参比分子，例如，TMS）作为基准，测量相对该基准的化学位移 $\delta_i$，即相对化学位移，其计算式为

$$\delta_i = (1 - B_i/B_{\text{参}}) \times 10^{-6} \qquad (6-22)$$

然而，在化学信息学里，计算的是绝对化学位移。一部分小分子的绝对位移是已知的。但大多数实际应用中，只有相对的各向同性位移是已知的。因此，为了将计算与测量联系起来，也需要对参比分子（如 TMS 中的质子）进行计算。另一方面，如果已知其他分子相对

TMS 的位移,也可以选择该分子作为参比分子,如 $CH_3OH$ 的羟基上的 H 相对 TMS 的化学位移为 3.35 ppm。也可以参考有机分子谱学数据库中的数据,如日本产业技术综合研究所(AIST)的光谱数据库 SDBS(https://sdbs.db.aist.go.jp/sdbs/cgi-bin/cre_index.cgi)。

在化学信息计算中,计算针对 3×3 化学位移张量 $\sigma$ 时,对于溶液中的分子,化学位移中的各向异性信息丢失,只有各向同性平均值能够被观察和报告,则有

$$\boldsymbol{\delta} = \frac{1}{3}(\boldsymbol{\sigma}_{xx} + \boldsymbol{\sigma}_{yy} + \boldsymbol{\sigma}_{zz}) \tag{6-23}$$

此时,化学位移可体现一种局部环境效应,它取决于核磁共振实验中被探测的原子核周围的环境。

一些基本的化学问题实际也可以通过计算化学位移来解决。这些分子的化学位移大多已经可以通过实验测量,但尝试用计算化学和化学信息方法来处理这一问题仍然具有指导意义。需要注意的是,目前这些分子的化学位移都以 TMS 作为参比分子,因此需要先针对 TMS 进行计算。另外,计算中要考虑溶剂效应,即 COSMO 模型。

### 三、仪器与试剂

(1)仪器:计算机(Windows 操作系统)。
(2)模拟软件:Orca 软件和 GAMESS 软件适合有一定计算化学基础的同学;Gaussian 软件适合初学者。

### 四、实验步骤

使用 BP86 泛函和 TZVP 基组优化下列分子的几何形状,并进行核磁共振化学位移计算。化合物 $^1H$ 屏蔽常数(ppm)的理论计算值见表 6-2。

表 6-2 化合物 $^1H$ 屏蔽常数(ppm)的理论计算值

| 化合物 | $CH_4$ | $NH_3$ | $H_2O$ | HF | $C_2H_2$ | $C_2H_4$ | $C_2H_6$ | $CH_3F$ | HCN | $H_2CNN$ | $H_2CO$ | $C_6H_6$ | HCl | $H_2S$ |
|---|---|---|---|---|---|---|---|---|---|---|---|---|---|---|
| $\sigma\,(^1H)$ | 30.6 | 32.4 | 30.1 | 28.7 | 29.3 | 25.4 | 29.8 | 26.6 | 27.8 | 28.4 | 18.3 | 23.5 | 31.1 | 30.5 |

输入文件示例:

```
% chk = NMR-test.chk    //格式化存储文件
# BP86/TZVP opt freq scrf = (solvent = chloroform)    //计算关键词
0  1    电荷自旋
c   0.000000    0.000000    0.000000    分子几何坐标
h   0.629312    0.629312    0.629312
h  -0.629312   -0.629312    0.629312
h  -0.629312    0.629312   -0.629312
h   0.629312   -0.629312   -0.629312
--link1--    //连续计算连接标识
% chk = NMR-test.chk
# BP86/TZVP NMR NPA scrf = (solvent = chloroform) geom = check guess = read
```

## 五、实验结果与分析

按照下列步骤进行计算。

(1) 画出计算实验中磁屏蔽常数与核磁共振实验屏蔽常数的对比图。

(2) 利用相关计算值和实验值的差值,进行线性回归分析的参数计算(即求出计算值与实验值的平均偏差和最大偏差),判断使用模型化学时计算值的可靠性。

(3) 从化学的角度讨论计算出的屏蔽常数的趋势,即绘制屏蔽常数与氢原子所连接的重原子的电负性或电荷[如自然布局分析(NPA)电荷]的曲线。

## 思 考 题

1. 酯 $H_3C—CO—O—CH_3$ 在 $^1H$ 核磁共振波谱中有两个共振,分别为 $\delta = 3.6$ ppm 和 $\delta = 2.03$ ppm,试对两处共振进行归属。

实验6.4 习题答案

2. A 物质的分子式为 $C_2H_6O$,即可能是乙醇,也可能是二甲醚。在 $^1H$ 核磁共振波谱中,在 $\delta = 5.1$ ppm、$\delta = 3.7$ ppm 和 $\delta = 1.22$ ppm 处存在共振。根据化学位移计算确定正确的结构。

3. 费斯特酸的结构一直存在争议。$^1H$ 核磁共振波谱显示其在 $\delta = 11.0$ ppm、$\delta = 5.5$ ppm 和 $\delta = 4.0$ ppm 处存在共振。根据化学位移计算,对图6-5所示的两种费斯特酸的可能结构进行判断。

图6-5 费斯特酸的可能结构

## 实验6.5 用气相色谱-质谱法分析食用油的成分

### 一、实验目的

(1) 了解气相色谱-质谱联用仪的构造及联用的工作原理。

(2) 了解气相色谱-质谱的调整过程和性能测试方法。

(3) 熟悉气相色谱-质谱联用仪测样分析条件的设置及谱库的检索方法。

### 二、实验原理

气相色谱-质谱法(GC-MS)的发展历经半个多世纪,是非常成熟且应用极其广泛的分离分析技术。GC-MS可充分发挥气相色谱分离效率高和质谱定性专属性强的能力,兼有两者之长。GC-MS 主要用于低沸点(300 ℃)和热稳定的复杂有机混合物的分离、定性及定量分析。气相色谱-质谱联用技术具有分离效率高、分析灵敏度高、试样用量少等特点,广泛应用于有机合成、药物开发、石油化工、环保监测和食品安全等领域。

GC – MS 分析条件应根据试样进行选择，因此在分析试样之前需尽量了解试样的情况，如试样组分的数量、沸点范围、分子量范围、化合物类型等。这些是选择分析条件的基础。一般情况下，若试样组成简单，可以使用填充柱；若试样组成复杂，则必须使用毛细管柱。应根据试样类型选择不同性质的色谱柱固定相，如极性、非极性和弱极性等。气化温度一般比试样中沸点最高的化合物的沸点高 20～30 ℃。柱温也应根据试样情况设定。低温下，低沸点组分出峰；高温下，高沸点组分出峰。根据试样类型选择合适的升温速度，以使各组分均得到很好的分离。

混合物试样经气相色谱分离成单一组分，并进入离子源，在离子源中试样分子被电离成离子，离子经过质量分析器之后按质荷比顺序排列成谱，经检测器检测后得到质谱，由计算机采集并存储质谱，经过适当处理即可得到试样的色谱图、质谱图等。经计算机检索后可得到化合物的定性结果，由色谱图可以进行各组分的定量分析。

气相色谱 – 质谱联用仪的质谱仪在正常工作前需要一系列的调整，否则不能进行正常工作。这些调整工作包括以下内容。

（1）抽真空。质谱仪在真空下工作，达到必要的真空度条件需要由机械真空泵和扩散泵（或涡轮分子泵）抽真空。如果采用扩散泵，从开机到正常工作需要 2 h 左右；若采用涡轮分子泵，则只需 2 min 左右。如果仪器上装有真空仪表，则在真空指示为 $10^{-5}$ mbar 或更高的真空条件下才能正常工作。

（2）仪器校准。主要对质谱仪的质量指示进行校准。一般四极杆质谱仪使用全氟三丁胺（FC – 43）作为校准气。用 FC – 43 的 $m/z$ = 69、131、219、414、502 等几项数据对质谱仪的质量指示进行校正，这项工作可由仪器自动完成。

（3）GC – MS 分析条件的设置，具体见实验步骤。

## 三、仪器与试剂

1. 仪器

（1）Agilent 7890A – 5975C 气相色谱 – 质谱联用仪。
（2）进样瓶。
（3）锥形瓶。
（4）容量瓶。
（5）移液枪。

2. 试剂

（1）食用油。
（2）十八酸甲酯标准溶液、十一酸甲酯标准溶液。
（3）饱和的 NaOH 甲醇溶液。
（4）15% 的 $BF_3$ 甲醇溶液。
（5）正己烷。

## 四、实验步骤

### 1. 试样的制备

取一定量的十八酸甲酯标准溶液,加入内标物十一酸甲酯标准溶液(19 μg·mL$^{-1}$),配制系列浓度标准溶液。

进行 GC-MS 分析的试样应该是在气相色谱工作温度下(如 300 ℃)能气化的试样。试样中应避免大量水的存在,浓度应该与仪器灵敏度匹配。对不满足要求的试样应进行预处理,经常采用的试样预处理方式有萃取、浓缩、衍生化等。

### 2. 分析条件的设置

根据仪器操作说明和试样情况,设置气相色谱条件(进样量、进样口温度、升温程序、载气流速、分流比、辅助加热温度等)和质谱条件(扫描速度、电子能量、灯丝电流、电子倍增器电压、扫描范围、溶剂延迟时间等)。最后,通过自动进样装置进样并采集数据。

设置数据采集参数并进样:将试样用正己烷稀释至 1 mL,置于试样盘。打开数据采集软件,调用已有方法或新建方法。按下述条件设定仪器参数,并将文件存放在指定文件夹下。

(1)仪器条件。色谱柱:Agilent19091S-433(30 m×0.25 mm×0.25 μm);He 分压:0.5 MPa;进样口温度:240 ℃;分流比:10∶1;进样量:0.5 μL;后运行温度:240 ℃;后运行时间:2 min。溶剂延迟时间:3 min;离子源温度:230 ℃;四极杆温度:150 ℃;扫描范围:40~500 amu①;程序升温条件:90 ℃保持 1 min,以 3 ℃/min 的速度升至 190 ℃,保持 1 min,以 7 ℃/min 的速度升至 205 ℃,保持 5 min。

(2)数据采集:单击 RUN 按钮,开始进样。

### 3. 谱库检索

打开谱库,分别输入各种试样的名称等,调出总离子色谱图(TIC),分析谱图特征和裂解机理。

## 五、数据处理

打开数据分析软件,调用数据,得到混合物的 TIC。

(1)定性:利用 NIST11 质谱数据库对 TIC 中的每一个峰进行定性分析。

(2)定量:根据峰面积,对试样中每个组分(除十八酸甲酯外)采用内标法定量分析,内标物是十一酸甲酯;对试样中的十八酸甲酯采用外标法定量分析。

(3)十八酸甲酯标准曲线:分别配制一系列不同浓度的十八酸甲酯标准溶液,在系列标准溶液中分别注入等体积的内标物(十一酸甲酯),绘制标准曲线。

(4)定量分析谱图并填写表 6-3。

---

① amu 指原子质量单位。

表 6-3 实验所得的数据

| 出峰顺序 | 保留时间 | 峰面积 | 质量分数 | 名称 | 结构式 | 分子量 | 说明 |
|---|---|---|---|---|---|---|---|
| 1 | | | | | | | |
| 2 | | | | | | | |
| 3 | | | | | | | |
| 4 | | | | | | | |

## 六、注意事项

（1）注意开机顺序，严格按操作手册规定的顺序进行。在真空达到规定值后才可以进行仪器调整。

（2）仪器调整完毕应尽快停止进样，立刻关闭灯丝电流和电子倍增器电压，以延长二者的寿命。

（3）灵敏度基于一定试样和一定实验条件。如改变条件，灵敏度会变化。

（4）谱库检索时须输入化合物英文名称。

思 考 题

实验 6.5 习题答案

1. 在油品预处理过程中所用的饱和的 NaOH 甲醇溶液、15% 的 $BF_3$ 甲醇溶液、正己烷各自的作用是什么？

2. 植物油的主要成分是脂肪酸甘油三酯。在本实验中为什么要先将脂肪酸甘油三酯转化为脂肪酸甲酯再进行 GC-MS 分析？

3. 进行 GC-MS 定性和定量分析的依据是什么？

4. 内标法和外标法各自的特点是什么？

5. 在 GC-MS 中为什么要设置溶剂延迟时间？溶剂延迟时间以什么为基准？

## 实验 6.6　用液相色谱-质谱法分离鉴定药物

### 一、实验目的

（1）了解液相色谱-质谱法的基本原理。

（2）掌握液相色谱-质谱法的操作步骤及实验方法。

（3）学习分析色谱图和质谱图。

### 二、实验原理

液相色谱-质谱法（LC-MS）将应用范围极广的分离方法——液相色谱法与高灵敏度、高选择性、能提供分子量和结构信息的质谱法结合，是一种重要的现代分离分析技术。

LC-MS 经历了约 30 年的发展，直至采用了大气压离子化技术之后，才发展为常规应用的重要分离分析方法，在生物、医药、化工、农业和环境等各个领域均得到了广泛应用。

LC-MS 原理如下。液相色谱法中不同的物质在固定相和流动相中具有不同的分配系数,当两相做相对位移时,这些物质在两相间反复多次进行分配,使原来分配系数差异微小的物质间产生明显的分离效果,依先后次序流出色谱柱,从而达到分离多种物质的目的。依次流出的物质在质谱仪中被打碎为各种离子,因质荷比不同,各离子被质量分析器区分和检测,最终达到分离分析的目的。

本实验所用高效液相色谱仪包括溶剂输送系统(高压泵等)、进样器、色谱柱、检测器等。色谱柱和流动相的选择是试样中各组分分离的关键。选择合适的固定相或优化流动相的组成及洗脱梯度,有助于得到优异的分离效果。本实验所用质谱仪为 Agilent 1260 四极杆-飞行时间串联质谱仪(Q-TOF MS/MS),该系统将高灵敏度、高质量精确度、宽动态范围完美地组合在一起,而且还具有操作简单和可靠性高的特点。Q-TOF 具有超高灵敏度,可以分析痕量的试样,对全扫描可以达到 2 ppm 的精度,而对 MS/MS 可以达到 5 ppm 的精度。系统可以进行全自动的调谐和质量轴校正,以及参比离子在线自动输入。谱图间的动态范围为 5 个数量级,所以 Q-TOF 一次进样可以精确地检测很宽浓度范围的试样。

近年来,LC-MS 已广泛应用于各种化学合成药物、天然药物的分离分析,成为临床化学试验、临床用药监护以及药代动力学等领域必不可少的分离分析手段之一。一些诸如甲硝唑的抗生素类药物,由于其产生菌的代谢产物大多是结构相似的多组分复合物,因此用常规分析方法进行快速鉴别和相关物质分析比较困难,而 LC-MS 以其强有力的分离分析能力,在这类药物的成分分析和相关物质的鉴定上展现出巨大的优势。

本实验采用 LC-MS 对阿昔洛韦、甲硝唑、茶碱进行分离和结构鉴定。阿昔洛韦、甲硝唑、茶碱的结构、分子式和精确分子量如图 6-6 所示。

图 6-6 阿昔洛韦、甲硝唑、茶碱的结构、分子式和精确分子量
(a) 阿昔洛韦;(b) 甲硝唑;(c) 茶碱

## 三、仪器与试剂

1. 仪器

(1) Agilent 1260 高效液相色谱仪 Q-TOF MS/MS。

(2) 色谱柱:Agilent SB-C18 柱(2.1 mm×100 mm,3.5μm)。

2. 试剂

(1) 阿昔洛韦($C_8H_{11}N_5O_3$,225.086 2)。

(2) 甲硝唑($C_6H_9N_3O_3$,171.064 4)。

(3) 茶碱（$C_7H_8N_4O_2$，180.064 7）。
(4) 乙腈：HPLC 级。
(5) 超纯水。

### 四、实验步骤

**1. 设置数据采集参数**

打开 Masshunter 数据采集软件，调用 JQD LC – MS – P. m 方法，按下述条件设定仪器参数，并将文件存放在指定文件夹下。

(1) 试样瓶位置：P1 – A1。

(2) 色谱参数如下。流动相：水∶乙腈 = 85∶15，流速为 0.3 mL·min$^{-1}$，进样量为 5 μL，时间为 5 min。采集方式：MS 为 ESI。

(3) 质谱参数如下。Gas Temp：300 ℃；Drying Gas：10 L·min$^{-1}$；Nebulizer：30 psi；Vcap：3500 V；Fragmentor：120 V；Skimmer：65 V；Mass Range（$m/z$）：50~600。

**2. 数据采集**

平衡色谱柱 5 min 后，单击 RUN 按钮，开始进样分析。

调整流动相比例，重复进行以上进样分析。

### 三、数据处理

打开 Masshunter 数据分析软件，调用数据，得到混合物的 TIC。确定该图中各峰的归属，分析它们的保留时间及出峰顺序不同的可能原因。

比较三种流动相比例下色谱分离谱图的差异，讨论并分析不同流动相比例对保留时间和分离度的影响。

### 思 考 题

1. 什么是正相液相色谱（Normal Phase Liquid Chromatography，NPLC）和反相液相色谱（Reversed Phase Liquid Chromatography，RPLC）？解释为什么有机酸、碱、多肽和蛋白质常用反相液向色谱分析？

2. 改变液相色谱流动相配比，对出峰时间及分离度有什么影响？

## 实验 6.7　粉末 X 射线衍射法

### 一、实验目的

(1) 学习了解 X 射线衍射仪的结构和工作原理。

(2) 掌握 X 射线衍射物相定性分析的方法和步骤。

(3) 设计实验方案，对给定实验试样作出正确的分析鉴定结果。

## 二、实验原理

根据晶体对 X 射线的衍射特征——衍射线的位置、强度及数量来鉴定结晶物质的方法,称为 X 射线衍射物相分析。每一种结晶物质都有独特的化学组成和晶体结构,没有任何两种物质的晶胞大小、质点种类及质点在晶胞中的排列方式是完全一致的。因此,当 X 射线被晶体衍射时,每一种结晶物质都有自己独特的衍射花样,它们的特征可以用各个衍射晶面间距 $d$ 和衍射线的相对强度 $I/I_1$ 来表征。其中晶面间距 $d$ 与晶胞的形状和大小有关,衍射线的相对强度 $I/I_1$ 则与质点的种类及质点在晶胞中的位置有关。图 6-7 所示为晶体对 X 射线的衍射,$\theta$ 为衍射角,$\alpha$、$\beta$、$\gamma$ 为平行晶面,$\beta$ 晶面的入射和反射线光程比其他晶面长 $DB+BF$,则有

$$DB = BF = d\sin\theta \tag{6-24}$$

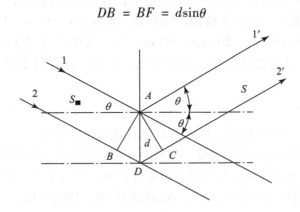

**图 6-7 晶体对 X 射线的衍射**

依据布拉格方程,衍射角 $\theta$ 与晶面间距 $d$ 之间的关系为

$$2d\sin\theta = n\lambda \tag{6-25}$$

式中,$n$ 为衍射级数;$\lambda$ 为入射 X 射线的波长。

任何一种结晶物质的衍射数据 $d$ 和 $I/I_1$ 都必然反映其晶体结构,因而可以根据它们来鉴别结晶物质的物相。物相定性分析是 X 射线衍射分析中最常用的一项测试,X 射线衍射仪可自动完成这一过程。首先,仪器按给定的条件进行衍射数据自动采集,接着进行寻峰处理并自动启动程序。当检索开始时,操作者选择输出级别(扼要输出、标准输出或详细输出),选择所检索的数据库(物相数据库存储在计算机硬盘上,约包含 46 000 种物相,并设有无机物、有机物、合金、矿物等多个分库),设置测试时所使用的靶、扫描范围、实验误差范围,并输入试样的元素信息等。之后,系统将进行自动检索匹配,并将检索结果打印输出。

用 X 射线衍射仪进行物相分析有如下要求。

1. 试样

一般采用块状平面试样,可以是整块的多晶体,也可压制为粉末状。金属样可从大块中切割出合适的大小(如 20 mm×15 mm),经砂轮、砂纸磨平再进行适当的浸蚀。分析氧化层时表面一般不作处理,而化学热处理层的处理则视实际情况进行(如用细砂纸轻磨去氧化皮)。粉末试样有一定的粒度要求,与德拜相的要求基本相同(颗粒大小为 1~10 μm 数量

级）。粉末可过 200~325 目筛子即合乎要求，不过由于在 X 射线衍射仪上摄照面积较大，故允许采用稍粗的颗粒。根据粉末的数量可将试样压在玻璃制的通框或浅框中。压制时一般不加黏结剂，所加压力以使粉末试样黏牢为限，压力过大可能导致颗粒出现择优取向。当粉末数量很少时，可在平玻璃片上抹一层凡士林，再将粉末均匀撒上。

2. 测试参数的选择

绘制衍射图之前，须考虑确定的实验参数很多，如 X 射线管阳极的种类、滤片、管压、管流等，以及有关测角仪上的参数，如发散狭缝、防散射狭缝、接收狭缝的选择等。X 射线衍射仪的开启与 X 射线晶体分析仪有很多相似之处，特别是 X 射线发生器部分。对于自动化衍射仪，很多工作参数可由计算机上的键盘输入或通过程序输入。X 射线衍射仪需设置的主要参数有：脉冲高度分析器的基线电压、上限电压；计数率仪的量程，如每秒为 500 计数、1 000 计数或 5 000 计数等；计数率仪的时间常数，如 0.1 s、0.5 s、1 s 等；记录仪的走纸速度，如每 $2\theta$ 角度为 10 mm、20 mm、50 mm 等；测角仪连续扫描速度，如 0.01°/s、0.03°/s 或 0.05°/s 等；扫描的起始角和终止角等。此外，还可以设置寻峰扫描、阶梯扫描等其他方式。

3. 衍射图的分析

运用 Origin 8 软件绘制衍射图，运用 Jade 软件进行定性分析。

也可以用传统方法确定物质的组成。先借助三角板和米尺对衍射图上比较明显的衍射峰的 $2\theta$ 值进行测量。将米尺的刻度与衍射图的角标对齐，令三角板一直角边沿米尺移动，另一直角边与衍射峰的对称(平分)线重合，确定峰的位置。借助米尺，可以读出精确到 0.01°（或 0.1°）的 $2\theta$ 值，并通过计算对应的 $d$ 值。再按衍射峰的高度估算各衍射峰的相对强度 $I/I_1$。得出 $d$ 与 $I/I_1$ 之后，以前反射区 3 个最强峰为依据，查阅粉末衍射卡片组（Powder Diffraction File, PDF）索引尝试找到可能的卡片，再进行详细对比。如果对试样中的物相已有初步猜想，可借助字母索引来检索。确定一个物相之后，将余下线条进行强度的归一化处理，再寻找第二相。也可根据试样的实际情况作出推断，直至所有的衍射峰均有归属。但此方法未考虑各物相是否存在择优取向。X 射线衍射物相定性分析方法有以下两种。

（1）三强线法。

①从前反射区（$2\theta<90°$）中选取强度最高的 3 个峰，并使其 $d$ 值按强度递减的次序排列。

②在数字索引中找到对应的 $d_1$（最强峰对应的面间距）组。

③按次强峰对应的面间距 $d_2$ 找到最接近的几列。

④检查这几列数据中的 $d_3$ 是否与被测试样的数据对应，再根据强度为第 4~第 8 的峰的数据进行判断，最后从中找出最可能的物相及其卡片号。

⑤将实验所得的 $d$ 及 $I/I_1$ 与标准卡片上的数据进行详细对比，如果完全符合，物相鉴定即告完成。

如果被测试样的数据与标准数据不符，则须重新排列组合并重复步骤②~步骤⑤的检索手续。

如被测试样为多相物质，则当找出第一物相之后，将该物相的峰剔除，并将留下峰的强度重新归一化，再按步骤①~步骤⑤进行检索，直到完成所有峰的归属。

（2）特征峰法。对于经常使用的试样，若充分了解并掌握其衍射谱图，可根据谱图特征进行初步判断。例如，在26.5°左右有一强峰，在68°左右出现五指峰，则可初步判定试样中含 $SiO_2$。

### 三、仪器与试剂

1. 仪器

（1）X射线粉末衍射仪、X射线靶枪[材质：铜（$\lambda = 0.15406$ nm）]。
（2）玛瑙研钵。
（3）试样架。

2. 试剂

被测试样：Cl/Br/I 无机盐的纯物质或混合物。

### 四、实验步骤

（1）研磨试样：用玛瑙研钵将试样研细至用手触摸时无颗粒感。
（2）制试样板：将试样架置于一干净的平板玻璃上，把研细的试样填入试样架的内框中，然后用一平面用力压实，试样的背面要均匀平整，作为衍射面。
（3）将装好试样的试样架小心放置到试样架座上。
（4）开启X射线粉末衍射仪，设定仪器工作参数和扫描条件。
（5）进行衍射实验和数据采集，采集完成后保存数据。
（6）处理数据，并用计算机进行检索。

### 五、数据处理及物相鉴定

X射线粉末衍射仪带有一套比较完整的衍射数据处理分析系统，可进行数据处理和试样物相的查卡鉴定。测试完毕，可保存试样测试数据供随时调出处理。原始数据需经过曲线平滑，$k$、$\alpha$的扣除，谱峰寻找等数据处理步骤，最后打印出被测试样衍射曲线和 $d$、$2\theta$、衍射线相对强度、衍射峰宽等数据供分析鉴定。

### 思 考 题

1. 试讨论制样过程中试样颗粒过大对实验结果有什么影响。
2. 简述X射线衍射仪的结构和工作原理。沥青和玻璃丝会产生衍射图吗？为什么？
3. 粉末试样的制备有几种方法？应注意什么问题？
4. 如何选择X射线管及管电压和管电流？
5. X射线衍射图分析鉴定应注意什么问题？

实验 6.7 习题答案

## 实验 6.8　电子顺磁共振波谱理论及其计算分析

### 一、实验目的

（1）了解电子顺磁共振波谱法的基本理论。

（2）了解电子顺磁共振的计算和分析方法。

（3）通过对比实验，了解化学环境对电子顺磁共振的影响因素。

## 二、实验原理

磁性是电子、质子等微观粒子和轨道所具有的内禀属性。电子顺磁共振（Electron Paramagnetic Resonance，EPR）是波谱学的一项技术，研究磁场中磁矩与电磁辐射之间的相互作用，即核外未成对电子的磁矩。依照量子力学理论，电子除了围绕原子核做轨道运动外，还在不停地做自旋运动，这两种运动都会产生角动量和磁矩。由于电子的磁矩主要由自旋磁矩决定，因此电子顺磁共振也称电子自旋共振（Electron Spin Resonance，ESR）。ESR 是研究至少含有一个未成对电子的磁性物质的电磁波谱法。电子的绝对磁矩 $\mu_B$ 为

$$\mu_B = g_e \beta_e \sqrt{S(S+1)} \tag{6-26}$$

式中，$g_e$ 是电子的 g 因子；$\beta_e$ 是电子磁矩；$S$ 是电子的自旋。若在 z 轴方向施加外加磁场 $B$，则电子磁矩与外加磁场 $B$ 的相互作用能为

$$E = -g_e \beta_e m_I B \quad (m_I = \pm 1/2) \tag{6-27}$$

这些均匀分布的能级随着磁场的增加而发散，并且满足 $\Delta m_I = \pm 1$ 的跃迁规则。ESR 的频率为

$$h\nu_{ESR} = g_e \beta_e B \tag{6-28}$$

ESR 波谱仪用于研究有外磁场存在时的电子塞曼（Zeeman）分裂及电子磁矩与磁场相互作用引起的能级间的共振跃迁。由于电子磁矩比原子核磁矩大 2~3 个数量级，因此 ESR 波谱仪的工作磁场比核磁共振波谱仪更小，频率更高。高频率（微波）辐射 ESR 波谱仪所使用的技术不同于核磁共振波谱仪。

类似于核磁共振波谱，分子产生的局部场效应能够改变未成对电子的磁场强度，因此 ESR 的频率的计算式为

$$h\nu_{ESR} = g_e(1-\sigma)\beta_e B \tag{6-29}$$

在 ESR 中，传统的写法为

$$g = g_e(1-\sigma) \tag{6-30}$$

其中，$g$ 是分子的整体 g 因子；$\sigma$ 反映了分子中局部场强与外加磁场之间的作用。

ESR 波谱特征包括信号的位置、电子-原子核超精细耦合、线的形状和宽度。ESR 信号的位置是由有效 g 值定义的，而 g 通过频率和磁场确定。更常用的方法是使用已知 g 的分子作为参照。例如，稳定的 Diphenylpicrylhydrazyl 自由基（见图 6-8）可以作为参比分子，它的 g=2.0036，非常接近一个自由电子的 g 值（2.0023）。一般的有机分子自由基自旋-轨道耦合非常小，因此大多数自由基的 g 值非常接近这个值，确定一般有机分子自由基的 g 值意义并不大。但是，对于含有 d 和 f 电子的分子，由于存在显著的电子自旋-轨道耦合作用，它们的 g 值与 2.00 偏差就会很大。对于含有 d 电子的基态分子而言，总量子数 $J$ 体现了电子的自旋-轨道耦合程度。例如，含有 $V^{4+}$（$d^1$）分子，g 值一般小于 2.00；而含有 $Cu^{2+}$（$d^9$）分子，g 值一般大于 2.00；对于含有 $Mn^{2+}$（$d^5$）分子，g=2.00。

电子-原子核耦合所产生的超精细结构由原子核的自旋和等价原子核的数量决定。有自旋量子数为 $I$ 的 $n$ 个等价的原子核构成的分子，电子-原子核超精细线的数目为 $2nI+1$。例如，苯自由基的电子-原子核超精细线的数目为 $2 \times 6 \times (1/2) + 1 = 7$。这 7 条线均匀分布，

**图 6－8 Diphenylpicrylhydrazyl 自由基结构**

相邻超细线间的距离即电子－原子核超精细耦合常数 $A$。

在化学信息计算中，计算针对 $3\times 3$ 个方向的各向同性 $g$ 和 $A$ 时，对于溶液中的分子，$g$ 和 $A$ 的各向异性信息丢失，只有各向同性平均值可以被观察，而固态分子的 $g$ 和 $A$ 通常等于其各向同性。

## 三、仪器与试剂

（1）仪器：计算机（Windows 操作系统）。
（2）模拟软件：Orca 软件。

## 四、实验步骤

ESR 计算可靠性分析：使用 B3LYP 泛函和 TZVP 基组优化下列分子的几何形状，得到的绝对 $g$ 和 $A$ 见表 6－4。

**表 6－4　化合物的绝对 $g$ 和 $A$**

| 化合物 | $g_{iso}$/ppm | $A_{iso}$/MHz |
|---|---|---|
| $H_2O^+$ | 7 930 | ［H］－72.1；［O］－83.2 |
| MgF | －1 430 | |
| $C_3H_5$ | 400 | ［H］12，－41，－39；［C］－48，61 |
| CN | －1 330 | ［N］－12.6；［C］－588 |
| $CO^+$ | －1 600 | |
| $NO_2$ | －2 560 | ［N］153；［O］－50 |
| $H_2CO^+$ | 1 330 | ［H］371；［O］－109 |
| HCO | －2 000 | |
| $NF_2$ | 2 970 | |
| $CH_3$ | 500 | ［H］－65；［C］121 |
| CH | | ［H］58；［C］47 |
| $H_2CN$ | | ［H］233；［C］－81；［N］26 |
| OH | | ［H］－26；［O］－30 |

输入文件示例：

! UKS B3LYP EPR-II TightSCF ∥计算关键词
* int 1 2 ∥电荷自旋
C(1) 0 0 0 0.00 0 0 ∥分子几何坐标
O(2) 1 0 0 1.20 0 0
H(3) 1 2 0 1.10 120 0
H(3) 1 2 3 1.10 120 180
*
% eprnmr nuclei = all {aiso,adip} ∥计算关键词
gtensor true

## 五、实验结果与分析

计算值和实验值相关性：在直角坐标系以计算值和实验值分别为横坐标和纵坐标，进行线性拟合分析，并计算理论计算值与实验值的平均偏差和最大偏差。

注意：实验中存在不同程度的各向异性，导致实验值有一定的不确定性。

思 考 题

磁共振和电子顺磁共振现象的区别和联系？

实验 6.8 习题答案

# 第 7 章
# 设计实验

## 一、目的和意义

在学生完成化学分析实验和仪器分析基本实验的基础上，为了激发学生自主学习的积极性和探索开发精神，培养学生的创新能力、独立解决实际问题的能力及组织管理的能力，本书安排了设计实验。实验过程遵循"以学生为主、以教师为辅"的原则，即教师提出实验方向、目的和要求，实验过程中的选题、资料查阅、方案制定、实验研究及论文写作均由学生独立完成，教师只作必要的指导和评价。

## 二、实施步骤

1. 选题

结合学生掌握的知识技能和实验条件，在教师的指导下选择 1~3 个能完成的实验题目。

2. 资料查阅

根据分析目的和要求，通过手册、工具书、数据库等信息源进行资料的检索，阅读相关文献，对相关课题的研究进行全面系统的调研总结，写出调研报告并在此基础上拟定研究目标。

3. 方案制定

研究目标确定后，结合实验室条件制定切实可行的实验方案。方案的内容包括分析方法、实验原理、所用仪器和试剂、具体实施步骤、实验结果的计算公式及参考文献等。具体实施步骤应包括试样的预处理、试剂的配制、条件实验研究、被测组分的测定等。实验方案由教师审阅后最终确定。

4. 实验研究

实验研究由学生独立完成。

5. 论文写作

实验结束后，以小论文的形式完成实验报告，大致包括以下各项。

（1）实验题目。
（2）概述。
（3）拟定方法原理。
（4）仪器与试剂。

(5) 实验步骤。

(6) 数据记录。

(7) 结果与讨论。

(8) 参考文献。

6. 成绩评定

论文提交后，教师结合学生在实验过程中的表现给出实验成绩。

## 三、设计实验参考选题

(1) 牛奶中三聚氰胺含量的测定。

(2) 食品中苏丹红含量的测定。

(3) 鱼或肉中铅含量的测定。

(4) 水果中维生素 C 含量的测定。

(5) 尿中钙、镁、钠、钾含量的测定。

(6) 血清或血浆中铜和锌含量的测定。

(7) 人发中铜和锌含量的测定。

(8) 土壤中农药残留的测定。

(9) 水中有机污染物含量的测定。

(10) 大气浮尘中微量元素的分析。

(11) 运动员体内兴奋剂的检测。

(12) 猪肉中药物残留的检测。

(13) 蔬菜中铁含量的测定。

(14) 自来水中重金属的检测。

(15) 食醋的各种有机酸含量的测定。

(16) 矿石中金属含量的测定。

(17) 水产品中甲醛的测定。

(18) 水果中农药残留的检测。

(19) 酱油中氨基酸成分的分析。

(20) 果汁中防腐剂的检测。

# 第 8 章
# 实验数据的计算机处理和模拟

分析化学的理论计算和实验数据处理，是分析化学的基本工作之一。其中部分计算工作凭借人工计算的方式即可进行，但是涉及复杂体系的理论处理、大量数据的统计处理等情况时，仅依赖人工计算难以实现。本章只介绍几种分析化学中最常用的数据处理方法，通过编制程序，将计算交由计算机完成。计算机在分析化学中的其他应用请参考其他相关书籍。

## 8.1 电位滴定终点的确定

滴定分析法常通过指示剂的颜色变化来确定滴定终点，但是，对于滴定突跃很小、溶液浑浊或有色、非水滴定等情况，用指示剂很难确定滴定终点。此时若用自动电位滴定法进行测定，往往更利于取得理想的实验结果。

自动电位滴定法可测量电位变化，算出滴定终点体积，电位 $E$ 并未直接用来计算被测溶液的浓度 $C$。该法准确度和精密度高，与指示剂滴定法相比有以下特点：

(1) 可用于滴定突跃小或不明显的滴定反应；
(2) 可用于有色或混浊试样的滴定；
(3) 装置简单、操作方便，可自动化；
(4) 常采用等步长滴定。

自动电位滴定法可采用以下三种方法确定滴定终点。

(1) $V—E$ 曲线法：根据 $E—V$ 曲线的拐点确定滴定终点[见图 8-1(a)]。

(2) $V—\dfrac{\Delta E}{\Delta V}$ 曲线法：取 $E—V$ 曲线的一阶近似微商曲线，根据曲线的极大点确定滴定终点[见图 8-1(b)]。

(3) $V—\dfrac{\Delta^2 E}{\Delta V^2}$ 曲线法：取 $E—V$ 曲线的二阶近似微商曲线，根据该曲线与横轴的交点(即 $\Delta^2 E/\Delta V^2 = 0$)确定滴定终点[见图 8-1(c)]。

这三种方法中，方法 (1) 和方法 (2) 需精细描点绘制曲线，麻烦费时，结果准确度不高。方法 (3) 既可以通过人工绘制曲线，也可以用计算法直接得出结果，准确可靠，但计算工作量较大，因此可借助计算机处理数据。二阶微商 $\Delta^2 E/\Delta V^2$ 最常用，计算式为

$$\frac{\Delta^2 E}{\Delta V^2} = \frac{\left(\dfrac{\Delta E}{\Delta V}\right)_2 - \left(\dfrac{\Delta E}{\Delta V}\right)_1}{\Delta V} \tag{8-1}$$

设在某自动电位滴定中得到的实验数据见表 8-1。

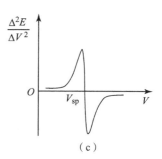

图 8-1 电位滴定终点的确定

(a) $V$—$E$ 曲线法；(b) $V$—$\frac{\Delta E}{\Delta V}$ 曲线法；(c) $V$—$\frac{\Delta^2 E}{\Delta V^2}$ 曲线法

表 8-1 某自动电位滴定中得到的实验数据

| $V$/mL | 11.00 | 11.10 | 11.20 | 11.30 | 11.40 | 11.50 |
|---|---|---|---|---|---|---|
| $E$/mV | 202 | 210 | 224 | 250 | 303 | 328 |

由上述数据计算一阶、二阶近似微商，结果见表 8-2。

表 8-2 根据某自动电位滴定中得到的实验数据计算一阶、二阶近似微商

| $V$/mL | $E$/mV | $\Delta V$/mL | $\Delta E$/mV | $\frac{\Delta E}{\Delta V}$ | $\frac{\Delta^2 E}{\Delta V^2}$ |
|---|---|---|---|---|---|
| 11.00 | 202 | | | | |
| | | 0.10 | 8 | 80 | |
| 11.10 | 210 | | | | 600 |
| | | 0.10 | 14 | 140 | |
| 11.20 | 224 | | | | 1 200 |
| | | 0.10 | 26 | 260 | |
| 11.30 | 250 | | | | 2 700 |
| | | 0.10 | 53 | 530 | |
| 11.40 | 303 | | | | -2 800 |
| | | 0.10 | 25 | 250 | |
| 11.50 | 328 | | | | |

在滴定终点前后，二阶微商由正值变为负值，与加入滴定剂体积的关系如图 8-2 所示。

图 8-2 二阶微商与加入滴定剂体积的关系

所以，以二阶微商由正变负的两点为插值节点，利用线性插值法，两点确定直线方程，计算 $y=0$ 时的 $x$ 值，即

$$\frac{V_{sp}-11.30}{11.40-11.30}=\frac{2\ 700}{2\ 700+2\ 800}$$

得 $V_{sp}=11.35$ mL。

计算被测溶液的浓度 $C$：

$$C = C_t \cdot \frac{V_{sp}}{V} \tag{8-2}$$

式中，$C$ 为被测溶液的浓度；$C_t$ 为滴定剂的浓度；$V_{sp}$ 为达到滴定终点时消耗滴定剂的体积；$V$ 为被测溶液的体积。

以上计算可以编制一个通用程序来实现（程序略）。

计算结果为 $V_{sp} = 11.35\ \text{mL}$，用 $0.1000\ \text{mol} \cdot \text{L}^{-1}$ 滴定剂滴定 $20.00\ \text{mL}$ 溶液时，测得被测溶液的浓度为 $0.05675\ \text{mol} \cdot \text{L}^{-1}$。

## 8.2 一元线性回归分析法

在电位分析、光度分析和分离分析等分析方法中，往往将被测物质的含量转换成与之呈线性关系的光电信号后，使用标准曲线法来确定被测物质的含量。例如，在光度分析中，先测量一系列不同浓度的标准试样溶液的吸光度，绘制吸光度与浓度的关系曲线，即标准曲线，如图 8-3 所示，然后测定试样溶液的吸光度，在标准曲线上查出试样溶液中被测物质的浓度，从而求得试样中被测物质的含量。

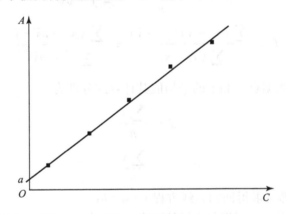

**图 8-3　根据实验数据绘制标准曲线**

标准曲线通常是一条直线，但由于实验误差等因素的存在，各数据点对直线往往有所偏离，手工绘制标准曲线误差较大，而用回归分析法可求出对于各数据点误差最小的直线，即回归直线，再由回归直线反推被测物质的含量及其置信区间，结果较准确，并且还可检验测定结果的线性相关关系和回归直线拟合的情况。

回归分析法指应用实验数据建立两个或两个以上变量的数量关系（回归方程），并据此由一个或几个变量的值去推算另一个变量的值的数理统计方法。本书只介绍常用的一元线性回归分析法。下面介绍回归直线方程。

若测量 $n$ 个数据点 $(x_i, y_i)$，它们之间存在线性相关关系，则其回归直线方程为

$$y = a + bx \tag{8-3}$$

式中，$y$ 为因变量（如吸光度、电极电位和峰面积等分析信号）；$x$ 为自变量（如标准溶液的浓度等可以严格控制或精确测量的变量）；$a$ 为回归直线的截距（或称回归常数，与系统误差的大小有关）；$b$ 为回归直线的斜率（或称回归系数，与测定方法的灵敏度有关）。例如，在

用分光光度法制备标准溶液时,溶液的吸光度与吸光物质的浓度成正比,该回归直线方程的截距 $a$、斜率 $b$ 可通过对一组实验数据进行拟合得到(见图 8-3)。

回归直线的总误差为各数据点 $(x_i, y_i)$ 与回归直线的离差的平方和(残余差方和),用 $Q$ 表示:

$$Q = \sum d_i^2 = \sum (y_i - y)^2 = \sum (y_i - a - bx_i)^2 \tag{8-4}$$

一元线性回归分析法常用最小二乘法,即回归直线是所有直线中离差平方和最小的一条直线,因此回归直线的截距 $a$ 和斜率 $b$ 应使 $Q$ 为极小值。根据微积分求极值的原理,$Q$ 为极小值的条件为,它对 $a$ 和 $b$ 的偏微分为零,即

$$\frac{\partial Q}{\partial a} = 0 \tag{8-5}$$

$$\frac{\partial Q}{\partial b} = 0 \tag{8-6}$$

由此可得

$$a = \frac{\sum y_i - b \sum x_i}{n} = \bar{y} - b\bar{x} \tag{8-7}$$

$$b = \frac{\sum (x_i - \bar{x})(y_i - \bar{y})}{\sum (x_i - \bar{x})^2} = \frac{\sum x_i y_i - n\bar{x} \cdot \bar{y}}{\sum x_i^2 - n\bar{x}^2} \tag{8-8}$$

式中,$\bar{x}$ 和 $\bar{y}$ 分别为各数据点 $x$ 和 $y$ 的平均值其计算式分别为。

$$\bar{x} = \frac{\sum x_i}{n} \tag{8-9}$$

$$\bar{y} = \frac{\sum y_i}{n} \tag{8-10}$$

显然,求出 $a$、$b$ 即可求得回归直线方程 $y = a + bx$。

实验误差和线性相关关系对回归直线的影响可用残余标准差 $S_f$ 来衡量:

$$S_f = \sqrt{\frac{Q}{n-2}} = \sqrt{\frac{\sum [y_i - (a+bx_i)]^2}{n-2}} = \sqrt{\frac{\sum (y_i - \bar{y})^2 - b(\sum x_i y_i - n\bar{x} \cdot \bar{y})}{n-2}} \tag{8-11}$$

残余标准差越小,回归直线的拟合效果越好。

两个变量之间是否存在线性相关关系可用相关系数 $r$ 来检验。相关系数定义为回归数据点 $x_i$ 的标准偏差的 $b$ 倍与 $y_i$ 的标准偏差之比($b$ 为回归直线的斜率),即

$$r = \frac{bS_x}{S_y} = b\sqrt{\frac{\sum (x_i - \bar{x})^2}{\sum (y_i - \bar{y})^2}} \tag{8-12}$$

$r^2 = 1$(或 $r = \pm 1$)时,两个变量完全线性相关,所有回归数据点都在回归直线上,无实验误差;$r^2 = 0$ 时,两个变量毫无线性相关关系;$0 < r^2 < 1$ 时,两个变量有一定的线性相关关系。$r^2$ 越接近 1,线性相关关系越好。线性相关系数临界值见表 8-3。

表 8-3　线性相关系数临界值

| $n-2$ | $\alpha=5\%$ | $\alpha=1\%$ | $n-2$ | $\alpha=5\%$ | $\alpha=1\%$ | $n-2$ | $\alpha=5\%$ | $\alpha=1\%$ |
|---|---|---|---|---|---|---|---|---|
| 1 | 0.997 | 1.000 | 16 | 0.468 | 0.590 | 35 | 0.325 | 0.418 |
| 2 | 0.950 | 0.990 | 17 | 0.456 | 0.575 | 40 | 0.304 | 0.393 |
| 3 | 0.878 | 0.959 | 18 | 0.444 | 0.561 | 45 | 0.288 | 0.372 |
| 4 | 0.811 | 0.917 | 19 | 0.433 | 0.549 | 50 | 0.273 | 0.354 |
| 5 | 0.754 | 0.874 | 20 | 0.423 | 0.537 | 60 | 0.250 | 0.325 |
| 6 | 0.707 | 0.834 | 21 | 0.413 | 0.526 | 70 | 0.232 | 0.302 |
| 7 | 0.666 | 0.798 | 22 | 0.404 | 0.515 | 80 | 0.217 | 0.283 |
| 8 | 0.632 | 0.765 | 23 | 0.396 | 0.505 | 90 | 0.205 | 0.267 |
| 9 | 0.602 | 0.735 | 24 | 0.388 | 0.496 | 100 | 0.195 | 0.254 |
| 10 | 0.576 | 0.708 | 25 | 0.381 | 0.487 | 125 | 0.174 | 0.228 |
| 11 | 0.553 | 0.684 | 26 | 0.374 | 0.478 | 150 | 0.159 | 0.208 |
| 12 | 0.532 | 0.661 | 27 | 0.367 | 0.470 | 200 | 0.138 | 0.181 |
| 13 | 0.513 | 0.641 | 28 | 0.361 | 0.463 | 300 | 0.113 | 0.148 |
| 14 | 0.697 | 0.623 | 29 | 0.355 | 0.456 | 400 | 0.098 | 0.128 |
| 15 | 0.482 | 0.606 | 30 | 0.349 | 0.449 | 1 000 | 0.062 | 0.081 |

注：$n-2$ 为自由度 $f$；$\alpha$ 为显著性水准。

一元线性回归还涉及以下参数。

残余标准差：

$$S_f = \left\{ \frac{(1-r^2)\left[\sum y_i^2 - \frac{1}{n}\left(\sum y_i\right)^2\right]}{n-2} \right\}^{\frac{1}{2}} \tag{8-13}$$

截距 $a$ 的标准差：

$$S_a = S_f \left[\frac{\sum x_i^2}{n\sum x_i^2 - \left(\sum x_i\right)^2}\right]^{\frac{1}{2}} \tag{8-14}$$

斜率 $b$ 的标准差：

$$S_b = \frac{S_f}{\left[n\sum x_i^2 - \left(\sum x_i\right)^2\right]^{\frac{1}{2}}} \tag{8-15}$$

除了用相关系数检验回归直线拟合效果的优劣之外，还可以用 $F$ 检验法：

$$F = \frac{(n-2)r^2}{1-r^2} \tag{8-16}$$

将计算得到的 $F$ 值与 $F$ 检验表（本书略）中的临界值进行比较，可进行 $F$ 检验。

## 8.3　拉格朗日插值法

在实验数据处理中可运用拉格朗日插值法把得到的数据进行拟合，整合成一个新的拟合方程，作为处理实验数据的结果。运用这种改进的数值方法得到的结果更为精确，更适合实验数据处理。

插值法的定义：设 $x_1$, $x_2$, $\cdots$, $x_n \in [a, b]$，$f(x)$ 在 $[a,b]$ 上有连续的 $n+1$ 阶导数，且 $y_i = f(x_i)$ ($i = 1, 2, \cdots, n$)，如果一个代数多项式 $g(x)$ 也能满足 $y_i = g(x_i)$ ($i = 1, 2, \cdots, n$)，则 $g(x)$ 称为 $f(x_i)$ 插值多项式，$x_1$, $x_2$, $\cdots$, $x_n$ 称为插值节点，两个节点之间的区间[即 $(x_1, y_1)$ 与 $(x_n, y_n)$] 称为插值区间。已知函数 $y = f(x)$ 在若干点 $x_i$ 的函数值 $y_i = f(x_i)$ ($i = 1, 2, \cdots, n$)，则插值问题为求一"简单"的函数 $g(x)$，使 $g(x_i) = y_i$ ($i = 1, 2, \cdots, n$)。

欲求自变量 $x$ 所对应的 $y$ 值，可在 $x$ 附近确定已知的 3 个节点 $(x_i, y_i)$、$(x_{i+1}, y_{i+1})$、$(x_{i+2}, y_{i+2})$，然后按式(8-17)计算：

$$y = \frac{(x - x_{i+1})(x - x_{i+2})}{(x_i - x_{i+1})(x_i - x_{i+2})} y_i + \frac{(x - x_i)(x - x_{i+2})}{(x_{i+1} - x_i)(x_{i+1} - x_{i+2})} y_{i+1} + \frac{(x - x_i)(x - x_{i+1})}{(x_{i+2} - x_i)(x_{i+2} - x_{i+1})} y_{i+2}$$

(8-17)

式中，若 $x \leqslant x_2$，则 $i = 1$；若 $x > x_{n-1}$，则 $i = n - 2$；若 $x_2 \leqslant x \leqslant x_{n-1}$，则 $x$ 的取值应使 $x \geqslant (x_i + x_{i+1})/2$。拉格朗日插值法如图 8-4 所示。

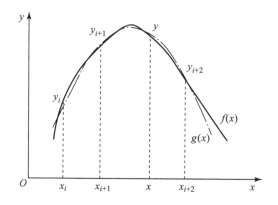

图 8-4　拉格朗日插值法

# 附 录

本书中涉及部分需查阅数据见附表 1-1 ~ 附表 20-1。

## 附录1 弱酸及弱碱在水溶液中的解离常数（25 ℃）

附表 1-1 弱酸

| 弱酸 | 分子式 | $I=0$ | | $I=0.1$ | |
|---|---|---|---|---|---|
| | | $K_a$ | $pK_a$ | $K_{aM}$ | $pK_{aM}$ |
| 砷酸 | $H_3AsO_4$ | $6.3\times10^{-3}$ ($K_{a1}$)<br>$1.0\times10^{-7}$ ($K_{a2}$)<br>$3.2\times10^{-12}$ ($K_{a3}$) | 2.19<br>6.94<br>11.50 | $8\times10^{-3}$ ($K_{a1}$)<br>$2\times10^{-7}$ ($K_{a2}$)<br>$6\times10^{-12}$ ($K_{a3}$) | 2.1<br>6.7<br>11.2 |
| 亚砷酸 | $HAsO_2$ | $6.0\times10^{-10}$ | 9.22 | $8\times10^{-10}$ | 9.1 |
| 硼酸 | $H_3BO_3$ | $5.8\times10^{-10}$ | 9.24 | | |
| 焦硼酸 | $H_2B_4O_7$ | $1.0\times10^{-4}$ ($K_{a1}$)<br>$1.0\times10^{-9}$ ($K_{a2}$) | 4<br>9 | | |
| 碳酸 | $H_2CO_3(CO_2+H_2O)$ | $4.2\times10^{-7}$ ($K_{a1}$)<br>$5.6\times10^{-11}$ ($K_{a2}$) | 6.38<br>10.25 | $5\times10^{-7}$ ($K_{a1}$)<br>$8\times10^{-11}$ ($K_{a2}$) | 6.3<br>10.1 |
| 氢氰酸 | $HCN$ | $4.9\times10^{-10}$ | 9.31 | $6\times10^{-10}$ | 9.2 |
| 铬酸 | $H_2CrO_4$ | $1.8\times10^{-1}$ ($K_{a1}$)<br>$3.2\times10^{-7}$ ($K_{a2}$) | 0.74<br>6.50 | | |
| 氢氟酸 | $HF$ | $6.8\times10^{-4}$ | 3.17 | $8.9\times10^{-4}$ | 3.1 |
| 亚硝酸 | $HNO_2$ | $5.1\times10^{-4}$ | 3.29 | | |
| 过氧化氢 | $H_2O_2$ | $1.8\times10^{-12}$ | 11.75 | | |
| 磷酸 | $H_3PO_4$ | $6.9\times10^{-3}$ ($K_{a1}$)<br>$6.2\times10^{-8}$ ($K_{a2}$)<br>$4.8\times10^{-13}$ ($K_{a3}$) | 2.16<br>7.21<br>12.32 | $1\times10^{-3}$ ($K_{a1}$)<br>$1.3\times10^{-8}$ ($K_{a2}$)<br>$2\times10^{-12}$ ($K_{a3}$) | 2.0<br>6.9<br>11.7 |
| 焦磷酸 | $H_4P_2O_7$ | $3.0\times10^{-2}$ ($K_{a1}$)<br>$4.4\times10^{-3}$ ($K_{a2}$)<br>$2.5\times10^{-7}$ ($K_{a3}$)<br>$5.6\times10^{-10}$ ($K_{a4}$) | 1.52<br>2.36<br>6.60<br>9.25 | | |

续表

| 弱酸 | 分子式 | $I=0$ | | $I=0.1$ | |
|---|---|---|---|---|---|
| | | $K_a$ | $pK_a$ | $K_{aM}$ | $pK_{aM}$ |
| 亚磷酸 | $H_3PO_3$ | $5.0\times10^{-2}(K_{a1})$<br>$2.5\times10^{-7}(K_{a2})$ | 1.30<br>6.60 | | |
| 氢硫酸 | $H_2S$ | $8.9\times10^{-8}(K_{a1})$<br>$1.2\times10^{-13}(K_{a2})$ | 7.05<br>12.92 | $1.3\times10^{-7}(K_{a1})$<br>$7.1\times10^{-15}(K_{a2})$ | 6.9<br>12.6 |
| 硫酸 | $H_2SO_4$ | $1.2\times10^{-2}(K_{a2})$ | 1.92 | $1.6\times10^{-2}(K_{a2})$ | 1.8 |
| 亚硫酸 | $H_3SO_3(SO_2+H_2O)$ | $1.29\times10^{-2}(K_{a1})$<br>$6.3\times10^{-8}(K_{a2})$ | 1.89<br>7.20 | $1.6\times10^{-2}(K_{a1})$<br>$1.6\times10^{-7}(K_{a2})$ | 1.8<br>6.8 |
| 硅酸 | $H_2SiO_3$ | $1.7\times10^{-10}(K_{a1})$<br>$1.6\times10^{-12}(K_{a2})$ | 9.77<br>11.80 | $3\times10^{-10}(K_{a1})$<br>$2\times10^{-13}(K_{a2})$ | 9.5<br>12.7 |
| 甲酸 | HCOOH | $1.7\times10^{-4}$ | 3.77 | $2.2\times10^{-4}$ | 3.65 |
| 乙酸 | $CH_3COOH$ | $1.75\times10^{-5}$ | 4.76 | $2.2\times10^{-5}$ | 4.65 |
| 一氯乙酸 | $CH_2ClCOOH$ | $1.38\times10^{-3}$ | 2.86 | $2\times10^{-3}$ | 2.7 |
| 二氯乙酸 | $CHCl_2COOH$ | $5.5\times10^{-2}$ | 1.26 | $8\times10^{-2}$ | 1.1 |
| 三氯乙酸 | $CCl_3COOH$ | 0.23 | 0.64 | | |
| 氨基乙酸盐 | $^+NH_3CH_2COOH$<br>$^+NH_3CH_2COO^-$ | $4.5\times10^{-3}(K_{a1})$<br>$1.7\times10^{-10}(K_{a2})$ | 2.35<br>9.78 | $3\times10^{-3}(K_{a1})$<br>$2\times10^{-10}(K_{a2})$ | 2.5<br>9.7 |
| 抗坏血酸 | —CHOH—$CH_2OH$ | $5.0\times10^{-5}(K_{a1})$<br>$1.5\times10^{-10}(K_{a2})$ | 4.30<br>9.82 | | |
| 乳酸 | $CH_3CHOHCOOH$ | $1.4\times10^{-4}$ | 3.86 | | |
| 苯甲酸 | $C_6H_5COOH$ | $6.2\times10^{-5}$ | 4.21 | $8\times10^{-5}$ | 4.1 |
| 草酸 | $H_2C_2O_4$ | $5.6\times10^{-2}(K_{a1})$<br>$5.1\times10^{-5}(K_{a2})$ | 1.22<br>4.19 | $8\times10^{-2}(K_{a1})$<br>$1\times10^{-4}(K_{a2})$ | 1.1<br>4.0 |
| D-酒石酸 | CH(OH)COOH<br>CH(OH)COOH | $9.1\times10^{-4}(K_{a1})$<br>$4.3\times10^{-5}(K_{a2})$ | 3.04<br>4.37 | $1.3\times10^{-3}(K_{a1})$<br>$8\times10^{-5}(K_{a2})$ | 2.9<br>4.1 |
| 邻苯二甲酸 | ⌬—COOH<br>—COOH | $1.12\times10^{-3}(K_{a1})$<br>$3.91\times10^{-6}(K_{a2})$ | 2.95<br>5.41 | $1.6\times10^{-3}(K_{a1})$<br>$8\times10^{-6}(K_{a2})$ | 2.8<br>5.1 |
| 柠檬酸 | $CH_2COOH$<br>CH(OH)COOH<br>$CH_2COOH$ | $7.4\times10^{-4}(K_{a1})$<br>$1.7\times10^{-5}(K_{a2})$<br>$4.0\times10^{-7}(K_{a3})$ | 3.13<br>4.76<br>6.40 | $1\times10^{-4}(K_{a1})$<br>$4\times10^{-5}(K_{a2})$<br>$8\times10^{-7}(K_{a3})$ | 3.0<br>4.4<br>6.1 |
| 苯酚 | $C_6H_5OH$ | $1.12\times10^{-10}$ | 9.95 | $1.6\times10^{-10}$ | 9.8 |
| 乙二胺四乙酸 | $H_6$—$EDTA^{2+}$<br>$H_5$—$EDTA^+$<br>$H_4$—EDTA | | | $1.3\times10^{-1}(K_{a1})$<br>$3\times10^{-2}(K_{a2})$<br>$8.5\times10^{-3}(K_{a3})$ | 0.9<br>1.6<br>2.07<br>2.75 |

续表

| 弱酸 | 分子式 | $I=0$ | | $I=0.1$ | |
|---|---|---|---|---|---|
| | | $K_a$ | $pK_a$ | $K_{aM}$ | $pK_{aM}$ |
| 乙二胺四乙酸 | $H_3$—EDTA$^-$<br>$H_2$—EDTA$^{2-}$<br>H—EDTA$^{3-}$ | $5.4\times10^{-7}(K_{a5})$<br>$1.12\times10^{-11}(K_{a6})$ | 6.27<br>10.95 | $1.8\times10^{-3}(K_{a4})$<br>$5.8\times10^{-7}(K_{a5})$<br>$4.6\times10^{-11}(K_{a6})$ | 6.24<br>10.34 |

附表1-2 弱碱

| 弱碱 | 分子式 | $I=0$ | | $I=0.1$ | |
|---|---|---|---|---|---|
| | | $K_b$ | $pK_b$ | $K_{bM}$ | $pK_{bM}$ |
| 氨水 | $NH_3$ | $1.8\times10^{-5}$ | 4.75 | $2.3\times10^{-5}$ | 4.63 |
| 联氨 | $H_2NNH_2$ | $9.8\times10^{-7}(K_{b1})$<br>$1.32\times10^{-15}(K_{b2})$ | 6.01<br>14.88 | $1.3\times10^{-6}(K_{b1})$ | 5.9 |
| 羟胺 | $NH_2OH$ | $9.1\times10^{-9}$ | 8.04 | $1.6\times10^{-8}$ | 7.8 |
| 甲胺 | $CH_3NH_2$ | $4.2\times10^{-4}$ | 3.38 | | |
| 乙胺 | $C_2H_5NH_2$ | $4.3\times10^{-4}$ | 3.37 | | |
| 二甲胺 | $(CH_3)_2NH$ | $1.2\times10^{-4}$ | 3.93 | | |
| 二乙胺 | $(C_2H_5)_2NH$ | $1.3\times10^{-3}$ | 2.89 | | |
| 乙醇胺 | $HOCH_2CH_2NH_2$ | $3.2\times10^{-5}$ | 4.50 | | |
| 三乙醇胺 | $(HOCH_2CH_2)_3N$ | $5.8\times10^{-7}$ | 6.24 | $1.3\times10^{-8}$ | 7.9 |
| 六次甲基四胺 | $(CH_2)_6N_4$ | $1.35\times10^{-9}$ | 8.87 | $1.8\times10^{-9}$ | 8.74 |
| 乙二胺 | $H_2NHC_2CH_2NH_2$ | $8.5\times10^{-5}(K_{b1})$<br>$7.1\times10^{-8}(K_{b2})$ | 4.07<br>7.15 | | |
| 吡啶 | (结构式) | $1.8\times10^{-9}$ | 8.74 | $1.6\times10^{-9}$ | 8.79 ($I=0.5$) |
| 邻二氮菲 | (结构式) | $6.9\times10^{-10}$ | 9.16 | $8.9\times10^{-10}$ | 9.05 |

# 附录2 标准电极电位及条件电位(vs. SHE)

附表2-1 标准电极电位及条件电位(vs. SHE)

| 半反应 | $\varphi^0$/V | 条件电位 $\varphi^{0'}$(介质条件)/V |
|---|---|---|
| $F_2(气)+2H^++2e^-\rightleftharpoons 2HF$ | 3.06 | |
| $O_3+2H^++2e^-\rightleftharpoons O_2+2H_2O$ | 2.07 | |
| $S_2O_8^{2-}+2e^-\rightleftharpoons 2SO_4^{2-}$ | 2.01 | |

续表

| 半反应 | $\varphi^0/V$ | 条件电位 $\varphi^0$(介质条件)/V |
|---|---|---|
| $H_2O_2 + 2H^+ + 2e^- \rightleftharpoons 2H_2O$ | 1.77 | |
| $MnO_4^- + 4H^+ + 3e^- \rightleftharpoons MnO_2(固) + 2H_2O$ | 1.695 | |
| $PbO_2(固) + SO_4^{2-} + 4H^+ + 2e^- \rightleftharpoons PbSO_4(固) + 2H_2O$ | 1.685 | |
| $HClO_2 + H^+ + e^- \rightleftharpoons HClO + H_2O$ | 1.64 | |
| $HClO + H^+ + e^- \rightleftharpoons 1/2Cl_2 + H_2O$ | 1.63 | |
| $Ce^{4+} + e^- \rightleftharpoons Ce^{3+}$ | 1.61 | 1.70(1 mol·$L^{-1}$ $H_2SO_4$)<br>1.44(0.5 mol·$L^{-1}$ $H_2SO_4$)<br>1.28(1 mol·$L^{-1}$ HCl) |
| $H_5IO_6 + H^+ + 2e^- \rightleftharpoons IO_3^- + 3H_2O$ | 1.6 | |
| $HBrO + H^+ + e^- \rightleftharpoons \frac{1}{2}Br_2 + H_2O$ | 1.59 | |
| $BrO_3^- + 6H^+ + 5e^- \rightleftharpoons \frac{1}{2}Br_2 + 3H_2O$ | 1.52 | |
| $MnO_4^- + 8H^+ + 5e^- \rightleftharpoons Mn^{2+} + 4H_2O$ | 1.51 | |
| $Au(III) + 3e^- \rightleftharpoons Au$ | 1.5 | |
| $HClO + H^+ + 2e^- \rightleftharpoons Cl^- + H_2O$ | 1.49 | |
| $ClO_3^- + 6H^+ + 5e^- \rightleftharpoons \frac{1}{2}Cl_2 + 3H_2O$ | 1.47 | |
| $PbO_2(固) + 4H^+ + 2e^- \rightleftharpoons Pb^{2+} + 2H_2O$ | 1.455 | |
| $HIO + H^+ + e^- \rightleftharpoons \frac{1}{2}I_2 + H_2O$ | 1.45 | |
| $ClO_3^- + 6H^+ + 6e^- \rightleftharpoons Cl^- + 3H_2O$ | 1.45 | |
| $BrO_3^- + 6H^+ + 6e^- \rightleftharpoons Br^- + 3H_2O$ | 1.44 | |
| $Au(III) + 2e^- \rightleftharpoons Au(I)$ | 1.41 | |
| $Cl_2(气) + 2e^- \rightleftharpoons 2Cl^-$ | 1.359 5 | |
| $ClO_4^- + 8H^+ + 7e^- \rightleftharpoons \frac{1}{2}Cl_2 + 4H_2O$ | 1.34 | |
| $Cr_2O_7^{2-} + 14H^+ + 6e^- \rightleftharpoons 2Cr^{3+} + 7H_2O$ | 1.33 | 1.03(1 mol·$L^{-1}$ $HClO_4$)<br>1.15(0.1 mol·$L^{-1}$ $H_2SO_4$) |
| $MnO_2(固) + 4H^+ + 2e^- \rightleftharpoons Mn^{2+} + 2H_2O$ | 1.23 | |
| $O_2(气) + 4H^+ + 4e^- \rightleftharpoons 2H_2O$ | 1.229 | |
| $IO_3^- + 6H^+ + 5e^- \rightleftharpoons \frac{1}{2}I_2 + 3H_2O$ | 1.2 | |
| $ClO_4^- + 2H^+ + 2e^- \rightleftharpoons ClO_3^- + H_2O$ | 1.19 | |
| $Br_2(水) + 2e^- \rightleftharpoons 2Br^-$ | 1.087 | |
| $NO_2 + H^+ + e^- \rightleftharpoons HNO_2$ | 1.07 | |
| $Br_3^- + 2e^- \rightleftharpoons 3Br^-$ | 1.05 | |

续表

| 半反应 | $\varphi^0$/V | 条件电位 $\varphi^{0'}$(介质条件)/V |
|---|---|---|
| $HNO_2 + H^+ + e^- \rightleftharpoons NO(气) + H_2O$ | 1 | |
| $VO_2^+ + 2H^+ + e^- \rightleftharpoons VO^{2+} + H_2O$ | 1 | |
| $HIO + H^+ + 2e^- \rightleftharpoons I^- + H_2O$ | 0.99 | |
| $NO_3^- + 3H^+ + 2e^- \rightleftharpoons HNO_2 + H_2O$ | 0.94 | |
| $ClO^- + H_2O + 2e^- \rightleftharpoons Cl^- + 2OH^-$ | 0.89 | |
| $H_2O_2 + 2e^- \rightleftharpoons 2OH^-$ | 0.88 | |
| $Cu^{2+} + I^- + e^- \rightleftharpoons CuI(固)$ | 0.86 | |
| $Hg^{2+} + 2e^- \rightleftharpoons Hg$ | 0.845 | |
| $NO_3^- + 2H^+ + e^- \rightleftharpoons NO_2 + H_2O$ | 0.8 | |
| $Ag^+ + e^- \rightleftharpoons Ag$ | 0.799 5 | |
| $Hg_2^{2+} + 2e^- \rightleftharpoons 2Hg$ | 0.793 | |
| $Fe^{3+} + e^- \rightleftharpoons Fe^{2+}$ | 0.771 | 0.70(1 mol·L$^{-1}$ HCl)<br>0.67(0.5 mol·L$^{-1}$ H$_2$SO$_4$)<br>0.44(0.3 mol·L$^{-1}$ H$_3$PO$_4$) |
| $BrO^- + H_2O + 2e^- \rightleftharpoons Br^- + 2OH^-$ | 0.76 | |
| $O_2(气) + 2H^+ + 2e^- \rightleftharpoons H_2O_2$ | 0.682 | |
| $AsO_3^- + 2H_2O + 3e^- \rightleftharpoons As + 4OH^-$ | 0.68 | |
| $2HgCl_2 + 2e^- \rightleftharpoons Hg_2Cl_2(固) + 2Cl^-$ | 0.63 | |
| $Hg_2SO_4(固) + 2e^- \rightleftharpoons 2Hg + SO_4^{2-}$ | 0.615 1 | |
| $MnO_4^- + 2H_2O + 3e^- \rightleftharpoons MnO_2 + 4OH^-$ | 0.588 | |
| $MnO_4^- + e^- \rightleftharpoons MnO_4^{2-}$ | 0.564 | |
| $H_3AsO_4 + 2H^+ + 2e^- \rightleftharpoons HAsO_2 + 2H_2O$ | 0.559 | |
| $I_3^- + 2e^- \rightleftharpoons 3I^-$ | 0.54 | 0.545(0.5 mol·L$^{-1}$ H$_2$SO$_4$) |
| $I_2(固) + 2e^- \rightleftharpoons 2I^-$ | 0.534 5 | |
| $Mo(VI) + e^- \rightleftharpoons Mo(V)$ | 0.53 | |
| $Cu^+ + e^- \rightleftharpoons Cu$ | 0.52 | |
| $4SO_2(液) + 4H^+ + 6e^- \rightleftharpoons S_4O_6^{2-} + 2H_2O$ | 0.51 | |
| $HgCl_4^{2-} + 2e^- \rightleftharpoons Hg + 4Cl^-$ | 0.48 | |
| $2SO_2(液) + 2H^+ + 4e^- \rightleftharpoons S_2O_3^{2-} + H_2O$ | 0.4 | |
| $Fe(CN)_6^{3-} + e^- \rightleftharpoons Fe(CN)_6^{4-}$ | 0.361 | 0.560(0.1 mol·L$^{-1}$ HCl)<br>0.71(1 mol·L$^{-1}$ HCl) |
| $Cu^{2+} + 2e^- \rightleftharpoons Cu$ | 0.337 | |

续表

| 半反应 | $\varphi^0$/V | 条件电位 $\varphi^0$(介质条件)/V |
|---|---|---|
| $VO^{2+} + 2H^+ + 2e^- \rightleftharpoons V^{3+} + H_2O$ | 0.337 | |
| $BiO^+ + 2H^+ + 3e^- \rightleftharpoons Bi + H_2O$ | 0.32 | |
| $Hg_2Cl_2(固) + 2e^- \rightleftharpoons 2Hg + 2Cl^-$ | 0.2676 | |
| $HAsO_2 + 3H^+ + 3e^- \rightleftharpoons As + 2H_2O$ | 0.248 | |
| $AgCl(固) + e^- \rightleftharpoons AgCl^-$ | 0.2223 | |
| $SbO^+ + 2H^+ + 3e^- \rightleftharpoons Sb + H_2O$ | 0.212 | |
| $SO_4^{2-} + 4H^+ + 2e^- \rightleftharpoons SO_2(液) + H_2O$ | 0.17 | |
| $Cu^{2+} + e^- \rightleftharpoons Cu^+$ | 0.519 | |
| $Sn^{4+} + 2e^- \rightleftharpoons Sn^{2+}$ | 0.154 | |
| $S + 2H^+ + 2e^- \rightleftharpoons H_2S(气)$ | 0.141 | |
| $Hg_2Br_2 + 2e^- \rightleftharpoons 2Hg + 2Br^-$ | 0.1395 | |
| $TiO^{2+} + 2H^+ + e^- \rightleftharpoons Ti^{3+} + H_2O$ | 0.1 | 0.01(0.2 mol·L$^{-1}$H$_2$SO$_4$)<br>0.15(5 mol·L$^{-1}$H$_2$SO$_4$)<br>0.1(3 mol·L$^{-1}$HCl) |
| $S_4O_6^{2-} + 2e^- \rightleftharpoons 2S_2O_3^{2-}$ | 0.08 | |
| $AgBr(固) + e^- \rightleftharpoons Ag + Br^-$ | 0.071 | |
| $2H^+ + 2e^- \rightleftharpoons H_2$ | 0 | |
| $O_2 + H_2O + 2e^- \rightleftharpoons HO_2^- + OH^-$ | -0.067 | |
| $TiOCl^+ + 2H^+ + 3Cl^- + e^- \rightleftharpoons TiCl_4^- + H_2O$ | -0.09 | |
| $Pb^{2+} + 2e^- \rightleftharpoons Pb$ | -0.126 | |
| $Sn^{2+} + 2e^- \rightleftharpoons Sn$ | -0.136 | |
| $AgI(固) + e^- \rightleftharpoons AgI^-$ | -0.152 | |
| $Ni^{2+} + 2e^- \rightleftharpoons Ni$ | -0.246 | |
| $H_3PO_4 + 2H^+ + 2e^- \rightleftharpoons H_3PO_3 + H_2O$ | -0.276 | |
| $Co^{2+} + 2e^- \rightleftharpoons Co$ | -0.277 | |
| $Tl^+ + e^- \rightleftharpoons Tl$ | -0.336 | |
| $In^{3+} + 3e^- \rightleftharpoons In$ | -0.345 | |
| $PbSO_4(固) + 2e^- \rightleftharpoons Pb + SO_4^{2-}$ | 0.3553 | |
| $SeO_3^{2-} + 3H_2O + 4e^- \rightleftharpoons Se + 6OH^-$ | -0.366 | |
| $As^{3+} + 3H^+ + 6e^- \rightleftharpoons AsH_3$ | -0.38 | |
| $Se + 2H^+ + 2e^- \rightleftharpoons H_2Se$ | -0.4 | |
| $Cd^{2+} + 2e^- \rightleftharpoons Cd$ | -0.403 | |

续表

| 半反应 | $\varphi^0$/V | 条件电位 $\varphi^{0'}$(介质条件)/V |
|---|---|---|
| $Cr^{3+} + e^- = Cr^{2+}$ | -0.41 | |
| $Fe^{2+} + 2e^- = Fe$ | -0.44 | |
| $S + 2e^- = S^{2-}$ | -0.48 | |
| $2CO_2 + 2H^+ + 2e^- = H_2C_2O_4$ | -0.49 | |
| $H_3PO_3 + 2H^+ + 2e^- = H_3PO_2 + H_2O$ | -0.5 | |
| $Sb + 3H^+ + 3e^- = SbH_3$ | -0.51 | |
| $HPbO_2^- + H_2O + 2e^- = Pb + 3OH^-$ | -0.54 | |
| $Ga^{3+} + 3e^- = Ga$ | -0.56 | |
| $TeO_3^{2-} + 3H_2O + 4e^- = Te + 6OH^-$ | -0.57 | |
| $2SO_3^{2-} + 3H_2O + 4e^- = S_2O_3^{2-} + 6OH^-$ | -0.58 | |
| $SO_3^{2-} + 3H_2O + 4e^- = S + 6OH^-$ | -0.66 | |
| $AsO_4^{3-} + 2H_2O + 2e^- = AsO_2^- + 4OH^-$ | -0.67 | |
| $Ag_2S(固) + 2e^- = 2AgS^{2-}$ | -0.69 | |
| $Zn^{2+} + 2e^- = Zn$ | -0.763 | |
| $2H_2O + 2e^- = H_2 + 2OH^-$ | -8.28 | |
| $Cr^{2+} + 2e^- = Cr$ | -0.91 | |
| $HSnO_2^- + H_2O + 2e^- = Sn^- + 3OH^-$ | -0.91 | |
| $Se + 2e^- = Se^{2-}$ | -0.92 | |
| $Sn(OH)_6^{2-} + 2e^- = HSnO_2^- + H_2O + 3OH^-$ | -0.93 | |
| $CNO^- + H_2O + 2e^- = CN^- + 2OH^-$ | -0.97 | |
| $Mn^{2+} + 2e^- = Mn$ | -1.182 | |
| $ZnO_2^{2-} + 2H_2O + 2e^- = Zn + 4OH^-$ | -1.216 | |
| $Al^{3+} + 3e^- = Al$ | -1.66 | |
| $H_2AlO_3^- + H_2O + 3e^- = Al + 4OH^-$ | -2.35 | |
| $Mg^{2+} + 2e^- = Mg$ | -2.37 | |
| $Na^+ + e^- = Na$ | -2.71 | |
| $Ca^{2+} + 2e^- = Ca$ | -2.87 | |
| $Sr^{2+} + 2e^- = Sr$ | -2.89 | |
| $Ba^{2+} + 2e^- = Ba$ | -2.9 | |
| $K^+ + e^- = K$ | -2.925 | |
| $Li^+ + e^- = Li$ | -3.042 | |

## 附录3　一些参比电极在水溶液中的电极电位(vs. SHE)

附表3-1　一些参比电极在水溶液中的电极电位(vs. SHE)　　　单位：V

| 温度/℃ | 甘汞电极 | | | Hg｜Hg$_2$SO$_4$, H$_2$SO$_4$ [α(SO$_4^{2-}$) = 1 mol·L$^{-1}$] | Ag｜AgCl, Cl$^-$ | | 氢醌电极 |
|---|---|---|---|---|---|---|---|
| | 0.1 mol·L$^{-1}$ KCl | 1 mol·L$^{-1}$ KCl | 饱和 KCl | | 1 mol·L$^{-1}$ KCl | 饱和 KCl | |
| 0 | 0.338 0 | 0.288 8 | 0.260 1 | 0.634 95 | | | 0.680 7 |
| 5 | 0.337 7 | 0.287 6 | 0.256 8 | 0.630 97 | | | 0.684 4 |
| 10 | 0.337 4 | 0.286 4 | 0.253 6 | 0.627 04 | 0.215 2 | 0.213 8 | 0.688 1 |
| 15 | 0.337 1 | 0.285 2 | 0.250 3 | 0.623 07 | 0.211 7 | 0.208 9 | 0.691 8 |
| 20 | 0.336 8 | 0.284 0 | 0.247 1 | 0.619 30 | 0.208 2 | 0.204 0 | 0.695 5 |
| 25 | 0.336 5 | 0.282 8 | 0.243 8 | 0.615 15 | 0.204 6 | 0.198 9 | 0.699 2 |
| 30 | 0.336 2 | 0.281 6 | 0.240 5 | 0.611 07 | 0.200 9 | 0.193 9 | 0.702 9 |
| 35 | 0.335 9 | 0.280 4 | 0.237 3 | 0.607 01 | 0.197 1 | 0.188 7 | 0.706 6 |
| 40 | 0.335 6 | 0.279 2 | 0.234 0 | 0.603 05 | 0.193 3 | 0.183 5 | 0.710 3 |
| 45 | 0.335 3 | 0.278 0 | 0.230 8 | 0.599 00 | | | 0.714 0 |
| 50 | 0.335 0 | 0.276 8 | 0.227 5 | 0.594 87 | | | 0.717 7 |

## 附录4　不同温度的 $\Delta E/\Delta$pH

附表4-1　不同温度的 $\Delta E/\Delta$pH　　　单位：mV

| 温度/℃ | $\theta = \Delta E/\Delta$pH | 温度/℃ | $\theta = \Delta E/\Delta$pH | 温度/℃ | $\theta = \Delta E/\Delta$pH |
|---|---|---|---|---|---|
| 0 | 54.1 | 13 | 56.7 | 26 | 59.3 |
| 1 | 54.3 | 14 | 56.9 | 27 | 59.5 |
| 2 | 54.5 | 15 | 57.1 | 28 | 59.7 |
| 3 | 54.7 | 16 | 57.3 | 29 | 59.9 |
| 4 | 54.9 | 17 | 57.5 | 30 | 60.1 |
| 5 | 55.1 | 18 | 57.7 | 31 | 60.3 |
| 6 | 53.3 | 19 | 57.9 | 32 | 60.5 |
| 7 | 55.5 | 20 | 58.1 | 33 | 60.7 |
| 8 | 55.7 | 21 | 58.3 | 34 | 60.9 |
| 9 | 55.9 | 22 | 58.5 | 35 | 61.1 |
| 10 | 56.1 | 23 | 58.7 | 36 | 61.3 |
| 11 | 56.3 | 24 | 58.9 | 37 | 61.5 |
| 12 | 56.5 | 25 | 59.1 | 38 | 61.7 |

续表

| 温度/℃ | $\theta = \Delta E/\Delta \mathrm{pH}$ | 温度/℃ | $\theta = \Delta E/\Delta \mathrm{pH}$ | 温度/℃ | $\theta = \Delta E/\Delta \mathrm{pH}$ |
|---|---|---|---|---|---|
| 39 | 61.9 | 43 | 62.7 | 47 | 63.5 |
| 40 | 62.1 | 44 | 62.9 | 48 | 63.7 |
| 41 | 62.3 | 45 | 63.1 | 49 | 63.9 |
| 42 | 62.5 | 46 | 63.3 | 50 | 64.1 |

# 附录5  缓冲溶液

附表 5-1  常用缓冲溶液

| 缓冲溶液名称及常用浓度 | 共轭酸碱对形式 | $\mathrm{p}K_a$ (25 ℃) |
|---|---|---|
| 甘氨酸 – HCl | $^+\mathrm{NH_3CH_2COOH} - {}^+\mathrm{NH_3CH_2COO^-}$ | 2.35 |
| $\mathrm{CH_2ClCOOH} - \mathrm{NaOH}$ | $\mathrm{CH_2ClCOOH} - \mathrm{CH_2ClCOO^-}$ | 2.86 |
| $\mathrm{HCOOH} - \mathrm{NaOH}$ | $\mathrm{HCOOH} - \mathrm{HCOO^-}$ | 3.77 |
| $\mathrm{CH_3COOH} - \mathrm{CH_3COONa}$ | $\mathrm{CH_3COOH} - \mathrm{CH_3COO^-}$ | 4.76 |
| $(\mathrm{CH_2})_6\mathrm{N_4} - \mathrm{HCl}$ | $(\mathrm{CH_2})_6\mathrm{N_4H^+} - (\mathrm{CH_2})_6\mathrm{N_4}$ | 5.13 |
| $\mathrm{NaH_2PO_4} - \mathrm{Na_2HPO_4}$ | $\mathrm{H_2PO_4^-} - \mathrm{HPO_4^{2-}}$ | 7.21 |
| $\mathrm{N(CH_2CH_2OH)_3} - \mathrm{HCl}$ | $\mathrm{NH^+(CH_2CH_2OH)_3} - \mathrm{N(CH_2CH_2OH)_3}$ | 7.76 |
| $\mathrm{NH_2C(CH_2OH)_3} - \mathrm{HCl}$ 三羟甲基氨基甲烷(Tris) | $\mathrm{NH_3^+C(CH_2OH)_3} - \mathrm{NH_2C(CH_2OH)_3}$ | 8.21 |
| $\mathrm{Na_2B_4O_7}$ | $\mathrm{H_3BO_3} - \mathrm{H_2BO_3^-}$ | 9.24 |
| $\mathrm{NH_3 \cdot H_2O} - \mathrm{NH_4Cl}$ | $\mathrm{NH_4^+} - \mathrm{NH_3}$ | 9.25 |
| 甘氨酸 – NaOH | $^+\mathrm{NH_3CH_2COO^-} - \mathrm{NH_2CH_2COO^-}$ | 9.78 |
| $\mathrm{NaHCO_3} - \mathrm{Na_2CO_3}$ | $\mathrm{HCO_3^-} - \mathrm{CO_3^{2-}}$ | 10.25 |
| $\mathrm{Na_2HPO_4} - \mathrm{NaOH}$ | $\mathrm{HPO_4^{2-}} - \mathrm{PO_4^{3-}}$ | 12.32 |

附表 5-2  常用标准缓冲溶液的 pH 值

| 标准缓冲溶液 | 温度/℃ | | | | | | |
|---|---|---|---|---|---|---|---|
| | 40 | 10 | 15 | 20 | 25 | 30 | 35 |
| 0.034 mol · L$^{-1}$ 饱和酒石酸钾(25 ℃) | — | — | — | 3.56 | 3.55 | 3.55 | 3.55 |
| 0.050 mol · L$^{-1}$ 邻苯二甲酸钾 | 4.00 | 4.00 | 4.00 | 4.01 | 4.01 | 4.02 | 4.04 |
| 0.025 mol · L$^{-1}$ KH$_2$PO$_4$<br>0.025 mol · L$^{-1}$ K$_2$HPO$_4$ | 6.92 | 6.90 | 6.88 | 6.86 | 6.85 | 6.84 | 6.84 |
| 0.050 mol · L$^{-1}$ 硼砂 | 9.33 | 9.27 | 9.22 | 9.18 | 9.14 | 9.10 | 9.06 |

续表

| 标准缓冲溶液 | 温度/℃ | | | | | | |
|---|---|---|---|---|---|---|---|
| | 5 | 10 | 15 | 20 | 25 | 30 | 35 |
| 饱和氢氧化钙(25 ℃) | 13.00 | 12.81 | 12.63 | 12.45 | 12.30 | 12.14 | 11.98 |
| 0.050 mol·L$^{-1}$草酸氢钾 | 1.670 | 1.670 | 1.675 | 1.679 | 1.683 | 1.688 | 1.694 |
| 0.010 mol·L$^{-1}$四硼酸钠 | 9.332 | 9.270 | 9.225 | 9.180 | 9.139 | 9.102 | 9.068 |

## 附录6　市售酸碱试剂的含量及密度

附表6-1　市售酸碱试剂的含量及密度

| 试剂名称 | 密度（20 ℃)/(g·mL$^{-1}$) | 质量分数/% | 物质的量浓度/(mol·L$^{-1}$) |
|---|---|---|---|
| 浓氨水 | 0.900~0.907 | 25.0~28.0 | 13.32~14.44 |
| 硝酸 | 1.391~1.405 | 65.0~68.0 | 14.36~15.16 |
| 氢溴酸 | 1.49 | 47 | 8.6 |
| 氢碘酸 | 1.50~1.55 | 45.3~45.8 | 5.31~5.55 |
| 盐酸 | 1.179~1.185 | 36.0~38.0 | 11.65~12.38 |
| 硫酸 | 1.83~1.84 | 95.0~98.0 | 17.8~18.5 |
| 冰乙酸 | ≤1.050 3 | ≥99.8 | ≥17.45 |
| 冰醋酸 | ≤1.054 9 | ≥98 | ≥17.21 |
| 磷酸 | ≥1.68 | ≥85 | ≥14.6 |
| 氢氟酸 | ≥1.128 | ≥40 | ≥22.55 |
| 过氯酸 | 1.206~1.220 | 30.0~31.61 | 3.60~3.84 |
| 高氯酸 | ≥1.675 | 70~72 | ≥11.70~12 |

## 附录7　常用干燥剂

附表7-1　常用干燥剂

| 干燥剂名称 | 经干燥后气体中的剩余水分（干燥能力）/(mg·L$^{-1}$) | 应用实例 |
|---|---|---|
| 硅胶 | 6×10$^{-3}$ | $NH_3$、$O_2$、$N_2$、空气及仪器防潮 |
| $P_2O_5$ | 2×10$^{-5}$ | $CS_2$、$H_2$、$O_2$、$SO_2$、$N_2$、$CH_4$ 等 |
| $CaCl_2$ | 0.14 | $H_2$、$O_2$、HCl、$Cl_2$、$H_2S$、$NH_3$、$CO_2$、CO、$SO_2$、$N_2$、$CH_4$、乙醚等 |
| 碱石灰 | — | $NH_3$、$O_2$、$N_2$ 等，并可除去气体中的 $CO_2$ 和酸性气体等 |
| 浓硫酸 | 3×10$^{-3}$ | $As_2O_3$、$I_2$、$AgNO_3$、$SO_2$、卤代烃、饱和烃等 |
| 分子筛 | 1.2×10$^{-3}$ | $H_2$、$O_2$、空气、乙醇、乙醚、甲醇、吡啶、丙酮、苯等 |

## 附录8 理论纯水的电导率($K_{p,t}$）及换算因数($a_t$)

附表8-1 理论纯水的电导率($K_{p,t}$)及换算因数($a_t^*$)

| $t$/℃ | $K_{p,t}$/(mS·m$^{-1}$) | $a_t$ | $t$/℃ | $K_{p,t}$/(mS·m$^{-1}$) | $a_t$ |
|---|---|---|---|---|---|
| 10 | 0.002 30 | 1.412 | 22 | 0.004 66 | 1.067 |
| 12 | 0.002 60 | 1.346 | 24 | 0.005 19 | 1.021 |
| 14 | 0.002 92 | 1.283 | 26 | 0.005 78 | 0.980 |
| 16 | 0.003 30 | 1.224 | 28 | 0.006 40 | 0.941 |
| 18 | 0.003 70 | 1.168 | 30 | 0.007 12 | 0.906 |
| 20 | 0.004 18 | 1.116 | 32 | 0.007 84 | 0.875 |

\* $a_t$ 是不同温度水的电导率换算成25 ℃（即参考温度）时电导率的换算因数，其计算公式：$K_{25℃} = a_t(K_t - K_{p,t}) + 0.005\ 48$，引自国标《分析实验室用水规格和试验方法》(GB/T 6682—2008)。

## 附录9 红外光谱的8个重要区段

附表9-1 红外光谱的8个重要区段

| 波长/mm | 波数/cm$^{-1}$ | 键的振动类型 |
|---|---|---|
| 2.7~3.3 | 3 000~3 750 | $v_{O-H}$、$v_{N-H}$ |
| 3.0~3.3 | 3 000~3 300 | $v_{C-H}$(—C≡C—C、—C≡CH—、Ar—H) |
| 3.3~3.7 | 2 700~3 000 | $v_{C-H}$(—CH$_3$、—CH$_2$—、CH、CHO) |
| 4.2~4.9 | 2 100~2 400 | $v_C$(≡C、C≡N、C=C=C) |
| 5.3~6.1 | 1 600~1 900 | $v_{C=O}$(酸、醛、酮、酰胺、酯、羧酸) |
| 5.9~6.2 | 1 500~1 675<br>1 560~1 650 | $\delta_{C=C}$(脂肪族及芳香族)、$v_{C=N}$<br>$\delta_{N-H}$ |
| 6.8~10.0 | 1 300~1 475 | $\delta_{C-H}$(面内) |
| 10.0~15.4 | 1 250~1 360<br>1 025~1 200<br>650~1 000 | $v_{C-N}$(芳香胺)<br>$v_{C-O(H)}$(醇、醚、酚)<br>$\delta_{C=C-H}$、$\delta_{Ar-H}$(面外) |

# 附录10  一些基团的振动与波数的关系

附表 10-1  一些基团的振动与波数的关系

| 基团类型 | 波数/cm$^{-1}$ | 峰的强度* |
|---|---|---|
| $u_{O-H}$ | 3 200 ~ 3 700 | vs |
| 游离 $u_{O-H}$ | 3 500 ~ 3 700 | vs,尖锐吸收带 |
| 羧基 $u_{O-H}$ | 2 500 ~ 3 500 | vs,宽吸收带 |
| 缔合 $u_{O-H}$ | 3 200 ~ 3 500 | s,较宽吸收带 |
| 游离 $u_{N-H}$ | 3 300 ~ 3 500 | w,尖锐吸收带 |
| 缔合 $u_{N-H}$ | 3 100 ~ 3 500 | w,尖锐吸收带 |
| 酰胺 $u_{N-H}$ | 3 300 ~ 3 500 | 可变 |
| $u_{C-H}$ | | |
| —C≡C—H | ≈3 300 | vs |
| —C=C—H | 3 000 ~ 3 100 | m |
| Ar—H | 3 010 ~ 3 050 | m |
| —CH$_3$ | 1 960 和 2 870 | vs |
| —CH$_2$— | 2 850 和 2 930 | vs |
| 叔 C—H | 2 890 | w |
| 醛 C—H | 2 720 | w |
| $u_{C=O}$ | | |
| 饱和脂肪醛 | 1 720 ~ 1 740 | s |
| a,b-不饱和脂肪醛 | 1 680 ~ 1 705 | s |
| 芳香醛 | 1 690 ~ 1 715 | s |
| a,b-不饱和脂肪酮 | 1 705 ~ 1 725 | s |
| 芳香酮 | 1 650 ~ 1 685 | s |
| 羧酸 | 1 680 ~ 1 710 | s |
| 酸酐 | 1 680 ~ 1 700,1 800 ~ 1 850 | s |
| $u_{C=C}$、$u_{C=N}$、$u_{N=N}$ | | |
| 烯烃 | 1 620 ~ 1 680 | 不定 |
| 苯环骨架 | 1 450 ~ 1 620 | 不定 |
| —C=N— | 1 640 ~ 1 690 | 不定 |
| —N=N— | 1 570 ~ 1 630 | 不定 |
| 烷基的面内变形振动 $\delta_{C-H}$ | | |
| —CH$_3$ | 1 380 | s |
| —CH$_2$— | 1 455 | m |
| $u_{C-C}$ | 1 140 ~ 1 250 | m |
| $u_{C-C}$ | | s |
| 伯醇 | 1 050 | s |
| 仲醇 | 1 100 | s |
| 叔醇 | 1 150 | s |
| 酚 | 1 200 | s |
| 烯基醚 | 1 130 ~ 1 220 | s |
| 醚 | 1 060 ~ 1 275 | s |

续表

| 基团类型 | 波数/cm$^{-1}$ | 峰的强度* |
|---|---|---|
| $u_{C-N}$ | 1 020 ~ 1 360 | s |
| 各种取代苯的面外摇摆 $\omega_{C-H}$ 苯 | 670 | s |
| 单取代 | 730 ~ 770 | vs |
|  | 690 ~ 710 | s |
| 二取代 |  |  |
| 1,2 - | 735 ~ 770 | vs |
| 1,3 - | 750 ~ 810 | vs |
|  | 680 ~ 725 | m→s |
| 1,4 - | 800 ~ 860 | vs |
| 三取代 |  |  |
| 1,2,3 - | 760 ~ 780 | vs |
|  | 705 ~ 745 | vs |
|  | 870 ~ 885 | m |
| 1,2,4 - | 805 ~ 825 | s |
| 1,3,5 - | 810 ~ 865 | s |
|  | 675 ~ 730 | s |

*vs、s、m、w 分别代表很强、强、中等、弱。

## 附录 11　部分元素的谱线

附表 11-1　部分元素的谱线

| 元素 | 灵敏线/nm | 次灵敏线/nm | 元素 | 灵敏线/nm | 次灵敏线/nm |
|---|---|---|---|---|---|
| Ag | 328.068 | 338.289 | Na | 588.995 | 330.232<br>330.299<br>589.592 |
| Al | 309.271 | 308.216 | Ni | 232.003 | 231.096<br>231.10<br>233.749<br>323.226 |
| As | 188.990 | 193.696<br>197.197 | Pb | 216.999 | 202.202<br>205.327<br>283.306 |
| B | 249.678 | 249.773 | Pt | 265.945 | 214.423<br>248.717<br>283.030<br>306.471 |
| Bi | 306.77 | 289.80 | Sb | 217.581 | 206.833<br>212.739<br>231.147 |

续表

| 元素 | 灵敏线/nm | 次灵敏线/nm | 元素 | 灵敏线/nm | 次灵敏线/nm |
|---|---|---|---|---|---|
| Ca | 422.673 | 239.356<br>272.164<br>393.367<br>396.847 | Fe | 248.327 | 208.412<br>248.637<br>252.285<br>302.064 |
| Co | 240.725 | 242.493<br>304.4.00<br>352.6.85<br>252.1.36 | Hg | 184.957* | 253.652 |
| Cr | 357.869 | 359.349<br>360.533<br>425.437<br>427.480 | Si | 251.612 | 250.690<br>251.433<br>252.412<br>252.852 |
| Cu | 324.754 | 216.509<br>217.894<br>218.172<br>327.396 | Sn | 224.605 | 235.443<br>286.333 |
| Mg | 385.213 | 279.553<br>202.580<br>230.270 | Ti | 364.268 | 319.990<br>363.546<br>365.350<br>399.864 |
| Mn | 279.482 | 222.183<br>280.106<br>403.307<br>403.449 | Zn | 213.856 | 202.551<br>206.191<br>307.590 |
| Mo | 313.259 | 317.035<br>319.400<br>386.411<br>390.296 | W | 255.135 | 265.654<br>268.141<br>294.740 |

* 为真空紫外线，通常条件下不能应用。

# 附录12 气相色谱常用固定液

附表12-1 气相色谱常用固定液

| 商品名 | 中文名称 | 相对极性 | 溶剂 | 使用温度/℃ |
|---|---|---|---|---|
| SQ | 角鲨烷 | 非极性 | 乙醚 | 20~150 |
| AC1<br>OV-101<br>OV-1<br>DB-1<br>SE-30<br>HP-1 | 聚二甲基硅氧烷 | 非极性 | 乙醚、氯仿、苯 | ≤350 |

续表

| 商品名 | 中文名称 | 相对极性 | 溶剂 | 使用温度/℃ |
|---|---|---|---|---|
| RTX–1<br>BP–1 | 聚二甲基硅氧烷 | 非极性 | 乙醚、氯仿、苯 | ≤350 |
| Dexsil 300 | 聚碳硼烷甲基硅氧烷 | 非极性 | 乙醚、氯仿、苯 | 20~225 |
| SE–31 | 乙烯基(1%)甲基聚硅氧烷 | 弱极性 | 乙醚、氯仿、苯、二氯甲烷 | ≤300 |
| SE–54<br>OV–5<br>DB–5<br>HP–5<br>RTX–5<br>BP–5 | 苯基(5%)乙烯基(1%)甲基聚硅氧烷 | 弱极性 | 乙醚、氯仿 | ≤300 |
| DC–550 | 苯基(25%)甲基聚硅氧烷 | 弱极性 | 丙酮、乙醚、氯仿、苯 | −20~220 |
| OV–17 | 苯基(50%)甲基聚硅氧烷 | 中等极性 | 丙酮、乙醚、氯仿、苯 | ≤300 |
| SE–60<br>(XE=60) | 氰乙基(25%)甲基聚硅氧烷 | 中等极性 | 丙酮、乙醚、氯仿 | ≤275 |
| OV–225<br>AC225,<br>P–225<br>DB–225<br>HP–225<br>RTX–225 | 氰丙基(25%) 苯基(25%) 甲基聚硅氧烷 | 中等极性 | 乙醚、氯仿 | ≤275 |
| PEG–20M<br>(Carbowax 20M)<br>HP–20M<br>DB–WAX<br>007–20M<br>BP–20 | 聚乙二醇–20M | 极性 | 丙酮、氯仿、二氯甲烷 | 60~250 |
| FFAP<br>SP–1000<br>OV–351<br>BP–21<br>HP–FFAP. | 聚乙二醇–20M–2–硝基对苯二甲酸 | 极性 | 丙酮、氯仿、二氯甲烷 | 50~275 |
| QF–1 | 三氟丙基甲基聚硅氧烷 | 极性 | 丙酮、氯仿、二氯甲烷 | ≤275 |
| OV–275 | 氰乙基(25%) 氰丙基(25%) 聚硅氧烷 | 强极性 | 丙酮、氯仿 | ≤300 |

# 附录 13　气相色谱中的常用载体

附表 13-1　气相色谱中的常用载体

| 商品编号 | 组成、规格和用途 | 产地 |
| --- | --- | --- |
| 101 | 白色硅藻土载体，硅藻土经过洗涤后，加碱性助溶剂，再经高温灼烧而成的弱碱性硅藻土 | 上海 |
| 101 酸洗 | 101 载体经盐酸处理而成 | 上海 |
| 101 硅烷化 | 101 载体经二甲基二硅氧烷（DMCS）硅烷化处理而成 | 上海 |
| 102 | 白色硅藻土载体，硅藻土经过洗涤后，加中性助溶剂，再经高温灼烧而成的弱碱性硅藻土 | 上海 |
| 201 | 红色硅藻土载体，经硅藻土加填料成型，再经高温灼烧，适用于分析非极性物质 | 上海 |
| 201 酸洗 | 201 载体经盐酸处理而成 | 上海 |
| 202 | 浅红色硅藻土载体，由硅藻土成型，经高温灼烧而成 | 上海 |
| 405 | 白色硅藻土载体，吸附性能低，催化性能低，适于分析高沸点、极性和易分解的化合物 | 大连 |
| 6201 | 红色硅藻土载体，适于分析非极性物质 | 大连 |
| Celite | 白色硅藻土载体 | 美国 |
| Celatom | 白色硅藻土载体 | 美国 |
| Gas Chrom A | 酸洗的 Celatom 载体 | 美国 |
| Gas Chrom P | 酸碱洗的 Celatom 载体 | 美国 |
| Gas Chrom Q | 经过二甲基二硅氧烷（DMCS）硅烷化处理的 Gas Chrom P 载体，为同类型中最好的载体，催化吸附性小，表面均匀，适于分析农药、药物、甾族化合物 | 美国 |
| Chromosorb G | 白色硅藻土载体 | 美国 |
| Chromosorb P | 白色硅藻土载体 | 美国 |
| Chromosorb W | 白色硅藻土载体 | 美国 |
| Chromosorb WHP | 白色高惰性硅藻土载体，催化吸附性小，适于分析药物等难分析的化合物 | 美国 |

## 附录14 液相色谱常用流动相的性质

附表14-1 液相色谱常用流动相的性质

| 溶剂 | 沸点/℃ | 密度(20℃)/(g·cm$^{-3}$) | 黏度(20℃)/(mPa·s) | 折射率 | $\lambda_{UV}^*$/nm | 溶剂强度参数 $\varepsilon^\circ$ | 溶解度参数 $\delta$ | 极性参数 $P'$ |
|---|---|---|---|---|---|---|---|---|
| 正己烷 | 69 | 0.659 | 0.30 | 1.372 | 190 | 0.01 | 7.3 | 0.1 |
| 环己烷 | 81 | 0.779 | 0.90 | 1.423 | 200 | 0.04 | 8.2 | -0.2 |
| 四氯化碳 | 77 | 1.590 | 0.90 | 1.457 | 265 | 0.18 | 8.6 | 1.6 |
| 苯 | 80 | 0.879 | 0.60 | 1.498 | 280 | 0.32 | 9.2 | 2.7 |
| 甲苯 | 110 | 0.866 | 0.55 | 1.494 | 285 | 0.29 | 8.8 | 2.4 |
| 二氯甲烷 | 40 | 1.336 | 0.41 | 1.421 | 233 | 0.42 | 9.6 | 3.1 |
| 异丙醇 | 82 | 0.786 | 1.90 | 1.384 | 205 | 0.82 | — | 3.9 |
| 四氢呋喃 | 66 | 0.880 | 0.46 | 1.405 | 212 | 0.57 | 9.1 | 4.0 |
| 乙酸乙酯 | 77 | 0.901 | 0.43 | 1.370 | 256 | 0.58 | 8.6 | 4.4 |
| 氯仿 | 61 | 1.500 | 0.53 | 1.443 | 245 | 0.40 | 9.1 | 4.1 |
| 二氧六环 | 101 | 1.003 | 1.20 | 1.420 | 215 | 0.56 | 9.8 | 4.8 |
| 吡啶 | 115 | 0.983 | 0.88 | 1.507 | 305 | 0.71 | 10.4 | 5.3 |
| 丙酮 | 56 | 0.818 | 0.30 | 1.356 | 330 | 0.50 | 9.4 | 5.1 |
| 乙醇 | 78 | 0.789 | 1.08 | 1.359 | 210 | 0.88 | — | 4.3 |
| 乙腈 | 82 | 0.782 | 0.34 | 1.341 | 190 | 0.65 | 11.8 | 5.8 |
| 二甲亚砜 | 189 | 0.796 | 2.00 | 1.477 | 268 | 0.75 | 12.8 | 7.2 |
| 甲醇 | 65 | 1.394 | 0.54 | 1.326 | 205 | 0.95 | 12.9 | 5.1 |
| 硝基甲烷 | 101 | 0.659 | 0.61 | 1.380 | 380 | 0.64 | 11.0 | 6.0 |
| 甲酰胺 | 210 | 1.133 | 3.30 | 1.447 | 210 | 大 | 17.9 | 9.6 |
| 水 | 100 | 1.00 | 0.89 | 1.333 | 180 | 很大 | 21.0 | 10.2 |

\* $\lambda_{UV}$ 为溶剂的剪切点,即在紫外波长大于该波长时,该溶剂不再有吸收。

## 附录15 反相液相色谱常用固定相

附表15-1 反相液相色谱常用固定相

| 类型 | 键合官能团 | 性质 | 分离模式 | 应用范围 |
|---|---|---|---|---|
| 烷基(C8,C18) | —(CH$_2$)$_7$—CH$_3$<br>—(CH$_2$)$_{17}$—CH$_3$ | 非极性 | 反相、离子对 | 中等极性的化合物及可溶于水的强极性化合物,如多环芳烃、合成药物、小肽、蛋白质、甾族化合物、核苷、核苷酸 |

续表

| 类型 | 键合官能团 | 性质 | 分离模式 | 应用范围 |
|---|---|---|---|---|
| 苯基(Phenyl) | —$(CH_2)_5$—$C_6H_5$ | 非极性 | 反相、离子对 | 非极性至中等极性的化合物，如多环芳烃、合成药物、小肽、蛋白质、甾族化合物、核苷、核苷酸 |
| 氨基(—$NH_2$) | —$(CH_2)_5$—$NH_2$ | 极性 | 正相、反相、阴阳离子交换 | 正相可分离的极性化合物，反相可分离的碳水化合物，阴离子交换可分离的酚、有机酸和核酸 |
| 腈基(—CN) | —$(CH_2)_5$—CN | 极性 | 正相、反相 | 正相类似于硅胶吸附剂，适用于分离极性化合物；反相可提供与非极性固定相不同的选择性 |
| 二醇基(Diol) | —$(CH_2)_5$—O—$CH_2$—CH(OH)—$CH_2$(OH) | 弱极性 | 正相、反相 | 比硅胶的极性弱，适用于分离有机酸及其聚合物，还可以作为凝胶色谱固定相 |

## 附录16　一些气体和蒸气的导热系数

附表 16-1　一些气体和蒸气的导热系数

| 物质 | 导热系数/ ($\times 10^{-5} \cdot kJ \cdot m^{-1} \cdot K^{-1} \cdot s^{-1}$) | | 物质 | 导热系数/ ($\times 10^{-5} \cdot kJ \cdot m^{-1} \cdot K^{-1} \cdot s^{-1}$) | |
|---|---|---|---|---|---|
| | 273 K | 373 K | | 273 K | 373 K |
| 空气 | 2.42 | 3.13 | 环己烷 | — | 1.79 |
| 氢 | 17.35 | 22.12 | 乙烯 | 1.75 | 3.09 |
| 氦 | 14.51 | 17.35 | 乙炔 | 1.88 | 2.84 |
| 氮 | 2.42 | 3.13 | 苯 | 0.92 | 1.83 |
| 氧 | 2.46 | 3.17 | 甲醇 | 1.42 | 2.29 |
| 氩 | 1.67 | 2.17 | 乙醇 | — | 2.21 |
| 一氧化碳 | 2.34 | 3.00 | 丙酮 | 1.00 | 1.75 |
| 二氧化碳 | 1.46 | 2.21 | 四氯化碳 | — | 0.92 |
| 氨 | 2.17 | 3.25 | 氯仿 | 0.67 | 1.04 |
| 甲烷 | 3.00 | 4.55 | 二氯甲烷 | 0.67 | 1.13 |
| 乙烷 | 1.79 | 3.04 | 甲胺 | 1.58 | — |
| 丙烷 | 1.50 | 2.63 | 乙胺 | 1.42 | — |
| 正丁烷 | 1.33 | 2.34 | 甲乙醚 | — | 2.42 |
| 正戊烷 | 1.29 | 2.21 | 乙酸甲酯 | 0.67 | — |
| 正己烷 | 1.25 | 2.09 | 乙酸乙酯 | — | 1.71 |

## 附录17 一些化合物的相对校正因子和沸点

附表17-1 一些化合物的相对校正因子和沸点

| 化合物 | 沸点/℃ | $f_m$* | 化合物 | 沸点/℃ | $f_m$ |
|---|---|---|---|---|---|
| 正戊烷 | 36 | 0.70 | 苯 | 80 | 0.78 |
| 正己烷 | 68 | 0.70 | 甲苯 | 110 | 0.79 |
| 环己烷 | 81 | 0.80 | 二乙醚 | 35 | 0.73 |
| 正庚烷 | 98 | 0.76 | 丙酮 | 56 | 0.65 |
| 环辛烷 | 126 | 0.75 | 甲醇 | 65 | 0.54 |
| 正壬烷 | 151 | 0.60 | 乙醇 | 78 | 0.69 |

\* 表中 $f_m$ 值是在热导检测器上，以氢气为载气测得的数值。

## 附录18 常用氘代试剂中残余质子的化学位移（化学位移相对TMS）

附表18-1 常用氘代试剂中残余质子的化学位移（化学位移相对TMS）

| 名称 | 基团 | 化学位移 $\delta$/ppm | 名称 | 基团 | 化学位移 $\delta$/ppm |
|---|---|---|---|---|---|
| 重水($D_2O$) | 羟基（—OH） | 4.7[a] | 氘代三氟乙酸（$CF_3COOD$） | 羧基（—COOH） | 11.3[a] |
| 氘代氯仿（$CCl_3D$） | 次甲基（—CH） | 7.25 | 二氘代二氯甲烷（$CD_2Cl_2$） | 亚甲基（—$CH_2$） | 5.35 |
| 四氘代甲醇（$CD_3OD$） | 甲基（—$CH_3$）<br>羟基（—OH） | 3.35<br>4.8[a] | 四氘代乙酸（$CD_3COOD$） | 甲基（—$CH_3$）<br>羧基（—COOH） | 2.05<br>11.5[a] |
| 六氘代丙酮 [$(CD_3)_2CO$] | 甲基（—$CH_3$） | 2.057 | N,N-六氘代甲基氘代甲酰胺 [$DCON(CD_3)_2$] | 甲基（—$CH_3$）<br>甲基（—$CH_3$）<br>甲酰基（—C(O)H） | 2.75<br>2.95<br>8.05 |
| 三氘代乙腈（$CD_3CN$） | 甲基（—$CH_3$） | 1.95 | 六氘代二甲亚砜 [$(CD_3)_2SO$] | 甲基（—CH3）<br>吸附水 | 2.51<br>3.3 |
| 氘代苯（$C_6D_6$） | 次甲基（—CH） | 6.78 | 八氘代二氧六环 [$(CD_2)_4O_2$] | 亚甲基（—$CH_2$） | 3.55 |
| 氘代环己烷（$C_6D_{12}$） | 亚甲基（—$CH_2$） | 1.40 | 全氘代六甲基磷酰胺 [$(CD_3)_6N_3PO$] | 甲基（—$CH_3$） | 2.60 |

续表

| 名称 | 基团 | 化学位移 $\delta$/ppm | 名称 | 基团 | 化学位移 $\delta$/ppm |
|---|---|---|---|---|---|
| 氘代特丁醇 [C(CH$_3$)$_3$OD][a] | 甲基 (—CH$_3$) | 1.28 | 五氘代吡啶(C$_5$D$_5$N) | C-2 次甲基 (—CH) <br> C-3 次甲基 (—CH) <br> C-4 次甲基 (—CH) | 8.0 <br> 7.0 <br> 7.35 |

a 化学位移值会随浓度变化。

# 附录19 化合物的摩尔质量

附表19-1 化合物的摩尔质量

| 化合物 | $M$/(g·mol$^{-1}$) | 化合物 | $M$/(g·mol$^{-1}$) | 化合物 | $M$/(g·mol$^{-1}$) |
|---|---|---|---|---|---|
| Ag$_3$AsO$_4$ | 462.52 | FeSO$_4$·7H$_2$O | 278.01 | (NH$_4$)$_2$C$_2$O$_4$ | 124.10 |
| AgBr | 187.77 | Fe(NH$_4$)$_2$(SO$_4$)$_2$·6H$_2$O | 392.13 | (NH$_4$)$_2$C$_2$O$_4$·H$_2$O | 142.11 |
| AgCl | 143.32 | H$_3$AsO$_3$ | 125.94 | NH$_4$SCN | 76.12 |
| AgCN | 133.89 | H$_3$AsO$_4$ | 141.94 | NH$_4$HCO$_3$ | 79.06 |
| AgSCN | 165.95 | H$_3$BO$_3$ | 61.83 | (NH$_4$)$_2$MoO$_4$ | 196.01 |
| AlCl$_3$ | 133.34 | HBr | 80.91 | NH$_4$NO$_3$ | 80.04 |
| Ag$_2$CrO$_4$ | 331.73 | HCN | 27.03 | (NH$_4$)$_2$HPO$_4$ | 132.06 |
| AgI | 234.77 | HCOOH | 46.03 | (NH$_4$)$_2$S | 68.14 |
| AgNO$_3$ | 169.87 | CH$_3$COOH | 60.05 | (NH$_4$)$_2$SO$_4$ | 132.13 |
| AlCl$_3$·6H$_2$O | 241.43 | H$_2$CO$_3$ | 62.02 | NH$_4$VO$_3$ | 116.98 |
| Al(NO$_3$)$_3$ | 213.00 | H$_2$C$_2$O$_4$ | 90.04 | Na$_3$AsO$_3$ | 191.89 |
| Al(NO$_3$)$_3$·9H$_2$O | 375.13 | H$_2$C$_2$O$_4$·2H$_2$O | 126.07 | Na$_2$B$_4$O$_7$ | 201.22 |
| Al$_2$O$_3$ | 101.96 | H$_2$C$_4$H$_4$O$_4$ (丁二酸) | 118.09 | Na$_2$B$_4$O$_7$·10H$_2$O | 381.37 |
| Al(OH)$_3$ | 78.00 | H$_2$C$_4$H$_4$O$_6$ (酒石酸) | 150.09 | NaBiO$_3$ | 279.97 |
| Al$_2$(SO$_4$)$_3$ | 342.14 | H$_3$C$_6$H$_5$O·H$_2$O (柠檬酸) | 210.14 | NaCN | 49.01 |
| Al$_2$(SO$_4$)$_3$·18H$_2$O | 666.41 | H$_2$C$_4$H$_4$O$_5$ (DL-苹果酸) | 134.09 | NaSCN | 81.07 |

续表

| 化合物 | $M/(\text{g·mol}^{-1})$ | 化合物 | $M/(\text{g·mol}^{-1})$ | 化合物 | $M/(\text{g·mol}^{-1})$ |
|---|---|---|---|---|---|
| $As_2O_3$ | 197.84 | $HC_3H_6NO_2$（DL-a-丙氨酸） | 89.10 | $Na_2CO_3$ | 105.99 |
| $As_2O_5$ | 229.84 | HCl | 36.46 | $Na_2CO_3 \cdot 10H_2O$ | 286.14 |
| $As_2S_3$ | 246.03 | HF | 20.01 | $Na_2C_2O_4$ | 134.00 |
| $BaCO_3$ | 197.34 | HI | 127.91 | $CH_3COONa$ | 82.03 |
| $BaC_2O_4$ | 225.35 | $HIO_3$ | 175.91 | $CH_3COONa \cdot 3H_2O$ | 136.08 |
| $BaCl_2$ | 208.24 | $HNO_2$ | 47.01 | $Na_3C_6H_5O_7$（柠檬酸钠） | 258.07 |
| $BaCl_2 \cdot 2H_2O$ | 244.27 | $HNO_3$ | 63.01 | $NaC_5H_8NO_4 \cdot H_2O$（L-谷氨酸钠） | 187.13 |
| $BaCrO_4$ | 253.32 | $H_2O$ | 18.015 | NaCl | 58.44 |
| BaO | 153.33 | $H_2O_2$ | 34.02 | NaClO | 74.44 |
| $Ba(OH)_2$ | 171.34 | $H_3PO_4$ | 98.00 | $NaHCO_3$ | 84.01 |
| $BaSO_4$ | 233.39 | $H_2S$ | 34.08 | $Na_2HPO_4 \cdot 12H_2O$ | 358.14 |
| $BiCl_3$ | 315.34 | $H_2SO_3$ | 82.07 | $Na_2H_2C_{10}H_{12}O_8N_2$（EDTA 二钠盐） | 336.21 |
| BiOCl | 260.43 | $H_2SO_4$ | 98.07 | $Na_2H_2C_{10}H_{12}O_8N_2 \cdot 2H_2O$ | 372.24 |
| $CO_2$ | 44.01 | $Hg(CN)_2$ | 252.63 | $NaNO_2$ | 69.00 |
| CaO | 56.08 | $HgCl_2$ | 271.50 | $NaNO_3$ | 85.00 |
| $CaCO_3$ | 100.09 | $Hg_2Cl_2$ | 472.09 | $Na_2O$ | 61.98 |
| $CaC_2O_4$ | 128.10 | $HgI_2$ | 454.40 | $Na_2O_2$ | 77.98 |
| $CaCl_2$ | 110.99 | $Hg_2(NO_3)_2$ | 525.19 | NaOH | 40.00 |
| $CaCl_2 \cdot 6H_2O$ | 219.08 | $Hg_2(NO_3)_2 \cdot 2H_2O$ | 561.22 | $Na_3PO_4$ | 163.94 |
| $Ca(NO_3)_2 \cdot 4H_2O$ | 236.15 | $Hg(NO_3)_2$ | 324.60 | $Na_2S$ | 78.04 |
| $Ca(OH)_2$ | 74.09 | HgO | 216.59 | $Na_2S \cdot 9H_2O$ | 240.18 |
| $Ca_3(PO_4)_2$ | 310.18 | HgS | 232.65 | $Na_2SO_3$ | 126.04 |
| $CaSO_4$ | 136.14 | $HgSO_4$ | 296.65 | $Na_2SO_4$ | 142.04 |
| $CdCO_3$ | 172.42 | $Hg_2SO_4$ | 497.24 | $Na_2S_2O_3$ | 158.10 |
| $CdCl_2$ | 183.82 | $KAl(SO_4)_2 \cdot 12H_2O$ | 474.38 | $Na_2S_2O_3 \cdot 5H_2O$ | 248.17 |
| CdS | 144.47 | KBr | 119.00 | $NiCl_2 \cdot 6H_2O$ | 237.70 |
| $Ce(SO_4)_2$ | 332.24 | $KBrO_3$ | 167.00 | NiO | 74.70 |

续表

| 化合物 | $M/(\text{g} \cdot \text{mol}^{-1})$ | 化合物 | $M/(\text{g} \cdot \text{mol}^{-1})$ | 化合物 | $M/(\text{g} \cdot \text{mol}^{-1})$ |
|---|---|---|---|---|---|
| $Ce(SO_4)_2 \cdot 4H_2O$ | 404.30 | $KCl$ | 74.55 | $Ni(NO_3)_2 \cdot 6H_2O$ | 290.80 |
| $CoCl_2$ | 129.84 | $KClO_3$ | 122.55 | $NiS$ | 90.76 |
| $CoCl_2 \cdot 6H_2O$ | 237.93 | $KClO_4$ | 138.55 | $NiSO_4 \cdot 7H_2O$ | 280.86 |
| $Co(NO_3)_2$ | 182.94 | $KCN$ | 65.12 | $Ni(C_4H_7N_2O_2)_2$（丁二酮肟合镍） | 288.91 |
| $Co(NO_3)_2 \cdot 6H_2O$ | 291.03 | $KSCN$ | 97.18 | $P_2O_5$ | 141.95 |
| $CoS$ | 90.99 | $K_2CO_3$ | 138.21 | $PbCO_3$ | 267.21 |
| $CoSO_4$ | 154.99 | $K_2CrO_4$ | 194.19 | $PbC_2O_4$ | 295.22 |
| $CoSO_4 \cdot 7H_2O$ | 281.10 | $K_2Cr_2O_7$ | 294.18 | $PbCl_2$ | 278.10 |
| $CO(NH_2)_2$（尿素） | 60.06 | $K_3Fe(CN)_6$ | 329.25 | $PbCrO_4$ | 323.19 |
| $CS(NH_2)_2$（硫脲） | 76.116 | $K_4Fe(CN)_6$ | 368.35 | $Pb(CH_3COO)_2 \cdot 3H_2O$ | 379.30 |
| $C_6H_5OH$ | 94.113 | $KFe(SO_4)_2 \cdot 12H_2O$ | 503.24 | $Pb(CH_3COO)_2$ | 325.29 |
| $CH_2O$ | 30.03 | $KHC_2O_4 \cdot H_2O$ | 146.14 | $PbI_2$ | 461.01 |
| $C_{14}H_{14}N_3NaO_3S$（甲基橙） | 327.33 | $KHC_2O_4 \cdot H_2C_2O_4 \cdot H_2O$ | 254.19 | $Pb(NO_3)_2$ | 331.21 |
| $C_6H_5NO_3$（硝基酚） | 139.11 | $KHC_4H_4O_6$（酒石酸氢钾） | 188.18 | $PbO$ | 223.20 |
| $C_4H_8N_2O_2$（丁二酮肟） | 116.12 | $KHC_8H_4O_4$（邻苯二甲酸氢钾） | 204.22 | $PbO_2$ | 239.20 |
| $(CH_2)_6N_4$（六亚甲基四胺） | 140.19 | $KHSO_4$ | 136.16 | $Pb_3(PO_4)_2$ | 811.54 |
| $C_7H_6O_6S \cdot 2H_2O$（磺基水杨酸） | 254.22 | $KI$ | 166.00 | $PbS$ | 239.30 |
| $C_9H_7NO$（8-羟基喹啉） | 145.16 | $KIO_3$ | 214.00 | $PbSO_4$ | 303.30 |
| $C_{12}H_8N_2 \cdot H_2O$（邻菲罗啉） | 198.22 | $KIO_3 \cdot HIO_3$ | 389.91 | $SO_3$ | 80.06 |
| $C_2H_5NO_2$（氨基乙酸、甘氨酸） | 75.07 | $KMnO_4$ | 158.03 | $SO_2$ | 64.06 |
| $C_6H_{12}N_2O_4S_2$（L-胱氨酸） | 240.30 | $KNaC_4H_4O_6 \cdot 4H_2O$ | 282.22 | $SbCl_3$ | 228.11 |
| $CrCl_3$ | 158.36 | $KNO_3$ | 101.10 | $SbCl_5$ | 299.02 |
| $CrCl_3 \cdot 6H_2O$ | 266.45 | $KNO_2$ | 85.10 | $Sb_2O_3$ | 291.50 |

续表

| 化合物 | $M/(\text{g}\cdot\text{mol}^{-1})$ | 化合物 | $M/(\text{g}\cdot\text{mol}^{-1})$ | 化合物 | $M/(\text{g}\cdot\text{mol}^{-1})$ |
|---|---|---|---|---|---|
| $Cr(NO_3)_3$ | 238.01 | $K_2O$ | 94.20 | $Sb_2S_3$ | 339.68 |
| $Cr_2O_3$ | 151.99 | $KOH$ | 56.11 | $SiF_4$ | 104.08 |
| $CuCl$ | 99.00 | $K_2SO_4$ | 174.25 | $SiO_2$ | 60.08 |
| $CuCl_2$ | 134.45 | $MgCO_3$ | 84.31 | $SnCl_2$ | 189.60 |
| $CuCl_2\cdot 2H_2O$ | 170.48 | $MgCl_2$ | 95.21 | $SnCl_2\cdot 2H_2O$ | 225.63 |
| $CuSCN$ | 121.62 | $MgCl_2\cdot 6H_2O$ | 203.30 | $SnCl_4$ | 260.50 |
| $CuI$ | 190.45 | $MgC_2O_4$ | 112.33 | $SnCl_4\cdot 5H_2O$ | 350.58 |
| $Cu(NO_3)_2$ | 187.56 | $Mg(NO_3)_2\cdot 6H_2O$ | 256.41 | $SnO_2$ | 150.69 |
| $Cu(NO_3)\cdot 3H_2O$ | 241.60 | $MgNH_4PO_4$ | 137.32 | $SnS_2$ | 150.75 |
| $CuO$ | 79.54 | $MgO$ | 40.30 | $SrCO_3$ | 147.63 |
| $Cu_2O$ | 143.09 | $Mg(OH)_2$ | 58.32 | $SrC_2O_4$ | 175.64 |
| $CuS$ | 95.61 | $Mg_2P_2O_7$ | 222.55 | $SrCrO_4$ | 203.61 |
| $CuSO_4$ | 159.06 | $MgSO_4\cdot 7H_2O$ | 246.47 | $Sr(NO_3)_2$ | 211.63 |
| $CuSO_4\cdot 5H_2O$ | 249.68 | $MnCO_3$ | 114.95 | $Sr(NO_3)_2\cdot 4H_2O$ | 283.69 |
| $FeCl_2$ | 126.75 | $MnCl_2\cdot 4H_2O$ | 197.91 | $SrSO_4$ | 183.69 |
| $FeCl_2\cdot 4H_2O$ | 198.81 | $Mn(NO_3)_2\cdot 6H_2O$ | 287.04 | $ZnCO_3$ | 125.39 |
| $FeCl_3$ | 162.21 | $MnO$ | 70.94 | $HO_2(CH_3COO)_2\cdot 2H_2O$ | 424.15 |
| $FeCl_3\cdot 6H_2O$ | 270.30 | $MnO_2$ | 86.94 | $ZnC_2O_4$ | 153.40 |
| $FeNH_4(SO_4)_2\cdot 12H_2O$ | 482.18 | $MnS$ | 87.00 | $ZnCl_2$ | 136.29 |
| $Fe(NO_3)_3$ | 241.86 | $MnSO_4$ | 151.00 | $Zn(CH_3COO)_2$ | 183.47 |
| $Fe(NO_3)_3\cdot 9H_2O$ | 404.00 | $MnSO_4\cdot 4H_2O$ | 223.06 | $Zn(CH_3COO)_2\cdot 2H_2O$ | 219.50 |
| $FeO$ | 71.85 | $NO$ | 30.01 | $Zn(NO_3)_2$ | 189.39 |
| $Fe_2O_3$ | 159.69 | $NO_2$ | 46.01 | $Zn(NO_3)_2\cdot 6H_2O$ | 297.48 |
| $Fe_3O_4$ | 231.54 | $NH_3$ | 17.03 | $ZnO$ | 81.38 |
| $Fe(OH)_3$ | 106.87 | $CH_3COONH_4$ | 77.08 | $ZnS$ | 97.44 |
| $FeS$ | 87.91 | $NH_2OH\cdot HCl$（盐酸羟氨） | 69.49 | $ZnSO_4$ | 161.54 |
| $Fe_2S_3$ | 207.87 | $NH_4Cl$ | 53.49 | $ZnSO_4\cdot 7H_2O$ | 287.55 |
| $FeSO_4$ | 151.91 | $(NH_4)_2CO_3$ | 96.09 | | |

# 附录20 有机化合物中一些常见元素的精确质量及天然丰度

附表20-1 有机化合物中一些常见元素的精确质量及天然丰度

| 元素 | 同位素 | 精确质量 | 天然丰度/% | 元素 | 同位素 | 精确质量 | 天然丰度/% |
|---|---|---|---|---|---|---|---|
| H | $^1$H<br>$^2$H | 1.007 825<br>2.014 102 | 99.98<br>0.015 | P | $^{31}$P | 30.973 763 | 100.00 |
| C | $^{12}$C<br>$^{13}$C | 12.000 000<br>13.003 355 | 98.90<br>1.07 | S | $^{32}$S<br>$^{33}$S<br>$^{34}$S<br>$^{35}$S | 31.972 072<br>32.971 459<br>33.967 868<br>35.967 079 | 95.02<br>0.75<br>4.21<br>0.020 |
| N | $^{14}$N<br>$^{15}$N | 14.003 074<br>15.000 109 | 99.63<br>0.37 | Cl | $^{35}$Cl<br>$^{37}$Cl | 34.968 853<br>36.965 903 | 75.77<br>24.23 |
| O | $^{16}$O<br>$^{17}$O<br>$^{18}$O | 15.994 915<br>16.999 131<br>17.999 159 | 99.76<br>0.038<br>0.20 | Br | $^{79}$Br<br>$^{81}$Br | 78.918 336<br>80.916 290 | 50.69<br>49.31 |
| F | $^{19}$F | 18.998 403 | 100.00 | I | $^{127}$I | 126.904 477 | 100.00 |

# 实 验 索 引

| | | |
|---|---|---|
| 实验 2.1 | 用电位分析法测定水溶液的 pH 值 | 027 |
| 实验 2.2 | 啤酒总酸的测定 | 032 |
| 实验 2.3 | 乙酸的电位滴定分析及其解离常数的测定 | 033 |
| 实验 2.4 | 用电位滴定法测定水中氯离子的含量 | 035 |
| 实验 2.5 | 用氟离子选择电极测定饮用水中的氟 | 039 |
| 实验 2.6 | 用库仑分析法测定砷 | 043 |
| 实验 2.7 | 铁氰化钾和菲琨的循环伏安行为 | 046 |
| 实验 2.8 | 用阳极溶出伏安法测定水样中痕量铜和镉的含量 | 050 |
| 实验 3.1 | 用邻二氮菲分光光度法测定铁含量 | 057 |
| 实验 3.2 | 用分光光度法测定邻二氮菲–铁（Ⅱ）配合物的组成和稳定常数 | 060 |
| 实验 3.3 | 不同极性溶剂中苯及苯的衍生物紫外吸收光谱的测绘 | 062 |
| 实验 3.4 | 合金钢中铬、锰的定性分析 | 064 |
| 实验 3.5 | 紫外–可见分光光度计的搭建实验 | 066 |
| 实验 3.6 | 有机物红外光谱的测绘及结构分析 | 073 |
| 实验 3.7 | 用荧光分析法测定饮料中的奎宁 | 075 |
| 实验 3.8 | 拉曼光谱仪搭建实验 | 076 |
| 实验 4.1 | 用火焰光度法测定水中钾、钠的含量 | 096 |
| 实验 4.2 | 河底沉积物中重金属元素的原子发射光谱半定量分析 | 100 |
| 实验 4.3 | 合金材料的电感耦合等离子体原子发射光谱全分析 | 104 |
| 实验 4.4 | 用火焰原子吸收光谱法测定水中钙和镁的含量 | 109 |
| 实验 4.5 | 用石墨炉原子吸收光谱法测定水中的微量铅 | 111 |
| 实验 4.6 | 水中痕量镉、汞的原子荧光光谱分析 | 113 |
| 实验 5.1 | 气相色谱法中色谱柱的评价与分离条件的测试 | 124 |
| 实验 5.2 | 用气相色谱法测定食用酒中的乙醇含量 | 127 |
| 实验 5.3 | 气相色谱定性定量分析 | 129 |
| 实验 5.4 | 高效液相色谱柱柱效的评定 | 131 |
| 实验 5.5 | 用高效液相色谱法测定人血浆中对乙酰氨基酚的浓度 | 132 |
| 实验 5.6 | 用毛细管区带电泳法测定碳酸饮料中的防腐剂 | 134 |

| 实验 5.7 | 用离子色谱法测定地表水中的痕量阴离子 | 136 |
| --- | --- | --- |
| 实验 5.8 | 用 GPC 测定高分子聚合物的分子量分布 | 138 |
| 实验 5.9 | 用氨基酸全自动分析仪测定牛奶中的 16 种氨基酸 | 143 |
| 实验 6.1 | 用高分辨质谱法确定化合物的结构 | 146 |
| 实验 6.2 | 用串联质谱法确定被测成分的分子式 | 149 |
| 实验 6.3 | 用核磁共振波谱法测定化合物的结构 | 151 |
| 实验 6.4 | 核磁共振波谱理论及其计算分析 | 154 |
| 实验 6.5 | 用气相色谱–质谱法分析食用油的成分 | 157 |
| 实验 6.6 | 用液相色谱–质谱法分离鉴定药物 | 160 |
| 实验 6.7 | 粉末 X 射线衍射法 | 162 |
| 实验 6.8 | 电子顺磁共振波谱理论及其计算分析 | 165 |

# 参 考 文 献

[1] 黄朝表，潘祖亭．分析化学实验[M]．北京：科学出版社，2013．
[2] 韩喜江．现代仪器分析实验[M]．哈尔滨：哈尔滨工业大学出版社，2008．
[3] 张剑荣，余晓冬，屠一锋，等．仪器分析实验［M］．2版．北京：科学出版社，2009．
[4] 北京大学化学与分子工程学院分析化学教学组．基础分析化学实验［M］．2版．北京：北京大学出版社，1998．
[5] 赵红艳，赵姝，史俊友．分析化学实验[M]．北京：化学工业出版社，2015．
[6] 袁存光，祝优珍，田晶，等．现代仪器分析[M]．北京：化学工业出版社，2012．
[7] 李菁，舒森，陈文彬．用氨基酸全自动分析仪测定婴幼儿配方奶粉中的16种氨基酸[J]．食品工业科技，2012，33（4）：64－69．
[8] 邹明珠，张寒琦．中级化学实验[M]．长春：吉林出版社，2000．
[9] 齐美玲，赵郑通．定量分析化学[M]．北京：北京理工大学出版社，2009．
[10] 北京大学化学系仪器分析教学组．仪器分析教程[M]．北京：北京大学出版社，1999．
[11] 张华，彭勤纪，李亚明，等．现代有机波谱分析[M]．北京：化学工业出版社，2006．
[12] 张小玲，张慧敏，邵清龙．化学分析实验[M]．北京：北京理工大学出版社，2007．
[13] 赵浩，郭鑫，吴忠云，等．基于拉曼光谱仪搭建的项目式实验设计［J］．实验技术与管理，2023，33（4）：201－205．
[14] 赵浩，郭鑫，吴忠云，等．基于仪器搭建的紫外－可见光谱探究型教学实验设计［J］．实验技术与管理，2023，40（1）：154－159．

# 元素周期表

| 周期 | IA | IIA | IIIB | IVB | VB | VIB | VIIB | VIIIB | | | IB | IIB | IIIA | IVA | VA | VIA | VIIA | 0 |
|---|---|---|---|---|---|---|---|---|---|---|---|---|---|---|---|---|---|---|
| 1 | 1 H 氢 $1s^1$ 1.008 | | | | | | | | | | | | | | | | | 2 He 氦 $1s^2$ 4.003 |
| 2 | 3 Li 锂 $2s^1$ 6.941 | 4 Be 铍 $2s^2$ 9.012 | | | | | | | | | | | 5 B 硼 $2s^2 2p^1$ 10.81 | 6 C 碳 $2s^2 2p^2$ 12.01 | 7 N 氮 $2s^2 2p^3$ 14.01 | 8 O 氧 $2s^2 2p^4$ 16.00 | 9 F 氟 $2s^2 2p^5$ 19.00 | 10 Ne 氖 $2s^2 2p^6$ 20.18 |
| 3 | 11 Na 钠 $3s^1$ 22.99 | 12 Mg 镁 $3s^2$ 24.31 | | | | | | | | | | | 13 Al 铝 $3s^2 3p^1$ 26.98 | 14 Si 硅 $3s^2 3p^2$ 28.09 | 15 P 磷 $3s^2 3p^3$ 30.97 | 16 S 硫 $3s^2 3p^4$ 32.06 | 17 Cl 氯 $3s^2 3p^5$ 35.45 | 18 Ar 氩 $3s^2 3p^6$ 39.95 |
| 4 | 19 K 钾 $4s^1$ 39.10 | 20 Ca 钙 $4s^2$ 40.08 | 21 Sc 钪 $3d^1 4s^2$ 44.96 | 22 Ti 钛 $3d^2 4s^2$ 47.87 | 23 V 钒 $3d^3 4s^2$ 50.94 | 24 Cr 铬 $3d^5 4s^1$ 52.00 | 25 Mn 锰 $3d^5 4s^2$ 54.94 | 26 Fe 铁 $3d^6 4s^2$ 55.85 | 27 Co 钴 $3d^7 4s^2$ 58.93 | 28 Ni 镍 $3d^8 4s^2$ 58.69 | 29 Cu 铜 $3d^{10} 4s^1$ 63.55 | 30 Zn 锌 $3d^{10} 4s^2$ 65.41 | 31 Ga 镓 $4s^2 4p^1$ 69.72 | 32 Ge 锗 $4s^2 4p^2$ 72.64 | 33 As 砷 $4s^2 4p^3$ 74.92 | 34 Se 硒 $4s^2 4p^4$ 78.96 | 35 Br 溴 $4s^2 4p^5$ 79.90 | 36 Kr 氪 $4s^2 4p^6$ 83.80 |
| 5 | 37 Rb 铷 $5s^1$ 85.47 | 38 Sr 锶 $5s^2$ 87.62 | 39 Y 钇 $4d^1 5s^2$ 88.91 | 40 Zr 锆 $4d^2 5s^2$ 91.22 | 41 Nb 铌 $4d^4 5s^1$ 92.91 | 42 Mo 钼 $4d^5 5s^1$ 95.94 | 43 Tc 锝 $4d^5 5s^2$ (98) | 44 Ru 钌 $4d^7 5s^1$ 102.9 | 45 Rh 铑 $4d^8 5s^1$ 102.9 | 46 Pd 钯 $4d^{10}$ 106.4 | 47 Ag 银 $4d^{10} 5s^1$ 107.9 | 48 Cd 镉 $d^{10} 5s^2$ 112.4 | 49 In 铟 $5s^2 5p^1$ 114.8 | 50 Sn 锡 $5s^2 5p^2$ 118.7 | 51 Sb 锑 $5s^2 5p^3$ 121.8 | 52 Te 碲 $5s^2 5p^4$ 127.6 | 53 I 碘 $5s^2 5p^5$ 126.9 | 54 Xe 氙 $5s^2 5p^6$ 131.3 |
| 6 | 55 Cs 铯 $6s^1$ 132.9 | 56 Ba 钡 $6s^2$ 137.3 | 57–71 La-Lu 镧系 | 72 Hf 铪 $5d^2 6s^2$ 178.5 | 73 Ta 钽 $5d^3 6s^2$ 180.9 | 74 W 钨 $5d^4 6s^2$ 183.8 | 75 Re 铼 $5d^5 6s^2$ 186.2 | 76 Os 锇 $5d^6 6s^2$ 190.2 | 77 Ir 铱 $5d^7 6s^2$ 192.2 | 78 Pt 铂 $5d^9 6s^1$ 195.1 | 79 Au 金 $5d^{10} 6s^1$ 197.0 | 80 Hg 汞 $d^{10} 6s^2$ 200.6 | 81 Tl 铊 $6s^2 6p^1$ 204.4 | 82 Pb 铅 $6s^2 6p^2$ 207.2 | 83 Bi 铋 $6s^2 6p^3$ 209.0 | 84 Po 钋 $6s^2 6p^4$ (209) | 85 At 砹 $6s^2 6p^5$ (210) | 86 Rn 氡 $6s^2 6p^6$ (222) |
| 7 | 87 Fr 钫 $7s^1$ (223) | 88 Ra 镭 $7s^2$ (226) | 89–103 Ac-Lr 锕系 | 104 Rf 𬬻* $(6d^2 7s^2)$ (261) | 105 Db 𬭊* $(6d^3 7s^2)$ (262) | 106 Sg 𨭎* $(6d^4 7s^2)$ (266) | 107 Bh 𬭛* $(6d^5 7s^2)$ (264) | 108 Hs 𨭆* $(6d^6 7s^2)$ (277) | 109 Mt 鿏* $(6d^7 7s^2)$ (268) | 110 Ds 𫟼* $(6d^9 7s^1)$ (281) | 111 Rg 𬬭* $(6d^{10} 7s^1)$ (272) | 112 Uub 鎶* $(6d^{10} 7s^2)$ (285) | 113 Unt $(6d^{10} 7s^2 7p^1)$ (284) | 114 Uuq $(6d^{10} 7s^2 7p^2)$ (289) | 115 Uup $(6d^{10} 7s^2 7p^3)$ (288) | 116 Uuh $(6d^{10} 7s^2 7p^4)$ (292) | 117 Uus $7s^2 7p^5$ unknow | 118 Uuo $7s^2 7p^6$ (294) |

价电子组态表示为 26 Fe 铁 $3d^6 4s^2$ 55.85（原子序数—元素符号—元素名称—价电子组态，括号表示可能的组态，加括号的数据为该放射性元素半衰期最长同位素的质量数—相对原子质量）

注*的表示人造元素

| 镧系 | 57 La 镧 $5d^1 6s^2$ 138.9 | 58 Ce 铈 $4f^1 5d^1 6s^2$ 140.1 | 59 Pr 镨 $4f^3 6s^2$ 140.9 | 60 Nd 钕 $4f^4 6s^2$ 144.2 | 61 Pm 钷 $4f^5 6s^2$ (145) | 62 Sm 钐 $4f^6 6s^2$ 150.4 | 63 Eu 铕 $4f^7 6s^2$ 152.0 | 64 Gd 钆 $4f^7 5d^1 6s^2$ 157.3 | 65 Tb 铽 $4f^9 6s^2$ 158.9 | 66 Dy 镝 $4f^{10} 6s^2$ 162.5 | 67 Ho 钬 $4f^{11} 6s^2$ 164.9 | 68 Er 铒 $4f^{12} 6s^2$ 167.3 | 69 Tm 铥 $4f^{13} 6s^2$ 168.9 | 70 Yb 镱 $4f^{14} 6s^2$ 173.0 | 71 Lu 镥 $4f^{14} 5d^1 6s^2$ 175.0 |
|---|---|---|---|---|---|---|---|---|---|---|---|---|---|---|---|
| 锕系 | 89 Ac 锕 $6d^1 7s^2$ (227) | 90 Th 钍 $6d^2 7s^2$ 232.0 | 91 Pa 镤 $5f^2 6d^1 7s^2$ 231.0 | 92 U 铀 $5f^3 6d^1 7s^2$ 238.0 | 93 Np 镎 $5f^4 6d^1 7s^2$ (237) | 94 Pu 钚 $5f^6 7s^2$ (244) | 95 Am 镅* $5f^7 7s^2$ (243) | 96 Cm 锔* $5f^7 6d^1 7s^2$ (247) | 97 Bk 锫* $5f^9 7s^2$ (147) | 98 Cf 锎* $5f^{10} 7s^2$ (251) | 99 Es 锿* $5f^{11} 7s^2$ (252) | 100 Fm 镄* $5f^{12} 7s^2$ (257) | 101 Md 钔* $5f^{13} 7s^2$ (258) | 102 No 锘* $5f^{14} 7s^2$ (259) | 103 Lr 铹* $5f^{14} 6d^1 7s^2$ (262) |